智能产品设计

善本出版有限公司 编著

電子工業出版社
Publishing House of Electronics Industry
北京·BEIJING

内容简介

随着物联网技术的蓬勃发展，智能产品逐渐兴起，给我们的生活带来巨大变化。如何在已经到来的物联网时代把握新的机遇？本书邀请16位专业产品设计师分享他们对于智能产品的洞见，同时收录来自全球的优秀智能产品设计作品，领域涵盖智能家居、医疗与健康、运动与健身等。部分作品辅以大量设计师手绘的创意草图和技术原理图，旨在给读者更多灵感和启迪。

本书适合从事产品设计的设计师、设计专业的学生及所有对智能产品感兴趣的人士阅读。

图书在版编目（CIP）数据

智能产品设计 / 善本出版有限公司编著 .-- 北京：电子工业出版社，2017.8

ISBN 978-7-121-32155-9

Ⅰ.①智… Ⅱ.①善… Ⅲ.①智能技术－应用－产品设计 Ⅳ.① TB472

中国版本图书馆 CIP 数据核字 (2017) 第 165528 号

编　　著：善本出版有限公司
主 创 人：林庚利
主　　编：林诗健
执行主编：林秋枚
文字编辑：魏颖莹
装帧设计：欧小钰

责任编辑：姜　伟
印　　刷：北京虎彩文化传播有限公司
装　　订：北京虎彩文化传播有限公司
出版发行：电子工业出版社
　　　　　北京市海淀区万寿路 173 信箱　　邮编：100036
开　　本：787×1092　1/16　印张：17　字数：435.2 千字
版　　次：2017 年 8 月第 1 版
印　　次：2024 年12月第 19 次印刷
定　　价：99.00 元

凡所购买电子工业出版社图书有缺损问题，请向购买书店调换。若书店售缺，请与本社发行部联系，联系及邮购电话：（010）88254888，88258888。
质量投诉请发邮件至 zlts@phei.com.cn，盗版侵权举报请发邮件至 dbqq@phei.com.cn。
本书咨询联系方式：（010）88254161 ~ 88254167 转 1897。

目录

☰ 用户体验决定成败

物联网改变了产品设计的环境，互联性、海量的数据及即时的用户期待增加了产品设计的难度。如今，产品设计师需要设计出利用技术生态系统的智能产品，且满足用户在产品不同生命周期的不同需求。虽然优秀设计的基本原则仍未过时，但在当今移动互联电子产品日益普及的情况下，设计师们在设计优秀的智能产品时需要考虑一些新的因素。

优秀的智能产品设计团队应考虑如下新因素。首先，他们要在瞬息万变的市场中，认识并积极顺应新的技术及应用开发趋势。如今社交网络日益普及，单个用户的体验将迅速传播至全球各个角落，产品的用户体验变得愈加重要。甚至用户自己都能将简单的监控数据流转化成实时的诊断操作。用户获得的信息日益复杂和庞大，使得信息简化的需求迫在眉睫。因此，能提供语境信息，预见其需求并利用增强现实技术将数据分析整合至现实世界体验的产品将会吸引更多用户。

产品设计已经步入到一个崭新且令人振奋的时代。摩尔定律发明的头 30 年为工程师们研发新产品创造了巨大的技术机遇。他们注重产品的功能，即产品是否能自动方便地执行日常任务。那时候的产品通常笨重不堪，而且对非技术人员来说也难以上手。然而，过去 20 年以来，科技高速发展，计算能力成本日益降低，产品研发者渐渐不再只关注工业功能，而将注意力放在了用户体验和时尚外观上面。如今，物联网 (IoT) 蓬勃发展，智能产品已经实现了多功能并能为用户提供多种体验。它们利用从操作环境中获得的数据实现自我适应的功能，取代过去单一的机械性能。例如：自行车不再只是机械的人力交通运输工具，冰箱不再仅作冷冻食品之用，瑜伽垫也不再是仅供锻炼的柔软表面。如今，用户与其所处的环境息息相关，任何相关的信息都与其所处的环境紧密相连。任何“东西”都在用数据说话，数目庞大的信息汇集到用户手中，帮助提升他们的用户体验。

用户仍然期待值得信赖和经久耐用的设计。他们不再青睐功能单一的产品，而是需要更加耐用的产品，能够自动学习并适应用户和互联生态系统中的新成员。用户期待能够持久带来良好用户体验的产品。

最后，制造商正面临从 B2B(企业对企业) 的价值主张向 B2B2C (企业对企业对消费者) 的转变。而老牌的制造企业仍处于一种“温水煮青蛙”的状态，他们未认识到应用程序及科技带来的巨大变化，通常不太接受交互产品研发的理念。如今，再没有设计师严格地仅从技术层面或单一的经营效率层面来研发产品。智能交互产品的命运掌握在用户即消费者的手中，他们判断产品好坏的标准：是这些产品在多大程度上提升了他们的工作效率，它们的性能与其用过的最好的智能产品相比如何。

上述设计智能产品的新理念要求设计师和工程师建立新型的合作关系。考虑到新兴技术的发展趋势，设计师和工程师必须更加紧密合作，结合技术及用户体验来设计产品。他们必须严苛地实施下列智能产品设计的基本原则：

1. 协定并专注于某个清晰的问题。
2. 任命了解设计重要性的系统负责人。
3. 与了解技术的设计师合作。
4. 遵循可以循环的建立——评估——学习流程。
5. 化繁为简。

最后一点至关重要。当前技术正变得日益复杂，用户渐渐不愿自己维护和拥有产品。亚瑟·查理斯·克拉克（Arthur C. Clarke）[1]曾说过：“任何足够高级的技术都近乎魔术。”要达到“魔术”的水准可能有些困难。产品研发者所面临的挑战是让使用和维护产品变成无缝衔接的体验。功能修复、安全升级及相互操作性都必须让用户觉得非常自然。实施上述基本准则的研发团队应专注于解决关键的问题，设计出可被用户接受的解决方案。

由于我们通过客户使用产品来收集数据，而数据是物联网时代数字商业模式下的新型货币，因而产品能否被用户采用的重要性不言而喻。智能产品的设计应以用户为本，当用户使用产品达到他们的目的时，该产品才算得上成功。

注释：①Arthur C. Clarke：英国科幻作家（1917-2008），后移居斯里兰卡。与海因莱因、阿西莫夫一起被并称为“20世纪三大最伟大科幻小说家”。

斯科特·尼尔逊（Scott Nelson）

过去 25 年来作为技术和企业领袖，一直引领产品研发和企业发展的进步。如今，斯科特•尼尔逊博士是 Reuleaux Technology 公司的首席执行官兼首席技术官，帮助全美国的公司利用物联网 (IoT) 制定发展战略及新型业务发展方案。

如需获取更多信息，请参阅 https://www.linkedin.com/in/scottanelson17。

如何设计智能产品

智能产品并非 21 世纪才出现。早在 20 世纪 60 年代固态传感器发明之后，家电和玩具便逐步走向“智能化”。摩尔定律发明之后，电子学发展迅猛，我们开始制造价格更便宜、体积更小巧的设备。然而，为什么该词会在近年来变成一个热门话题？问题的答案应在众多的网络工具中寻找，而非技术。随着 Arduino[1] 等电子原型平台以及微观装配实验室和创客空间的发明，众多网络社区的出现为设计专业的学生和创意人士提供了测试其想法的空间和平台。此后，越来越多的人对智能产品感兴趣，制造企业和设计工作室抓住这个机会，投资发布新产品。如今智能手机日益普及，社交网络日益强大，交互式及互联式的产品如雨后春笋般涌现。

目前在市场上最常见的智能产品中，大多数产品都宣传其核心功能是利用智能手机应用程序来实现远程遥控；然而，当智能产品与网络世界产生交互时，它们才大放异彩。互联性使设备能够访问各种数据，允许各种设备参与我们的数字生活，并与我们每天都打交道的社交网络相结合；最后，它还使得各种设备利用众多的软件服务成为可能。这一点正引领智能产品的设计朝着令人振奋的方向发展。谷歌、微软和亚马逊等大型技术公司和众多创业型企业凭借机器学习领域的迅猛发展，开始提供诸如语音识别、物体识别、语言翻译、脸部分析等即时可用的先进工具。上述功能可通过互联网应用程序界面（API）进行访问，并在联网时大大扩展，其进行为模式的先进程度在几年前还是无法想象的事情。智能产品正在学习用其自己的语言与人类沟通，尝试理解其所处的世界，并展示出极高程度的自主性。

最近，我们在工作中开始着手研究方法论，探讨如何设计更加复杂和精细的交互方法。首先，我们需要创造一种允许我们在此不同情境下工作的语言。大卫 • 罗斯 (David Rose)[2] 提出的“被施以魔法的物体”(Enchanted Objects) 的理念（比如即将下雨时发光的雨伞）为我们提供了一个恰当的比喻。然而，当我们处理更复杂的技术时，上述方法只是暂时的解决方案。托拜厄斯 • 雷维尔 (Tobias Revell)[3] 谈到该话题时曾说过：“当魔法出错时，很快便会叫人反感。”为避免出现上述极端，我们制定了一个框架来指导我们如何设计智能产品。我们的想法是为智能设备设计三种“人物”原型。第一种是“警察”型，即该产品是否支持在违背用户直接控制之下仍能完成设定目标？第二种是“管家”型，即我们是否希望智能设备尽可能自动地完成任务，借助现代科技实现无缝衔接的交互？第三种是“朋友”型，即该产品是否能够完善用户的能力，与用户协同工作，但不影响用户的最终决策？我们希望通过赋予产品人类的形象来暗示我们已经熟悉的交互模式，当设备未按照预定的方式运行时，让用户感受不到欺骗，同时减少他们的不满。

然而，交互设计并非需要我们关注的唯一领域。当设计互联产品时，我们不仅应考虑到物体本身，还应考虑到我们的生活，无论线上还是线下。最近报道的一些新闻证实了用更加全局的视野来设计产品的重要性。谷歌宣布关闭其智能家居中心产品 Revolv 的消息提醒我们依靠外部服务来运行互联设备的观点相当不靠谱。此外，一起美国黑客利用联网摄像头发起黑客攻击的事件，让我们认识到安全仍是不可轻视的问题。最后，由于智能产品的自动化程度日益提高，所以我们必须极其小心地设计产品，以确保它们能以最恰当的方式应对各式各样的场合。总之，智能产品的设计涉及许多学科。用户体验的设计可能会和产品的安全性产生冲突，而交互式设计的方案可能会侵犯用户隐私。人机工程学需综合考虑各种软件和数据；企业的选择对产品的功能会产生重要影响。智能产品要求我们成为如建筑学家和发明家巴克敏斯特 • 富勒 (Buckminster Fuller) 所提出的“全能设计师”(Comprehensive Designer)，即忽略某一专业领域以获得更佳的全球视角，而这正是设计既实用又以人为本的智能产品所必不可少的方法。

注释：

① Arduino：一款开源电子原型平台，包含硬件（各种型号的 Arduino 板）和软件（Arduino IDE）。

②大卫 • 罗斯 (David Rose)：企业家、作家。麻省理工学院媒体实验室讲师。专注研究如何将数字信息与现实环境相结合。现居美国马萨诸塞州。

③托拜厄斯 • 雷维尔 (Tobias Revell)：伦敦传媒学院高级讲师，交互设计师。

李奥纳多 • 阿米科

李奥纳多 • 阿米科 (Lenardo Amico) 是 Uniform 公司的一名创意科技工作者，Uniform 致力于构思、设计及打造数字体验，专注于互联产品及交互设备。其业务范围涵盖商业及研究项目，注重将现实世界的应用、虚拟的情境与新兴技术相结合。此外，他还是国际开源家电研究平台 Hacking Household 的活跃成员及 AM-FL 设计二人工作坊的成员之一。他的作品已经在众多节庆日和博物馆展出，包括伦敦的 V&A 博物馆、米兰的国际家具展 (Salone del Mobile)、埃因霍温的荷兰设计时装周、雅典的 Adhocracy 展。李奥纳多是传媒研究中心 Fabrica 的交互设计校友，他毕业于帕多瓦大学 (University of Padova) 电子工程学专业并取得硕士学位。

无线控制

上传云端

大数据

照明功能

手势控制

智能家居

让你和家人更好沟通的智能管家

设计：安迪•帕克 (Andy Park)　玄金恩 (Hyun Jin Kim)

BéKKU 是为上班族设计的智能家庭交互系统，帮助平衡他们的家庭和工作职责。有了它，家庭成员之间可随时随地保持联系。用户工作时，可通过查看手机 App 来监控屋子的安全及查看每位家庭成员的状态和日程表。此外，BéKKU 还提供一系列与物联网相关的功能，如看视频、拍照等。

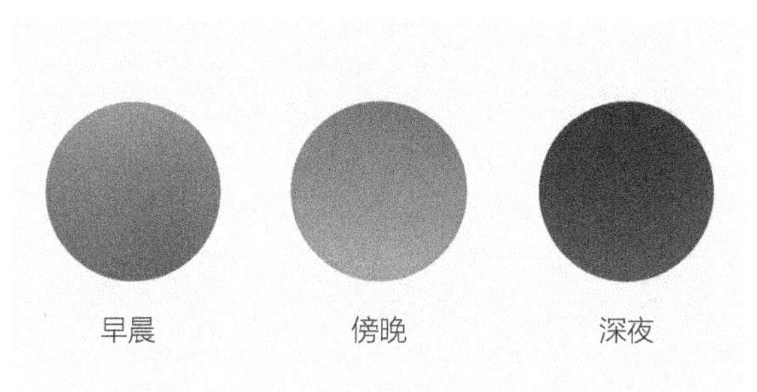

BéKKU 智能家庭交互系统的界面色调采用模仿黎明和日落的自然渐变设计，旨在为用户使用 BéKKU 智能家庭交互系统时营造舒适的氛围。

在研发 BéKKU 智能家庭交互系统时，你们面临的主要挑战是什么？又是如何解决的？

就内部组成部件来说，选择采用什么系统并不难，如今市场上有很多选择，比如三星的 Artik 平台和 Ubuntu 软件。我们所面临的主要挑战是如何设计它的功能和外观，将其与家庭环境融为一体。它是采用在地上滚来滚去的外形设计，还是安装在墙上的设计？或者设计成机器人的样式？我们设计了一系列不同的外观，并采访了来自不同文化及生活方式各异的家庭主人。通过采访，我们发现 80% 的家庭主人（已经采访的）都有在家里摆设花瓶或陶瓷之类的装饰品。家庭主人们说如果他们感到有东西在监视会不太舒服。基于这些采访，我们尝试摒弃普通机器人的设计，灵感更多地取材于现代陶瓷。这样，BéKKU 智能家庭交互系统可以自然地与家庭环境融为一体，用户也不会感到有东西在监视他们的压力感。

BéKKU 智能家庭交互系统与配套的应用程序协同工作。你如何让它们无缝地协同工作？可以分享下你对这种时下普遍采用的协同工作方式的看法吗，以及它未来的发展方向和其他潜在的解决方案呢？

没错，也就是说，室内的家庭成员将会实际使用 BéKKU 智能家庭交互系统，而室外的家庭成员将使用手机应用程序来与他们保持联系。为了给应用程序设计与 BéKKU 交互的合适功能，我们模拟了众多场景来确定哪些功能可以无缝整合到手机应用程序中。此外，我们还测试了 BéKKU 智能家庭系统在收到从手机应用程序传输过来的数据之后采取行动的方式。大多数使用手机应用程序的人士是需要照顾小孩的家庭主人、老人、残障人士等。我们希望 BéKKU 智能家庭交互系统在收到手机应用程序发出的指令后具备人的行为方式特点。举个简单的例子，我正看着屏幕的时候发现我妈妈从厨房经过。我发现她在过了吃药时间后一小时仍未吃药。这时我可以迅速地按下语音功能键说道：“妈妈，别忘记吃药。”于是，BéKKU 智能家庭交互系统在家里以我的声音说出了同样的内容。因此，我不用给我妈打电话，然后等她接电话。我只需要对着手机屏幕说一句“别忘记吃药”。

该设计二人工作坊从雕塑作品和陶瓷中寻找设计 BéKKU 智能家庭交互系统外观的灵感，致力于使 BéKKU 智能家庭交互系统与用户的家庭环境融为一体。

我们从你们的网站得知为了设计 BéKKU 智能交互系统你们做了大量调研。调研的作用是什么？可以跟我们分享下设计方法吗？

调查和研究在设计 BéKKU 智能交互系统的过程中发挥了巨大作用。我们都知道现在有很多父母都要上班的家庭，以及需要照看其家庭成员的人士。这项研究为此类家庭需要 BéKKU 智能交互系统等相关产品找到了根据，目前这仍是很多消费者还不熟悉的新兴消费电子市场，很少有人想过在家里放置此类产品。我们决定上传这些研究作品集的原因是希望人们意识到这是很多上班族所面临的重要问题。

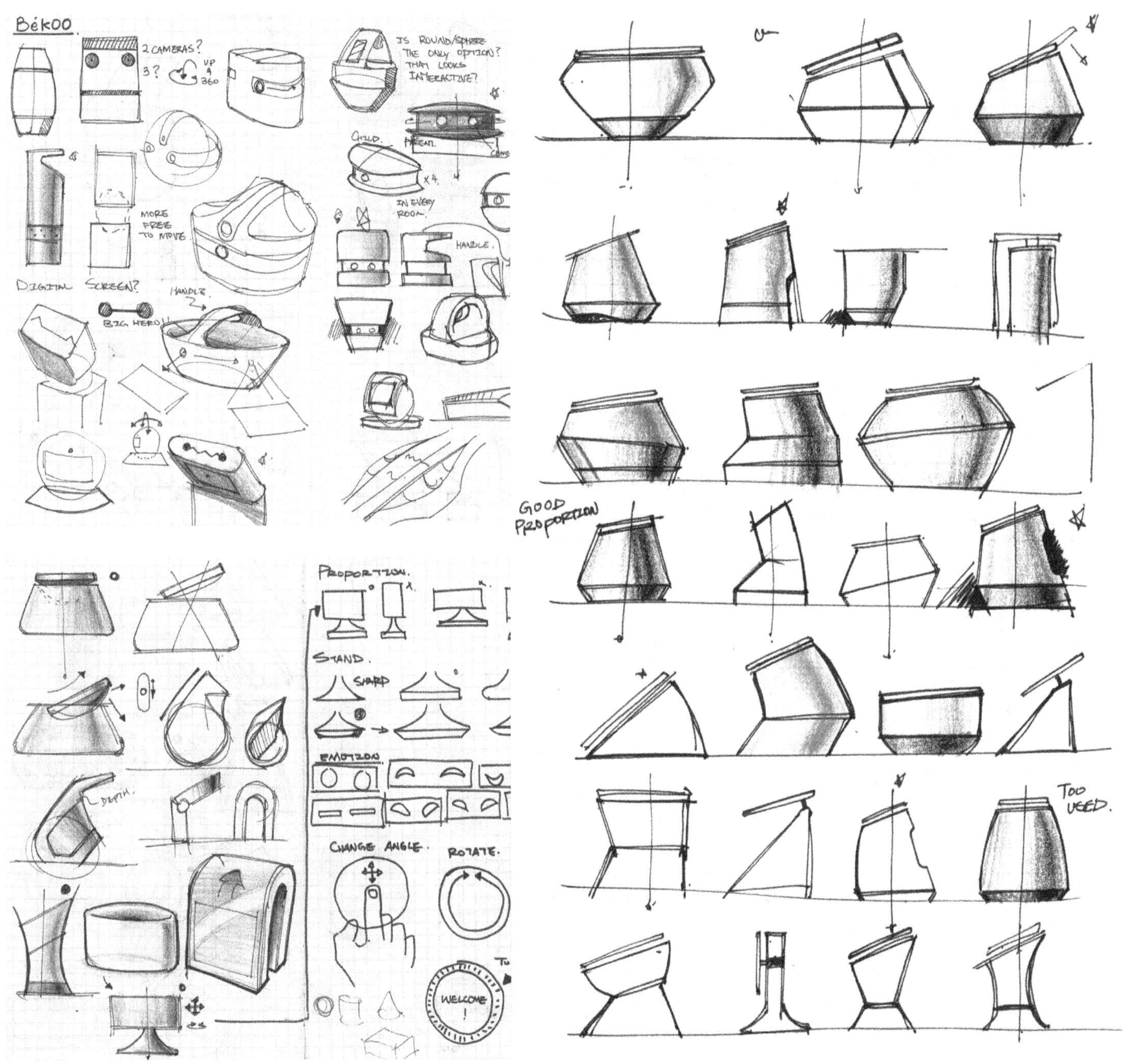
BéKOO.
2 CAMERAS?
3?
UP
360
IS ROUND/SPHERE THE ONLY OPTION? THAT LOOKS INTERACTIVE?
CHILD.
PARENT.
X4.
IN EVERY ROOM.
MORE FREE TO MOVE
HANDLE.
DIGITAL SCREEN?
HANDLE
BIG HERO!!
PROPORTION.
STAND.
SHARP
EMOTION
CHANGE ANGLE.
ROTATE.
WELCOME !
DEPTH.
GOOD PROPORTION
TOO USED.

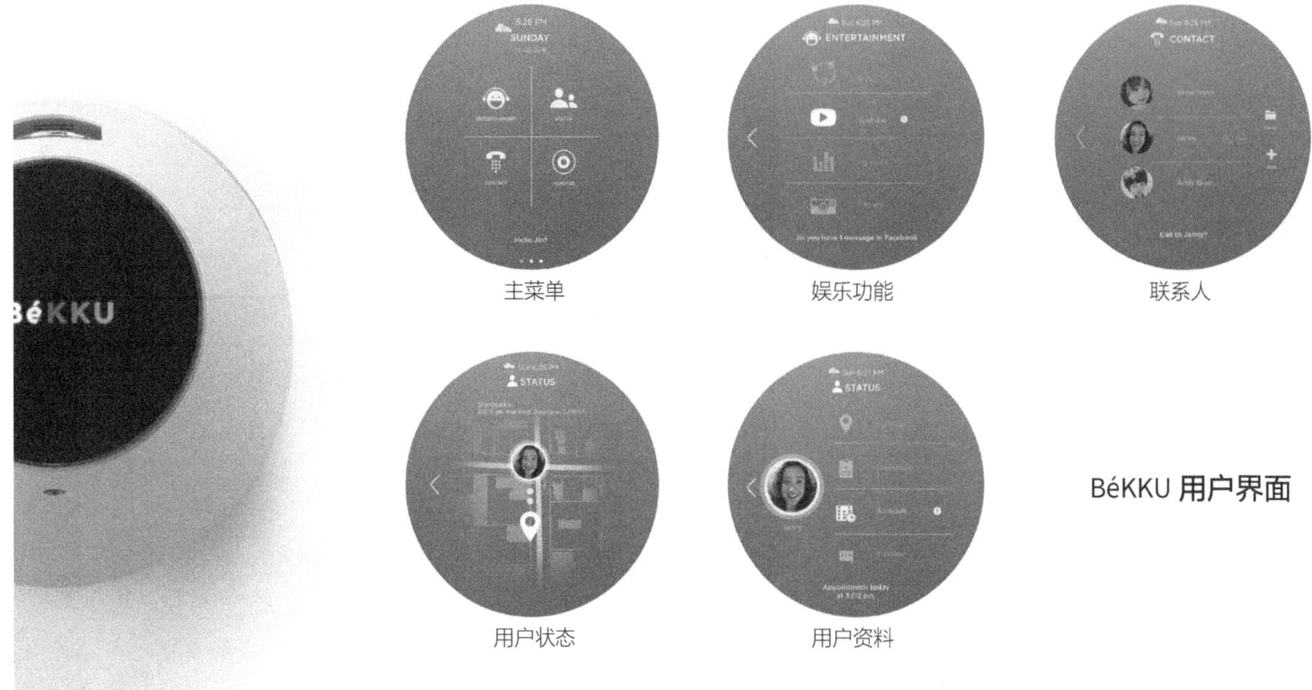

主菜单　娱乐功能　联系人

用户状态　用户资料

BéKKU 用户界面

BéKKU 智能家庭交互系统的界面非常直观。你认为在设计用户友好的界面时，最重要的是哪些方面？

我们意识到必须设计一种能与三代人（即孩子、父母和祖父母）顺畅沟通的界面和图标，为了让每个人都能快速理解每个按键的功能并轻松地记得每个页面，我们使用了非常简单的图标，并严格地使用网格图案来设计整个界面。力求简约是实现我们目标的关键，而正是追求简约让我们设计出了用户友好的界面。

BéKKU 智能交互系统屏幕滑动的灵感来自于月相的周期变化。其屏幕置于碗状的托盘上，激活后用户便看到一个生动的显示屏。屏幕激活后会略微倾斜，从而让用户在桌子等表面使用 BéKKU 智能交互系统时感到更加舒适。

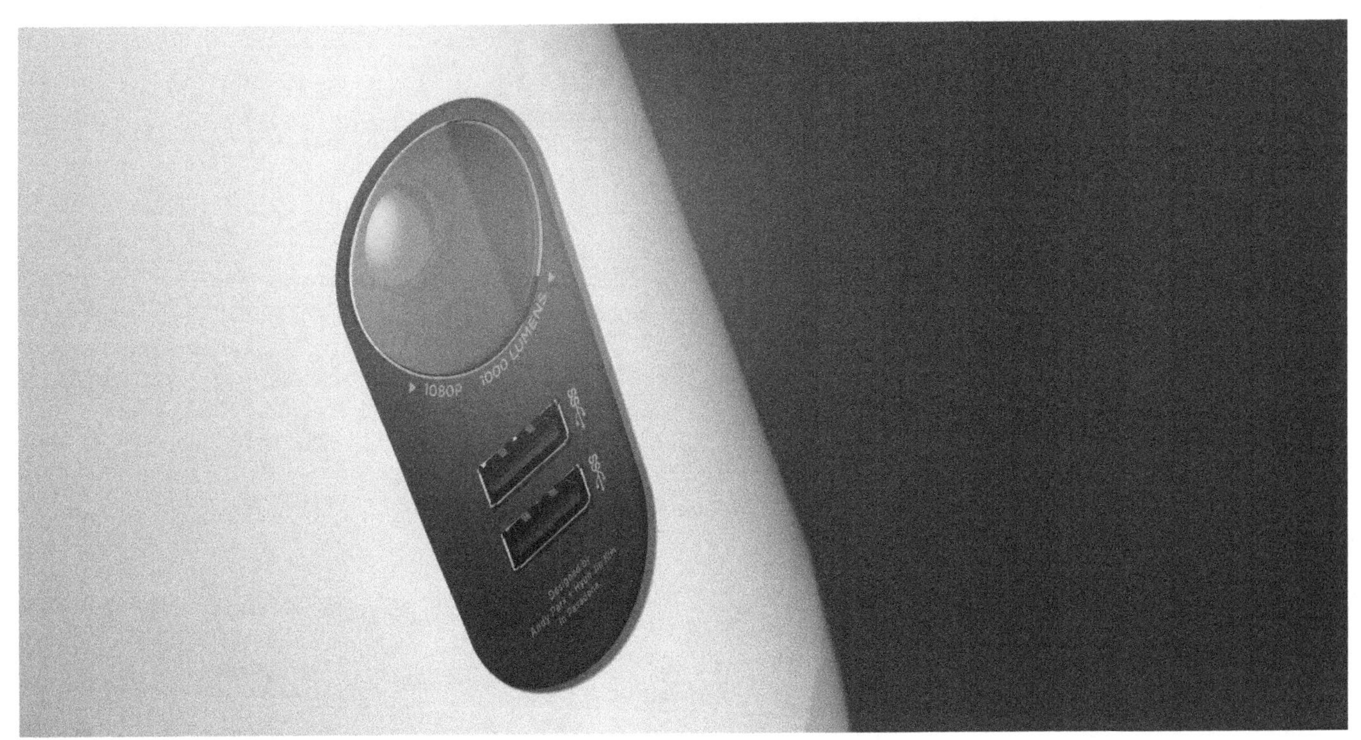

BéKKU 智能交互系统的背面装有一个投影仪，用户可将 BéKKU 的顶部屏幕投影到墙上或投影仪上，以呈现更加清晰的展示效果。

谈到智能互联产品时，隐私和安全问题仍是人们担心的问题。这两个方面如何影响你的设计，你如何减少 BéKKU 用户的担忧？可以分享当前能够改善这种情况的解决方案和技术吗？

这是消费者对物联网产品所怀有的众多疑虑之一。就我们所了解的而言，我们认为私有云是 BéKKU 智能交互系统等此类产品的可靠解决方案，原因是私有云的数据仅供用户和公司访问，而不会与大众共享。之后便是消费者是否信任公司维护其数据安全的营业模式的问题了。就功能的设计而言，当 BéKKU 关闭时，其顶部的屏幕会滑下来回归原位，并显示一个锁的图标，这样用户便知道 BéKKU 已经关闭。虽然这可能无法完全消除用户的疑虑，但就功能而言，这种设计可以一定程度上减轻用户对于暴露其隐私的担忧。

智能产品如今是一个十分受欢迎的理念，人们争相让物品"智能"化及互相联系。我认为它们让我们的生活变得更加复杂，因为并非所有的东西都需要智能化。你怎么看？

我十分同意你的观点。如今市场上有很多智能产品。然而有时候，我认为"智能"这个词被滥用了。我对"智能"产品的定义是用户通过使用该产品高效地完成了他们想做的事情，而不是让用户了解它们需要做什么以变得更加高效。想做和要做是两个十分不同的概念。

你认为智能产品将如何影响我们的生活？

从消费者，而非工业设计师的角度来说，我能看到人们依靠产品而非他们自己来完成大部分事情。有些人觉得这是一件好事，也有些人觉得这样不好。这完全取决于个人对它的看法。

Suzy Snooze 婴儿助眠灯

公司 : BleepBleeps

汤姆 • 埃文斯 (Tom Evans)：BleepBleeps 创始人

Suzy Snooze 婴儿助眠灯是一款基于客户需要设计的产品，它既适合刚出生的宝宝使用，也深得小朋友们喜爱，育儿因此变得更加轻松。这是一款帮助小朋友们入眠的新型婴儿监护器。其散发的柔和光线和舒缓音乐将为儿童营造舒适和熟悉的氛围，帮助他们心情愉悦地快速入睡。当与 BleepBleeps 应用程序一起使用时，Suzy 可当作一台音频婴儿监视器使用，父母可通过高清、安全的音频设备实时监测他们的宝宝。同时，它也是一台夜灯，散发舒缓柔和的光线促进宝宝自然睡眠荷尔蒙的分泌。到了家长或监护人设定的起床时间时，它的小帽子就会轻轻弹出，让孩子们知道这个时间需要起床了。

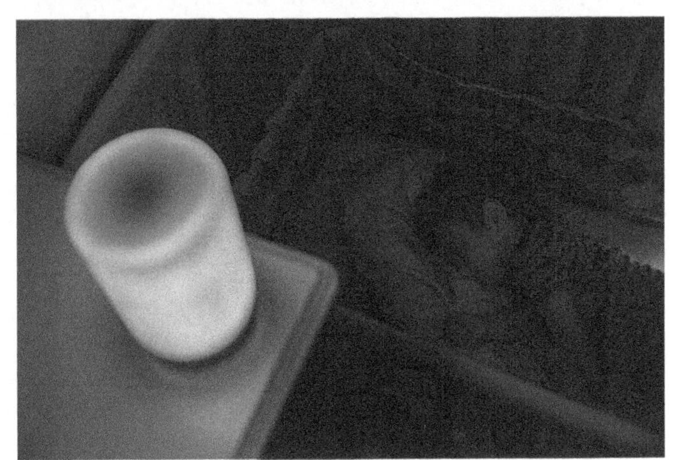

你从事过不同职业。这对于创立 BleepBleeps 有没有帮助？

我的从业背景涉及设计、广告、品牌及技术等。我尤其热衷将设计、技术和品牌完美融合的领域。后来我有了孩子，iPhone 也横空出世，各种各样的交互产品层出不穷。之后 BleepBleeps 便顺势而生！

在项目开始之前，你有没有考虑过市场因素？

有，我们和很多父母沟通过，发现睡眠问题是很多新手父母最关心的问题。我们还与领先的睡眠专家合作，以研发高效的产品。

在设计 Suzy Snooze 的外观和材料选择时，你会考虑哪些因素？

同所有 BleepBleeps 产品相同，我们力求设计出既有特色，又简单易用的产品。我们面临的最大挑战之一是设计 Suzy 的帽子。我们想要达到的效果是当开灯时它会散发透明的橘黄色光线，而关灯时用户看到的是不透明的光滑橘黄色表面。我们对最终的设计成果感到满意。我尤其喜欢它底座材料的触感，还有它打盹时帽子在眼睛上方移来移去的样子。

在研发 Suzy Snoozy 的过程中，你们面临的最大挑战是什么？对同样面临类似挑战的人有没有一些建议？

选择产品的硬件很不容易，何况我并不从事产品硬件这一行。我不得不从头开始学习一个全新的行业。我给出的建议是不要中途放弃！任何值得去做的事情通常都是很艰难的。我们都需要学习如何适应现代生活：寻找更加崇高的目标 / 使命，同时学会享受日常生活中所面临的挑战。

在物联网实施的背景下，你认为工业设计行业会出现哪些趋势？

产品变得越来越智能。今天的消费者（玩手机长大的一代）希望手机能够遥控日常生活中的一切。因而越来越多的产品开始走向“互联化”。这是一件很棒的事情。

你觉得智能产品将如何影响我们的生活？

我听过最棒的一个说法是“为我考虑更多，让我思虑更少。”

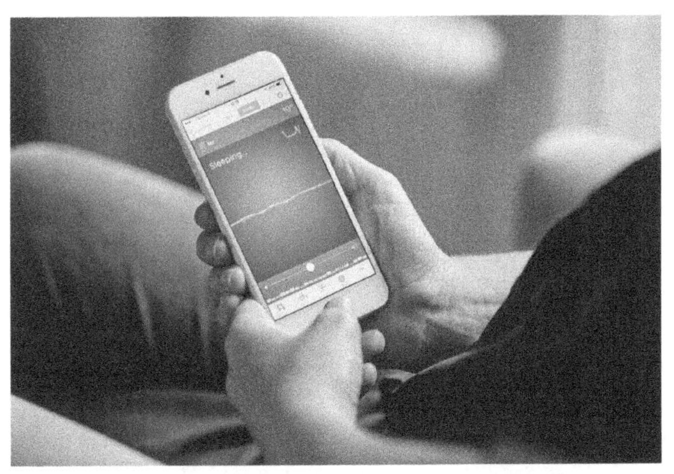
Sleeping

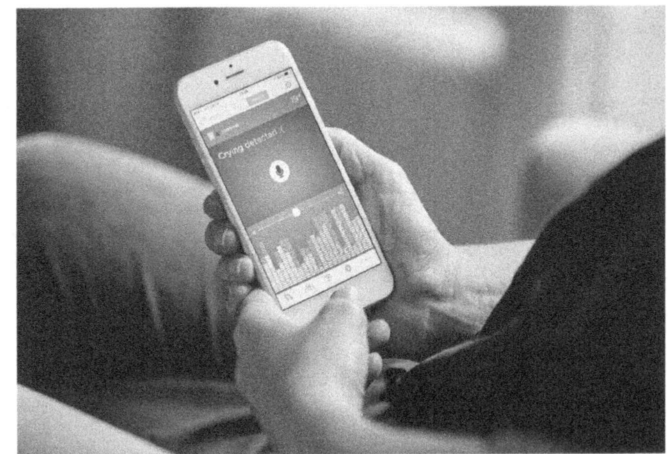
Crying detected

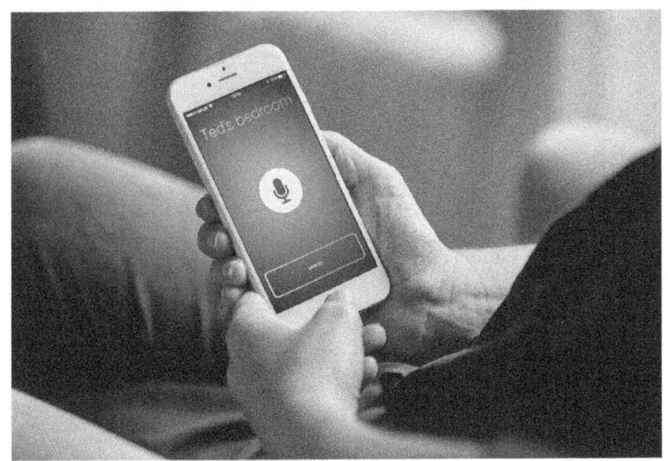
Ted's bedroom

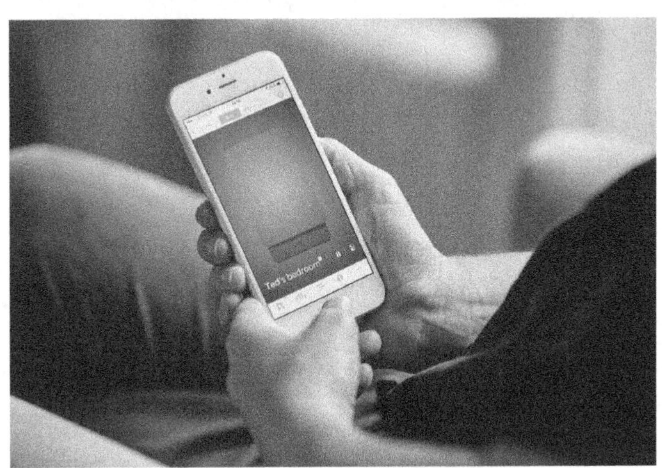
Ted's bedroom

解锁所有造型的创意智能照明灯

公司：Nanoleaf

Nanoleaf Aurora 的设计灵感来源于美丽绝伦的北极光，旨在透过光影的变幻来打造美轮美奂的个性化创意照明体验。这是一款智能模块化照明系统，由三角形的 LED 模组任意组合而成。Aurora 致力于打造一种感官体验强烈的家居照明系统。它由多个变色的 LED 灯组成，可以像乐高积木一样轻松地组合在一起，并且可任意安装在墙上、桌子上、天花板上等。这款极简设计风格的 Aurora 照明系统没有固定的形状，用户可以凭想象力组成他们想要的形状，通过语音或动动手指来控制照明灯的形状和颜色。

在研发 Aurora 的过程中，你面临的最大挑战是什么？又是如何解决的？

我们总是想一步登天，这是我们基因的一部分。任何产品的研发都会面临挑战，无论是制造牢固耐用的 LED 组件，还是用复杂的软件代码写出如禅宗般简洁的界面。挑选合适的合作伙伴及挖掘优秀的人才也是产品研发过程中振奋人心的一部分。我们严格挑选最先进且互操作性最强的技术整合到 Aurora 中，这使我们有机会与众多不同领域的专家一起合作，把我们对于 Aurora 的愿景变成现实。

你是如何在设计理念的传达和市场需求上找到平衡点的？

Aurora 与旧式的电灯有明显不同，它是一款迎合市场需求的产品。我们在起步阶段便怀有十分清晰的构想。Aurora 是一款新颖的产品；我们意识到要设计出人们在日常生活中会经常使用的产品。在产品的设计过程中，我们调查了几千人的意见，询问他们有关产品细节及 App 功能设置等方方面面的问题。人们对于产品的发展方向总是有不同的观点，我们会听取各种不同的观点来改善我们的产品。我们需要决定哪些组件或哪些想法分别属于大众的市场需求还是小众市场需求。最后的成品是将设计、客户反馈及战略市场分析完美结合的成果。

市场上也有很多其他的智能照明产品。你如何让 Nanoleaf Aurora 从其同类产品中脱颖而出呢？

以人为本的设计。Aurora 是一款外观抓人眼球的作品。它由发光的模组化三角 LED 灯组成。这种外观设计在设计领域并无太多应用。Aurora 产品本身即可发光，而其他的智能照明产品需通过反射其他表面的光来变换颜色。Aurora 让你不仅能够营造完美的心情和氛围，还可以捕捉情感，将你喜欢的场景打造得栩栩如生。

Nanoleaf 智能照明系列产品的外观都有一种几何上的美感，比如 Aurora 就采用了三角形的外观设计。为什么设计成这种形状？

我们希望产品的外形既美观，又是日常生活中常见的形状。三角形是其中最通用及灵活的形状；创意工作者和建筑师均会采用三角形来做设计。它的模组化特点与定制你的照明环境的核心理念相一致。我们也希望这种可任意组合的组件能够尽可能地简洁流畅。从设计的角度来说，三角形对于我们而言无疑是最佳的选择。

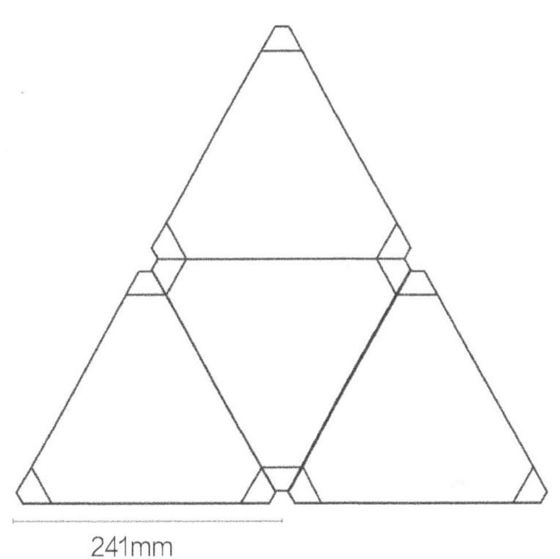

如今，大多数的智能产品都由 App 应用控制或与其搭配使用。能分享下对这种时下流行的操作方式及其发展方向的看法吗，未来还可能出现什么解决方案呢？

在科技发展领域，人类仍有很长的路要走。尽管如今的交互产品由智能手机 App 来控制，未来随着技术的发展，用户界面将会退到产品体验的幕后。App 应用将变成精致小巧的遥控器。很快，随着机器学习和智能预测技术的发展，产品的操作通过极低程度的用户介入便可完成。

我们不必对未来感到害怕。我们相信机器能够帮助有创意思维的头脑进行创造及探索。Aurora 是一款可用智能手机 App 、语音控制（iOS、 Google Now 和 Amazon Alexa）和遥控器进行遥控的交互产品。此外，它还可通过 IFTTT 等自动化平台实现遥控。给用户最大程度的选择自由是我们设计理念的核心，毕竟 Aurora 的诞生就是为了让用户量身定制高度个人化的照明体验。

Nanoleaf Aurora 是一款基于物联网研发和使用的产品。当你尝试将物联网整合到旧系统时，有没有遇到什么问题？能谈谈你们的解决方案吗？

Aurora 是一款基于 Apple HomeKit 智能家电开发平台等先进的消费者物联网框架而开发的产品。物联网行业的迅速发展使得选择家居适用的物联网 (IoT) 标准变得非常有挑战性，我们希望所选择的平台能够尽可能地与我们的产品兼容。

我们选择与符合开源标准的公司合作，他们与我们对于未来的愿景相符：即研发可行的开放、互相兼容和互操作性强的技术。普通人并不关心跨国公司巨头之间关于市场占有率的竞争。他们只关心技术可不可用。我们即将发布的 Nanoleaf Cloud 云端旨在让我们的产品在不同的物联网技术之间建立一个稳定和核心的联系，从而打造一个无缝的用户体验。

在研发智能照明产品时，你认为最重要的因素是什么？

总而言之：能够联网的产品都可以连接到云端，这使得控制所有产品成为可能。无缝的用户体验是研发任何技术产品最重要的方面，智能照明产品也不例外。顾名思义，智能照明应是智能的。此外，它还需便于操作。无论是产品的安装还是 App 的使用都应让用户觉得方便，给人们的日常生活带来便利。Aurora 让你能通过手指或语音便可量身定制你的环境。这是一款让你立即打造专属私人空间的智能产品。

对于智能照明行业的初入行者，你有没有什么建议？

问问自己：当今的智能照明产品有没有什么问题？你可以将它分成两个领域：即“智能”和“照明”。在任何一个领域你碰到的迫切想要解决的问题便是你奋斗的动力和源泉。不要想着去模仿和超越现有的公司。新的创业者需要思考技术差异或技术整合。想象我们欠缺的是什么，然后努力将它完善。

Foobot 空气监测仪：你的空气管家

公司 : Airboxlab

雅克 • 图伊隆 (Jacques Touillon) : Foobot 联合创始人

Foobot 是一款监测室内空气质量的智能设备。与空气净化器不同，Foobot 可以追踪空气中最小的颗粒，全天候监视室内所有产品、家电及家具产生的化学物质，并设置合适的室内温度和湿度。它还将适时发布合理的方案来解决现有的问题及预防新问题的产生。与它搭配使用的 App 会向用户发送通知，提供合理的建议，更高效地提升用户的生活质量。

为什么想到研发 FooBot?

当时，我正在管理一个关注环境问题的传媒机构。同时，我还是 4 个孩子的父亲。我的大儿子患上了严重的哮喘，而我却不能帮到他什么，这让我感到很沮丧；于是我便开始思考如何与空气这个看不见的敌人作斗争。也就是那时，我萌生了研发 Foobot 的想法。我遇到了欧可 • 毕尔根 (Inouk Bourgon), 我们一起合作研发了 Foobot，力图将看不见的室内空气污染问题变成有形的可以评估的问题。它表面 LED 灯的颜色会指示空气污染的状况，每位家庭成员都可以对室内空气质量一目了然。现在，FooBot 也提供改善空气质量的建议，让人们能够采取行动控制空气污染。

能简单介绍下 Foobot 运用的核心技术吗?

人们总是认为我们的技术与传感器本身有很大关系。实际上，我们从传感器上采集原始数据，重点是我们处理数据的方式，远比制造商们做得更好！除了先进的数据处理之外，产品的另一个亮点是我们团队研发的用来存储、处理和传输海量数据点的云端。庞大的数据库使得我们能不断提升向用户发送信息的准确性。

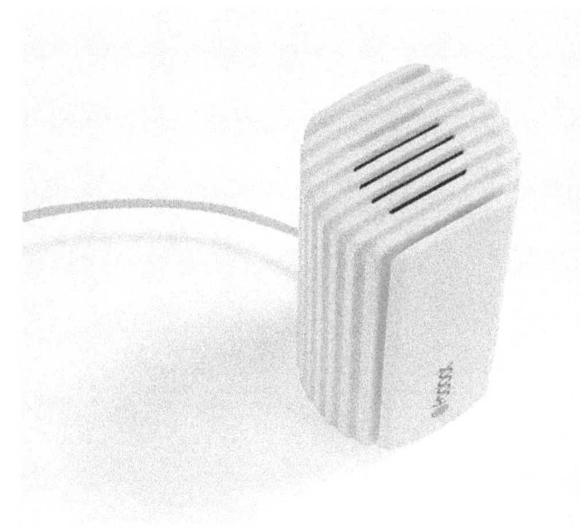

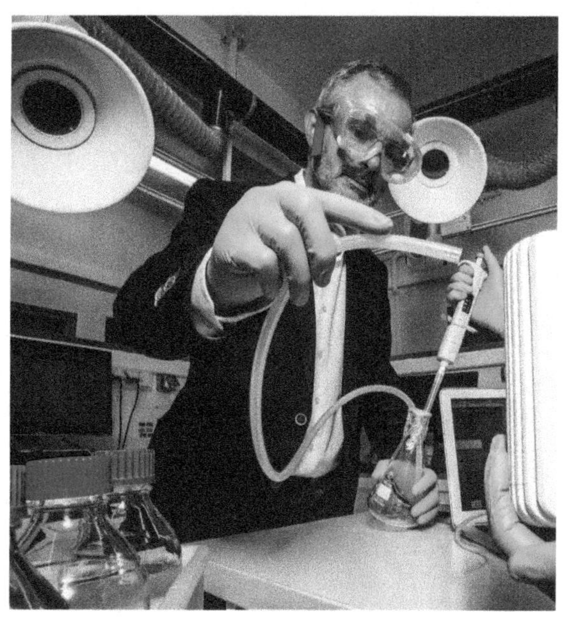

关于 Foobot 的外观设计和材料选择，你最关心的是哪些方面？

产品的外观需要足够吸引人并具备特色鲜明的功能。现有的空气监控器外观都不太让人满意，我们希望设计出与众不同的产品，从而展示我们的技术优势。

在开始这个项目之前，你们有没有考虑过市场因素？如何在设计理念的传达和市场需求上找到平衡点？

我们发布的是全球首台智能室内空气质量监控器。因此，除了我们发布的众筹活动，没有其他渠道可以验证它的市场需求。所幸我们在 Indiegogo 上开展的众筹活动进展顺利，这令我们倍受鼓舞。

从设计理念到设计成果，你们面临的主要挑战是什么？对于处在相同阶段的人有没有一些建议？

由于这是一个全新的产品理念，因此我们希望在项目初期便与大众分享，并为他们提供一些监测空气质量的测试品。在研发的过程中，我们初期设计了一种方案，这种方案使得我们可以使用标准微观装配实验室 (fablab) 机器来投入生产，费用低廉。我们该批次生产了 150 个产品。这对于我们而言有好处，因为我们在收到第一批反馈之后仍有机会来对产品做进一步的改进（确实如此）。不过对于可制造型设计 (DFM)，合作伙伴 / 客户并不理解在将产品付诸大批量生产之前，我们仍有很长的一段路要走。目前，无论是硬件还是软件方面，我们均坚持完全开源的设计。

请谈谈 Foobot 让你最引以为傲的一面。

我们是第一个发布此类设备的先行者，这一点让我们感到很自豪。我们在 2015 年初期发布了此产品，如今市场上已经出现了二三十个类似的监控器。虽然我们是行业的先锋者，但我们依然保持强劲的创新意识，这让我们感到高兴。如今，机器学习是最让我感兴趣的领域。

在物联网实施后，你在工业设计领域看到的趋势是什么？

工业设计和用户体验设计与物联网的关联度越来越高，交互产品需要设计与之搭配使用的 App，它的设计变成了工业设计过程及产品体验的一部分。不过，一些服务商和创业公司想摒弃 App 的设计过程，他们认为我们很难为每个交互产品都设计 App；更何况现在市场上的 App 太多，而用户想要的是产品之间智能无缝地进行互联。后一种说法听起来有道理，然而我们不确定这种逻辑能否行得通。如果确实如此，现今物联网设备的设计内容将会改头换面。

如今，家居产品自动化领域使用多种网络、标准和设备。这可能造成它们彼此之间互不兼容。你能谈谈对这种情况的看法吗？

无法进行互相操作及灵活性欠缺可能是造成智能家居费用高昂且难以被大众广泛接受的原因。不过这只是一个过渡阶段，最后智能家居体系中的所有组成部件将会分别与互联网连接。如今应用程序编程接口 (API) 在物联网中已经很普遍，这也正是 Foobot 与 Nest 恒温器及其他交互温控器连接的方式。

在物联网（IoT）的环境下，你认为研发交互智能产品面临的主要挑战和优势是什么？

安全问题仍是该行业面临的主要挑战。从更高的层次来说，为了成功地扩大市场，创新的智能产品必须注重提供有形的附加价值，而不是复制智能手机提供的功能。

你如何看待人类与技术之间的关系？

人类的进步是我们希望达到的最终目标，而技术只能是帮助人们进步的一种方式。技术本身绝非我们的最终目标。

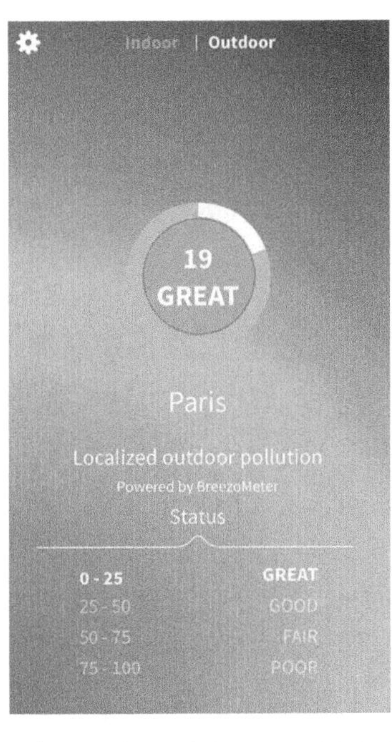

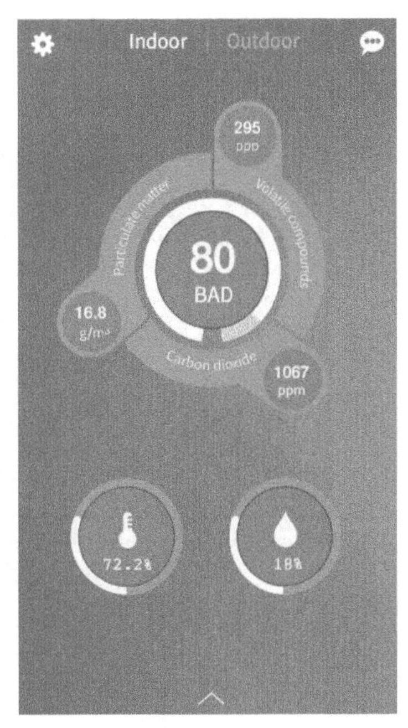

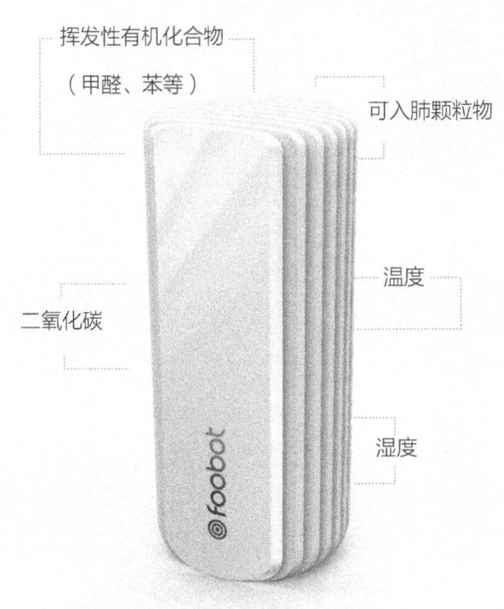

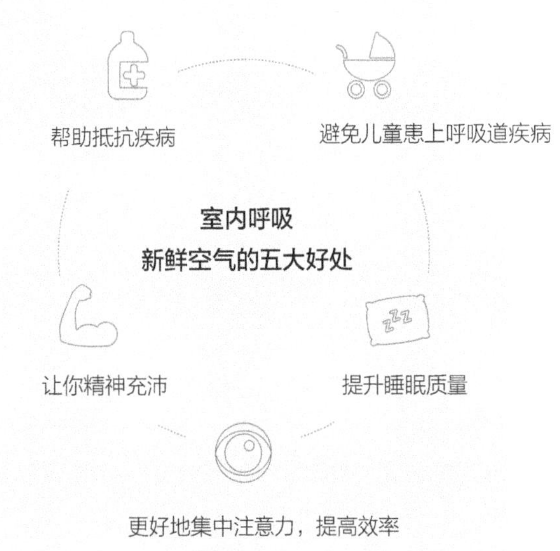

Ecobee3 智能恒温器

公司 & 设计：ecobee 和 Lunar Design
杰夫 • 萨拉查 (Jeff Salazar)：Lunar Design 设计副总裁
拉胡尔 • 劳伊 (Rahul Raj)：Ecobee 副总裁

Ecobee3 是一款智能恒温器，它与仅测量某个固定地点（如门厅）温度的传统恒温器有显著不同。Ecobee3 智能恒温器配备远程传感器，可自动调节不同房间的温度。这个独特的功能让它在其他恒温器中脱颖而出。其系统用 Wi-Fi 连接，可为用户节省约 23% 的供暖及制冷费用。研发团队一直秉持“直观、智能和创新”的设计理念，倾力打造既实用又美观的智能产品。

为什么研发 Ecobee3？

拉胡尔 • 劳伊 (Rahul Raj)：即便是新一代的恒温器，它们也存在一样的设计缺陷：即只能测量某个地点的温度，因而无法保证每间房间的人都感到舒适。Ecobee 与设计公司 Lunar 携手来解决此问题。整个团队开展了定性研究，研究对象面向专业安装工人和家庭主人，调查整个生态系统的所有环节，包括：选材、购买、安装和使用等。我们发掘 Ecobee 的独特优势，力求让 Ecobee 与众不同。这些前期的调研框架引导我们研发出了创新的室内传感器，它们能够同时测量温度和运动，帮助 Ecobee 在每个房间设置合适的温度。

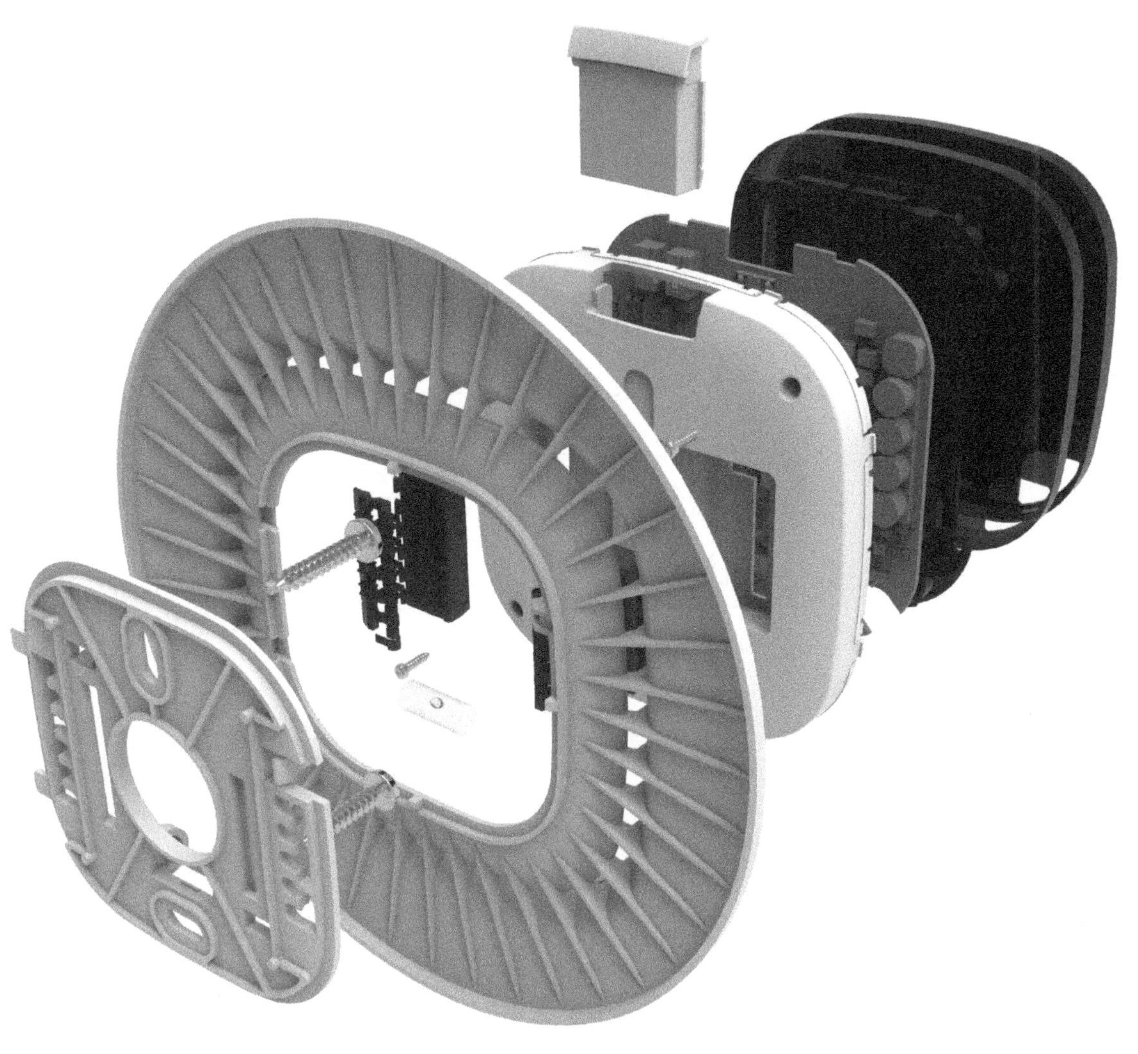

在研发 Ecobee3 的过程中，你们面临的挑战是什么？

拉胡尔 • 劳伊 (Rahul Raj)：我们的最终目标是研发出高质量的成品，要实现这个目标无疑离不开各种挑战。例如：红外传感器和感应传感器都能让 Ecobee3 更加智能，但是不同的传感器要求不同，找到完美的原材料始终是一项挑战。在制造过程中遇到各种各样的挑战在所难免，我们将坚持不懈地致力于提升客户体验，不断寻找最佳的解决方案。

在选择产品的材料时，你关注哪些方面？

杰夫 • 萨拉查 (Jeff Salazar)：提到所用的材料，我们关注该材料是否能与屏幕无缝整合，以及安装在墙上的难易程度等。它的安装板特意设计成白色，因此无论是安装在彩色或素净的墙上，都能与恒温器相得益彰。

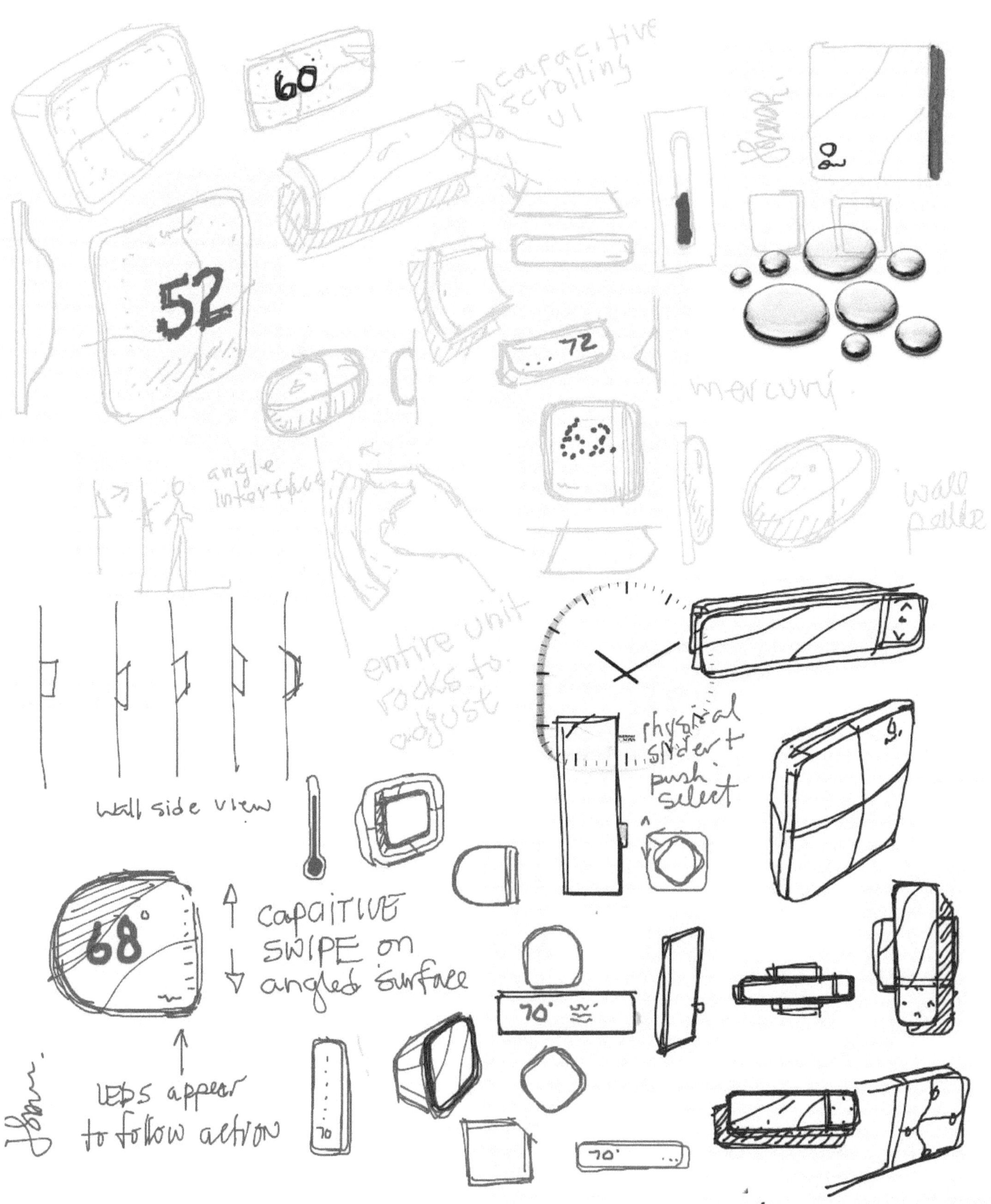
60
capacitive
scrolling
UI
52
72
62
mercury
angle
interface
wall
entire unit
rocks to
adjust
physical
slider +
push
select
wall side view
capacitive
swipe on
angled surface
68°
LEDs appear
to follow action
70°
70

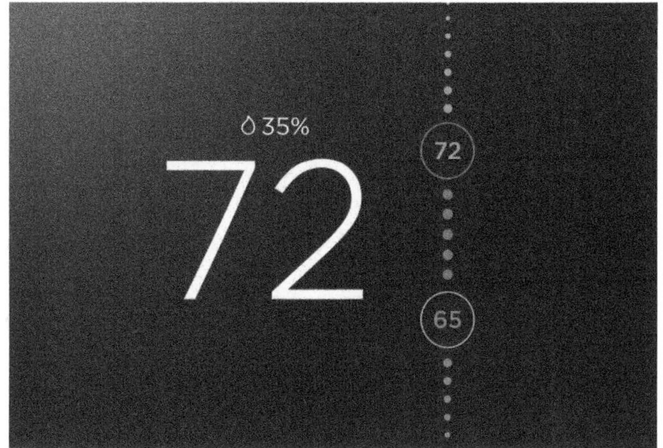

在设计Ecobee3的硬件时，你关心哪些方面？

杰夫 • 萨拉查 (Jeff Salazar)：黑色与白色的强烈对比更好体现了“智能”元素，其圆润的边角和曲线展现了设计的人性一面。客户可能不会注意的一点是 Ecobee3 触摸屏表面有轻微的弧度。大多数的屏幕是纯平的，这个小小的弧度设计让 Ecobee3 看起来更加人性化。硬件方面我们注重提升设备的安装体验，无论是对于安装工人还是 DIY 的业主。“方圆”状的外形设计十分引人注目。我们为不同的设备量身打造了不同的用户体验，针对不同的情境设置了不同的功能。

为什么选择了这种字体？你们如何优化用户体验？

杰夫 • 萨拉查 (Jeff Salazar)：我们使用 Gotham 字体作为恒温器的字体，与 Ecobee 的品牌标识相吻合。在 Ecobee3 的研发过程中，我们致力于设计出与产品硬件相符的数字元件。通过开展定性及定量研究，我们针对不同的使用情景模式（挂在墙上、移动端和 PC 端）设计了相应的功能。归根结底，我们要发掘出用户在不同情景模式下需要的功能，致力于改善用户的使用体验。

Niwa ONE 智能盆栽设备：种在手机中的绿色植物

公司 : Niwa

Niwa ONE 是专为城市居民设计的智能植物生长系统。Niwa ONE 为植物提供种植园地，并能自动照看植物，满足植物的生长需求。它会给植物浇水，为它们提供养分并确保它们 24 小时处于最适宜的生长环境。有了 Niwa ONE 之后，用户无须再操心他们花园的状况，只需看着它们开花结果。

为什么研发 Niwa ONE？

我来自西班牙的阿尔梅利亚，是生产西红柿的农业大省。我发现人们会因为各种各样的理由去种植食物；其中一个主要原因是他们对于食品原产地的担忧。正因此，越来越多的人开始尝试在城市种植作物，然而种植过程却不是那么简单。它需要知识、时间及特定的生长环境。而城市可能并不具备此类生长环境。于是我便开始思考，如何才能把我父老乡亲使用的农业技术变成人人都能轻松掌握的技术呢?

Niwa ONE 的工作原理是什么？

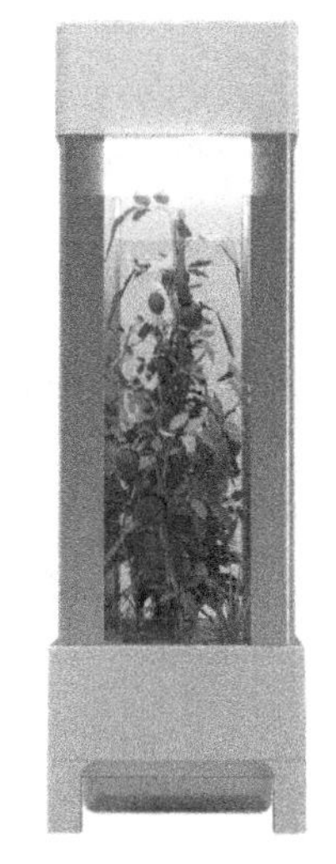

Niwa ONE 是交互式的软硬件平台，帮助简化种植过程。我们基于云的平台将自动处理整个种植过程，并且可在不同的硬件配置上运行。Niwa ONE 通过手机 App 控制，十分简便。

在研发 Niwa ONE 的过程中，你面临的主要挑战是什么？又是如何解决的？

将专业种植人员的经验转化成一款智能软件并非易事，我们花费了数百个小时来学习他们的知识和经验，并将其整合到 Niwa ONE 云端中。Niwa ONE 云端一直在不断更新，我们致力于让 Niwa ONE 成为能从几千名用户中自动习得经验的平台。

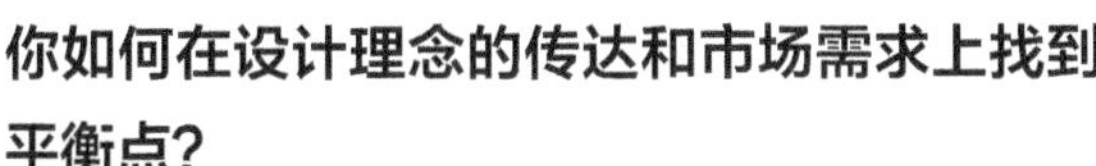

你如何在设计理念的传达和市场需求上找到平衡点？

对于 Niwa ONE，我们秉持基于客户的发展理念。客户的反馈是产品发展的核心，我们发掘了不同的细分市场，而我们的技术可以帮助不同市场的用户。我们致力于研发一种灵活的技术，以便在不同规模的种植体系中实施。

很多智能交互产品由 App 控制，你能分享下对这种时下流行的操作方式的想法及未来的发展方向吗？

过去，各种不同的设备由遥控器控制，随着它们执行的任务越来越复杂，我们需要设计更加丰富的用户界面。遥控器所提供的功能十分局限，而时下普及的智能手机提供无限的可能性。并且，人们对于手机的用户界面也不陌生，这缩短了他们学习新技术的学习曲线。我能看到智能手机正让我们与智能设备的交互变得越来越简便，虚拟现实 (VR) 是一个跳跃式的进步。

有些人很享受种植植物的过程。Niwa ONE 对于他们来说可能过于自动化，你是怎么看的？

这个问题很好。有些用户喜欢更多地参与 Niwa ONE 的种植过程，而有些用户希望交给程序自动管理。用户通过 Niwa ONE 可自由选择他们在种植过程中承担的责任。想偷点懒的用户可在列表中选择希望种植的植物，其他交给程序便可，他们只需时不时地查看 Niwa ONE。想发挥更多主动性的用户则可以给作物定制种植方案。

你认为智能产品将如何影响我们的生活？

最大的影响是各种各样的数据将会进入到我们的日常生活，现在一切才刚刚拉开序幕。一旦我们了解如何使用我们收集到的海量数据，我们的生活将会变得更加高效和可持续化。缺点是我们的隐私有可能被泄露，甚至被第三方利用。

你认为是哪些因素造就了一个智能设备？

易于上手，新的智能设备正在不断地产生，我们的生活已经够复杂和忙碌了，所以便捷性十分重要。

BELL
4:21 PM
22%
ANA'S NIWA
TOMATO
This is a programm for a Cherry Tomatoe
SEEDLING
Grow of first green
part from seeds.
30%
80%
26°C
Tomato plants, original from South America, is
adapted to warm climates. To originate germination,
seeds need an extra source of warm and humidity
(28C,90%HR, 8h light)
START
EDIT
Learn more

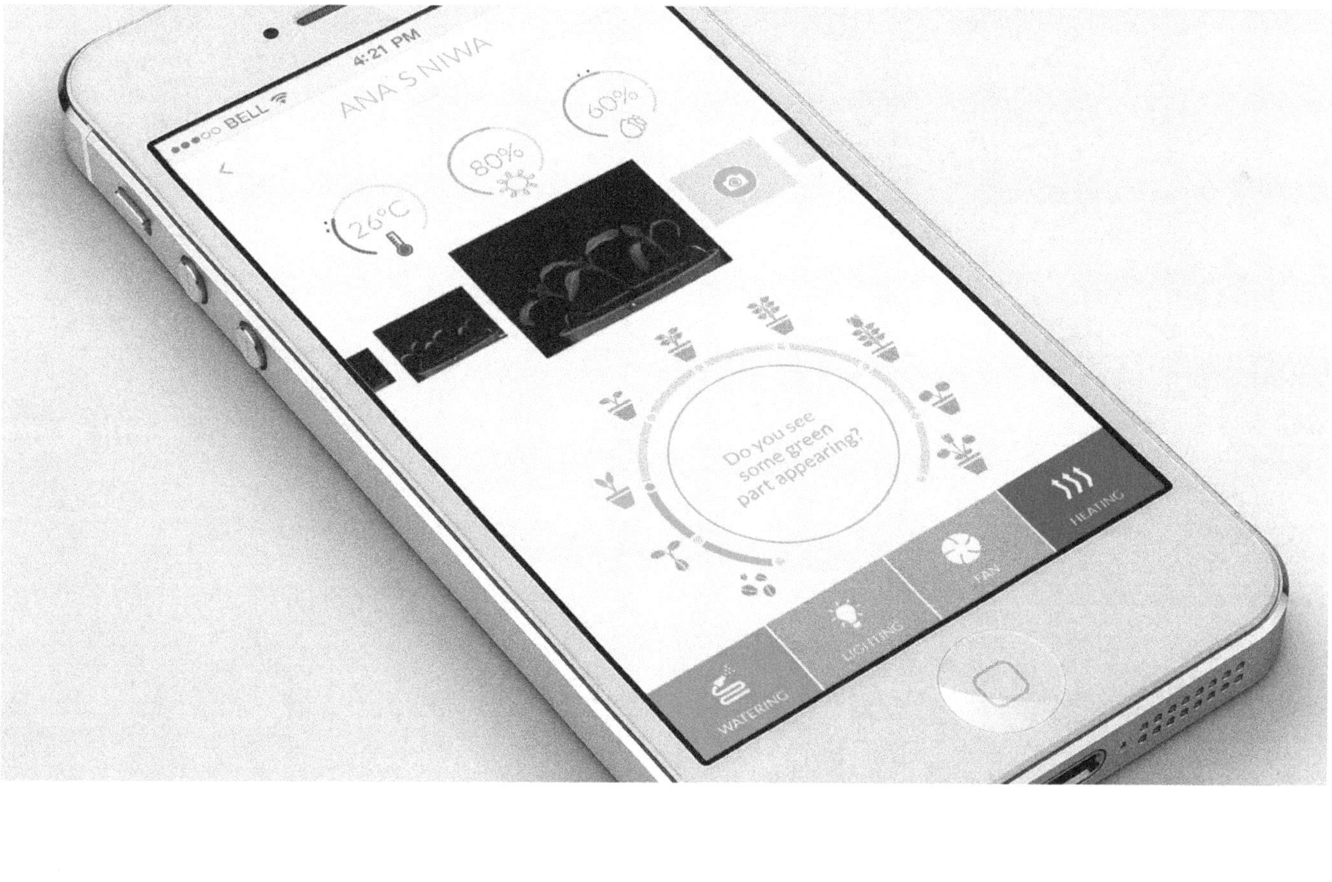
BELL
4:21 PM
ANA'S NIWA
60%
80%
26°C
Do you see
some green
part appearing?
HEATING
FAN
LIGHTING
WATERING

同步显示歌词的酷炫无线音箱

设计 : Lyric Arts

Lyric 无线音箱是能够随音乐同步显示歌词的新一代音箱。当你在手机上选择一首歌曲时，其歌词将会显示在透明的屏幕上。如果你选择的是民谣类的舒缓歌曲，那么歌词的字体和移动频率也会随之变得舒缓。如果是摇滚类的激情四射的歌曲，那么歌词的显示效果也会随之变得动力十足。由日本高级工业科学技术研究所 (AIST) 研发的音乐分析技术能自动分析歌曲的基调和结构，其内置的表达式引擎将为所播放的歌曲创造动态图像。Lyric 无线音箱配备“歌词同步技术”，能够自动将歌词优美地展示出来。

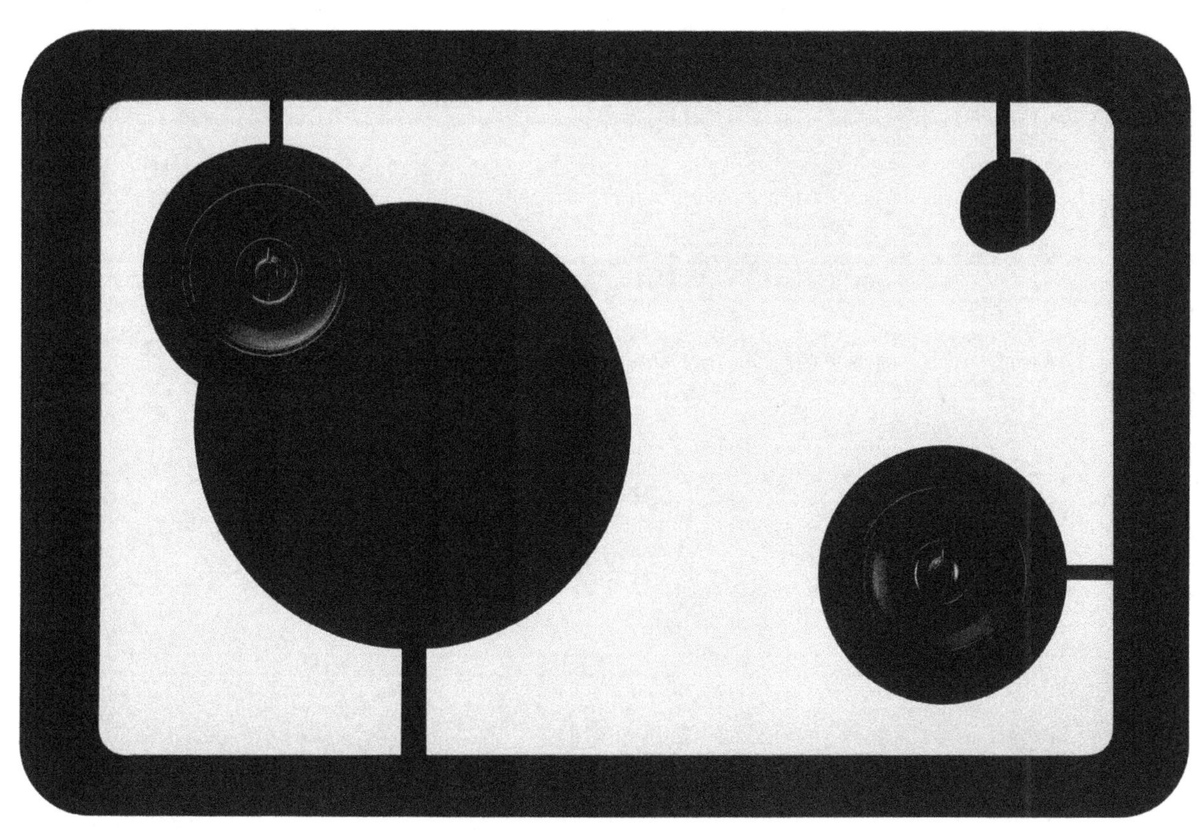

是什么让你萌生了研发 Lyric 无线音箱的想法？

在我十几岁的时候，当我心碎感到难过时，我听鲍勃·马利 (Bob Marley) 的《觉醒吧，站起来》(Get up, stand up)。歌词引起了我的强烈共鸣，我又重新振作了起来。不知你有没有过类似的经历？我想每个人大概都有过。

在数字化时代之前，我们边听音乐边看歌词。我们能够更加深切地体味歌词。然而在如今的数字时代，我们感受歌词的机会越来越少。我们希望唤起人们对歌词的需求，提升听音乐的感受。Lyric 无线音箱便是我们所研发的解决方案。

在开始这个项目之前，你们有没有考虑过市场因素？

我相信歌词是一种艺术，这里面蕴含着巨大的商机。在数字时代，人们一直在追求更佳的音乐体验。例如便捷性、音质等，然而人们忘了一样东西，那便是歌词。在 CD 时代之后，会有越来越多的人在听歌的同时也想同步看到歌词。

有关 Lyric 无线音箱的外观设计和材料选择，你关心哪些方面呢？

我们团队的研发主题是让人们“看见”无形的介质——“声音”，我们使用透明的屏幕，让声音看起来像在上面“漂流”一样。无线音箱专注于音质和歌词，你会感觉音符像从音箱中缓缓飞出。

在研发 Lyric 无线音箱的过程中，你面临的主要挑战是什么？

我们的挑战是如何增加歌词的趣味性。实际上我们用耳朵来聆听歌词，而并没有用心去感受。认真地用耳朵和眼睛去感受，我们便能完全沉浸在歌词的氛围中。你会真切地感受到音乐家的内心世界。

我们的解决方案是研发运用歌词同步技术的音箱，它的显示屏能够动态地显示图案，打造完美的视听体验。歌词图案生成装置能优美地显示歌词，并根据歌曲风格动态显示图案。歌词同步技术是开放式的，类似于应用程序编程接口 (API)，可作为无线音箱附加的小配件。同时也可作为内置模块用在其他的音箱上。我们致力于让歌词同步技术变成新一代的行业标准。

在物联网的实施下，你在工业设计领域有没有看到什么新趋势？

每种用户体验都将更新换代。我们将打造全新的音乐聆听体验。用户使用我们的音箱，可以更好地享受和理解音乐的韵味。正如物联网提升了数据的作用，这款无线音箱改善了数据带给我们的体验。我想强调的是我们并不关注物联网。我们只关注能够丰富音乐体验的任何东西。

you wanna come
eard it thru the
you drunk? Are you
about it,
makes
t know what

ROM YOUR

on the beachside
highway Go West
run run run

BeoLife 一键式音乐控制系统

公司：Bang & Olufsen

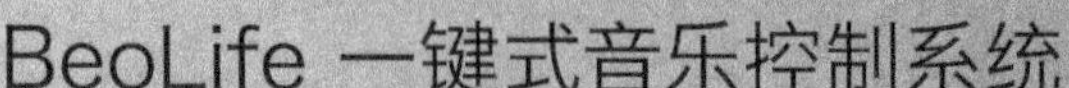

BeoSound Essence 的使命是让人们以最简单的方式控制音乐。将 BeoSound Essence 与任意 Bang&Olufsen 有源扬声器连接之后，用户无须借助任何智能手机，只需轻轻触摸便可开始在上次结束的地方继续播放音乐。它由两个部分组成：即与用户的音乐库或流媒体服务连接的隐蔽式盒子和作为系统中央控制装置的遥控器。这种分开工作的功能设计让用户可自由选择将遥控器整合到任何居住环境中。

BANG & OLUFSEN

该设计向经典的音乐设计元素致敬。音量调节通过中间的圆形按钮便可完成。遥控器的中央区域具备播放音乐、停止音乐、跳过曲目、更改音乐源和调节音量等功能。这一系列直观的按钮设计使遥控器界面十分简洁。

BANG & OLUFSEN

Handy_VA 可拆卸式吸尘器

设计 : 李宪澈 (HyeonCheol Lee)

Handy_VA 是一款可拆卸式的吸尘器，机身包括一个可拆卸的手持模块。用户可根据需要选择使用手持还是机器人吸尘器。Handy_VA 可当作一台机器人吸尘器使用。当需要清洁沙发等机器人吸尘器难以清洁的地方时，用户可以轻按按钮来弹出手持模块。手持模块和机器人吸尘器共用一个过滤网。当手持模块归位时，手持吸尘器中的灰尘将会转移到机器人吸尘器中。

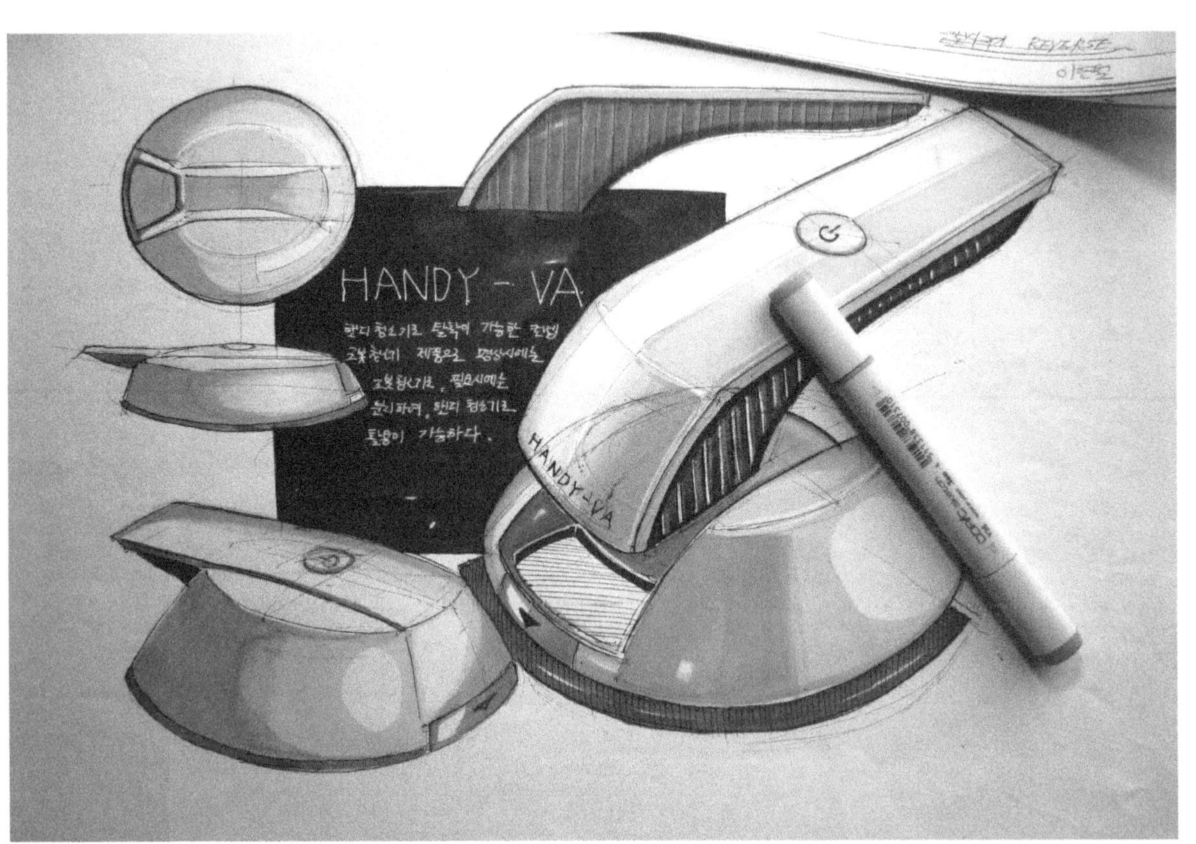
HANDY - VA
핸디 청소기로 탈착이 가능한 컨셉
로봇청소기 제품으로 평상시에는
로봇청소기로, 필요시에는
분리하여, 핸디 청소기로
활용이 가능하다.
HANDY-VA

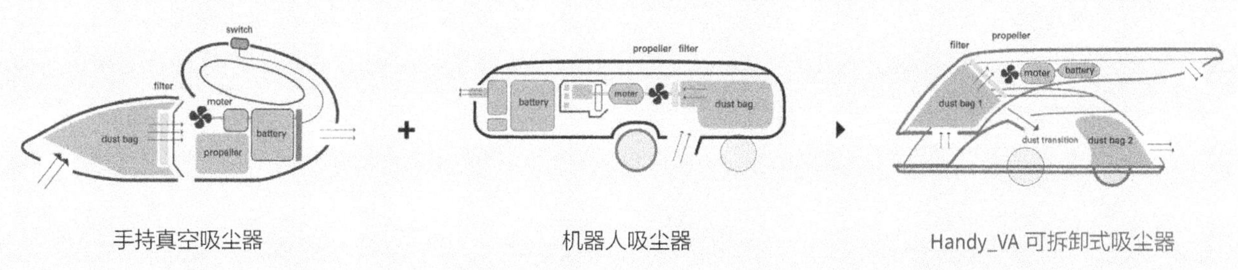

手持真空吸尘器　　机器人吸尘器　　Handy_VA 可拆卸式吸尘器

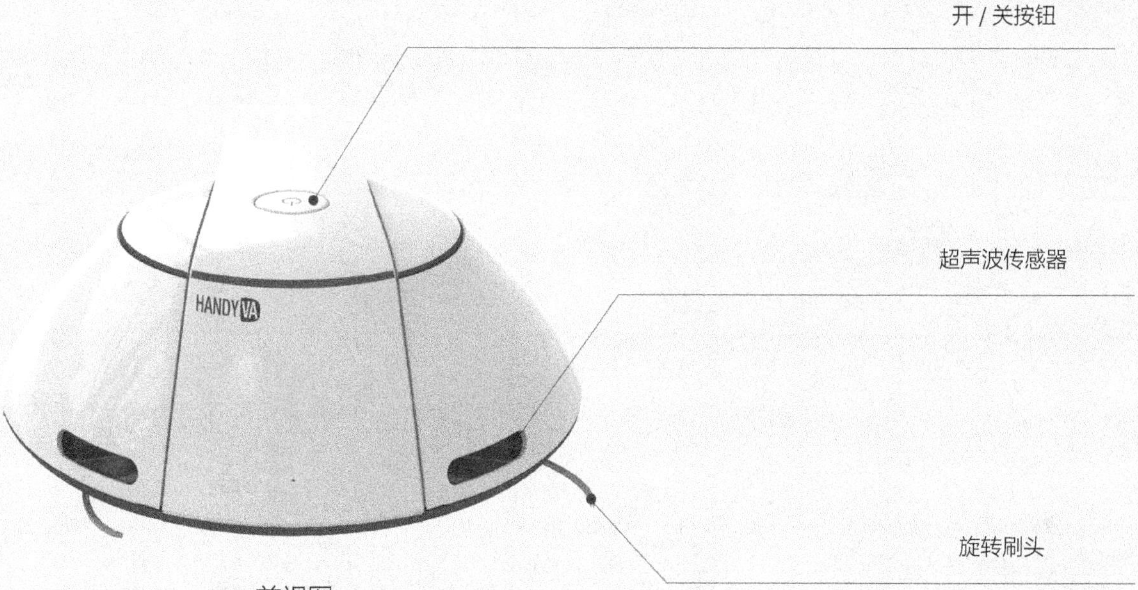

开 / 关按钮

HANDY VA

超声波传感器

旋转刷头

前视图

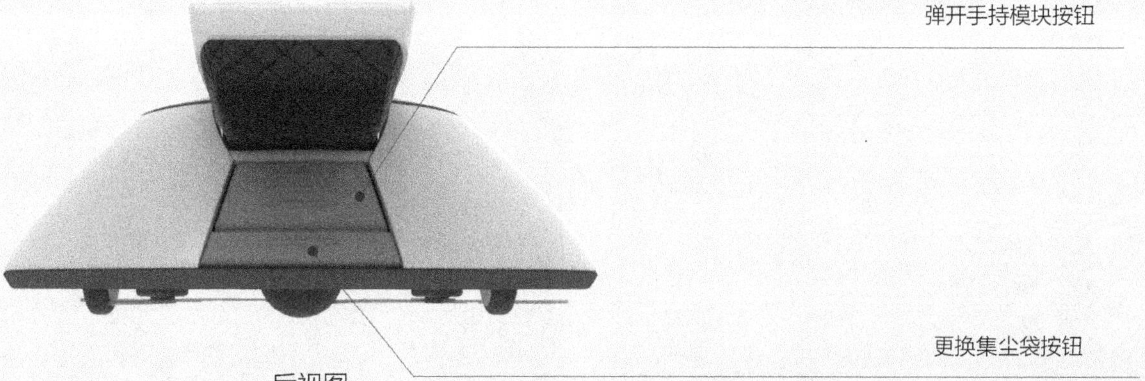

弹开手持模块按钮

更换集尘袋按钮

后视图

Notion 迷你传感器

公司 : Notion

Notion 迷你传感器可轻松追踪家里的一切，无论用户身在何处。它可用来监测很多东西，你可以将 Notion 附在任何你想要监测的物体上，之后便可通过 Notion App 查看其状态。比如：你可以监测房间的灯是否关闭，热水器有没有漏水，窗户有没有打开或房间某个区域的温度等。你只需使用一个 App，便可轻松监测家里的一切。Notion 安装起来也十分简单：将 Notion 桥接设备插上电源，放置好传感器，然后与 Wi-Fi 连接。之后你便可以查看物体状态，更改设置及接收更新。

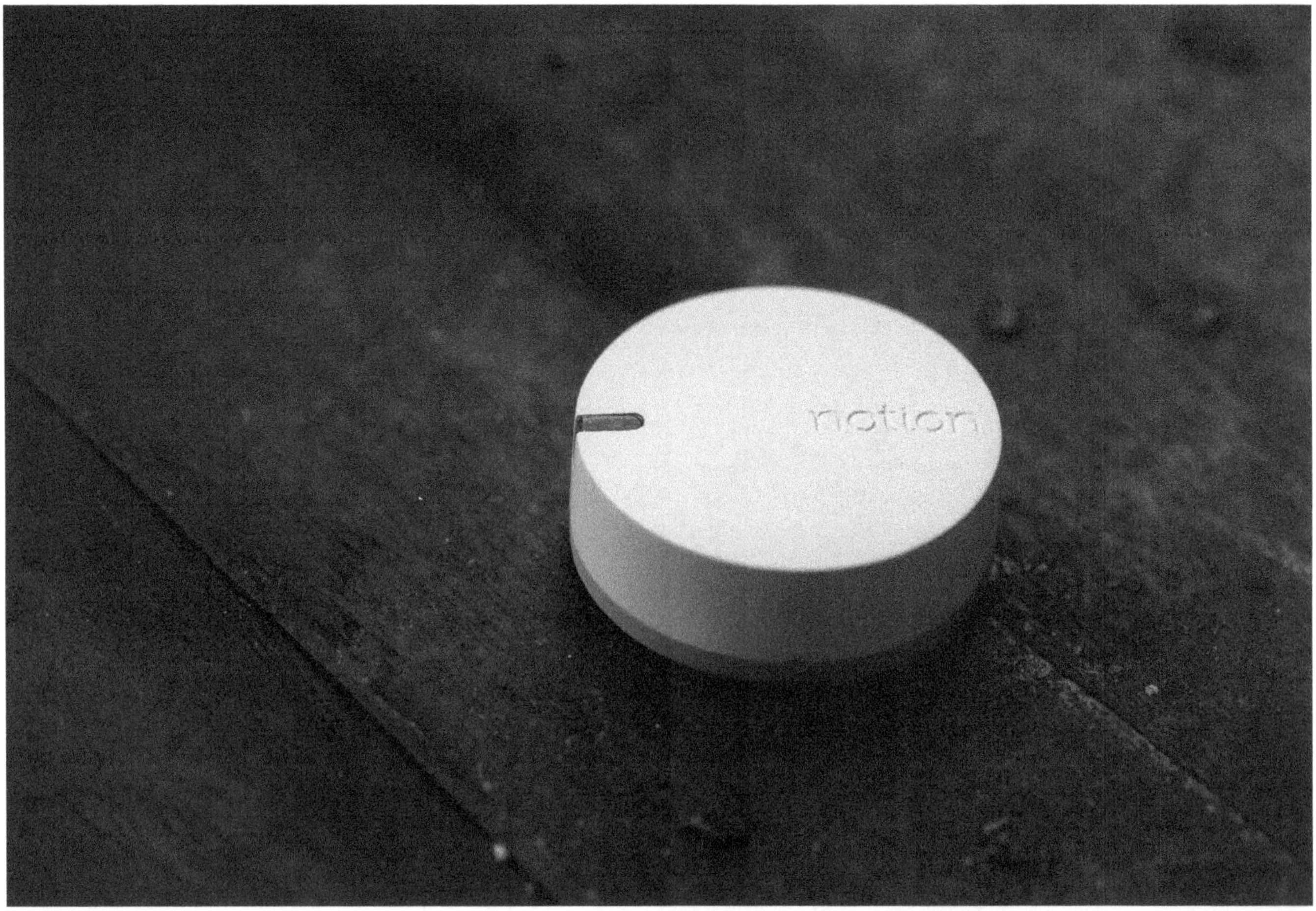

Boon 是专为上班族设计的香薰加湿器，舒缓他们的压力。它与智能手机配合使用，可用手机调节功率、气味及实现远程控制。用户可轻松定制他们最爱的香味，并通过 App 将配方保存。他们还可在到达办公室之前便远程打开设备，以便在一到达工作地点时便可享受香氛。为了利于芳香精油的散发，Boon 配备独立的储水器，用户可以从顶部直接注水。

BOON 智能香薰加湿器

设计 : 安迪 • 帕克 (Andy Park), 丹尼尔 • 金姆 (Daniel Kim)

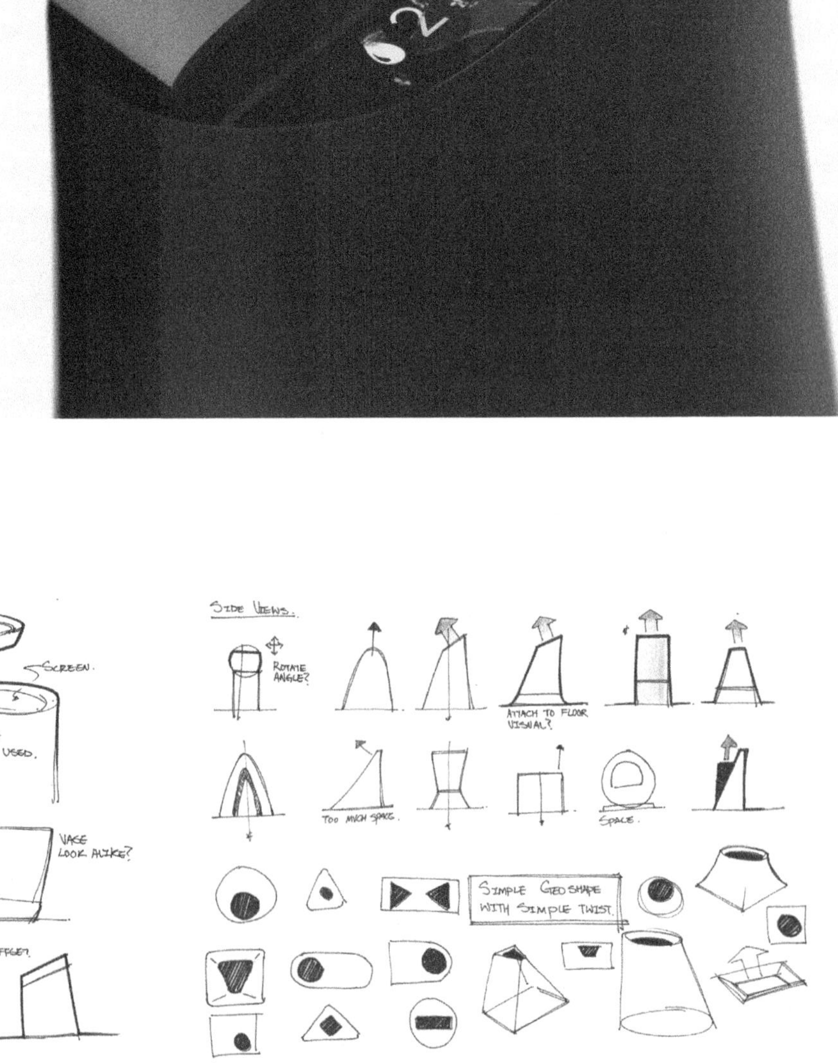

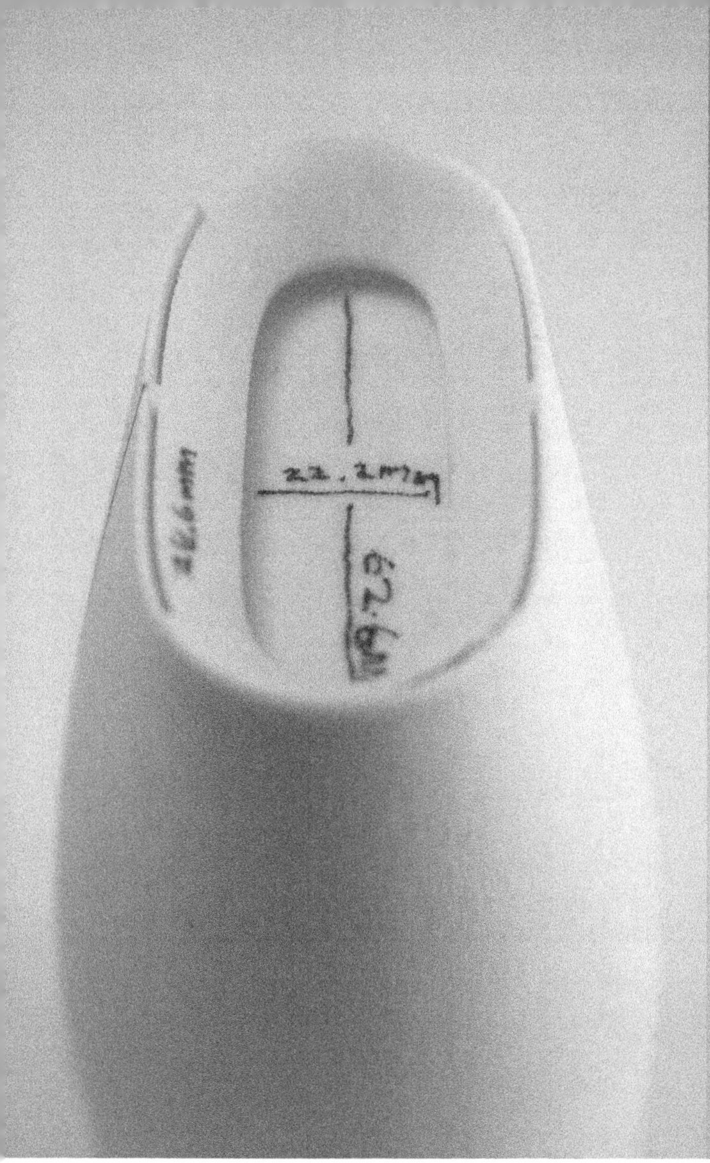

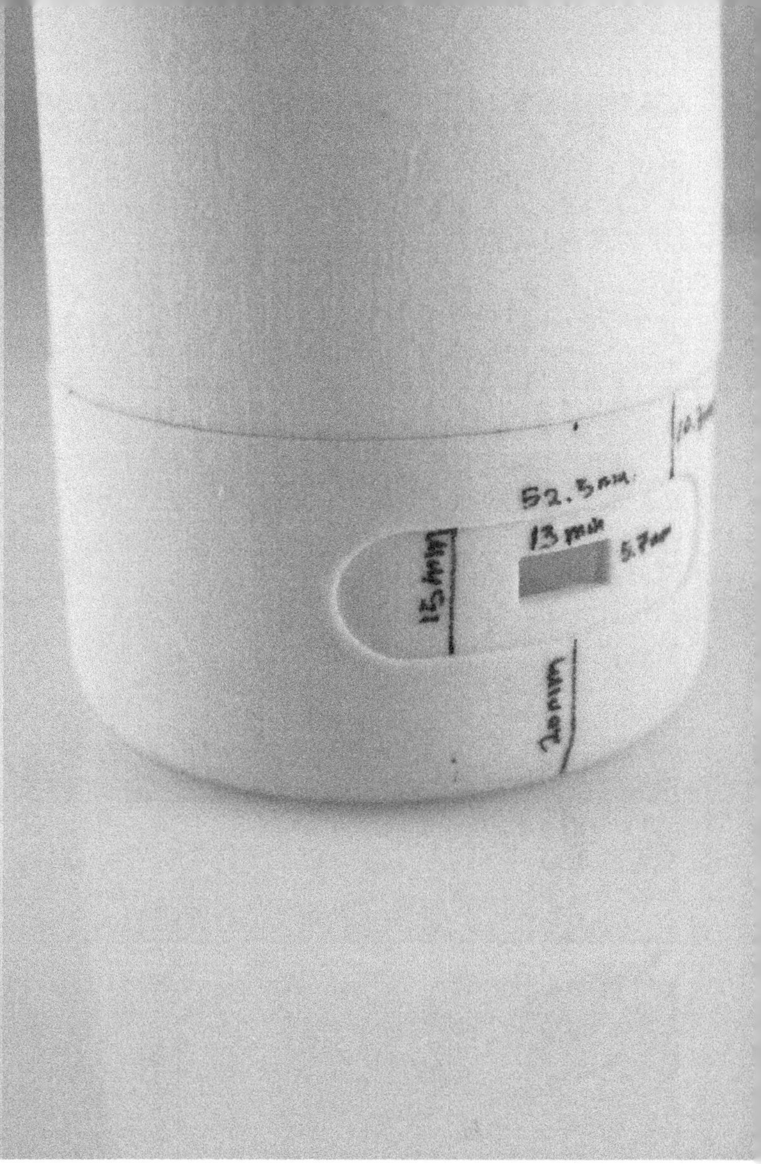

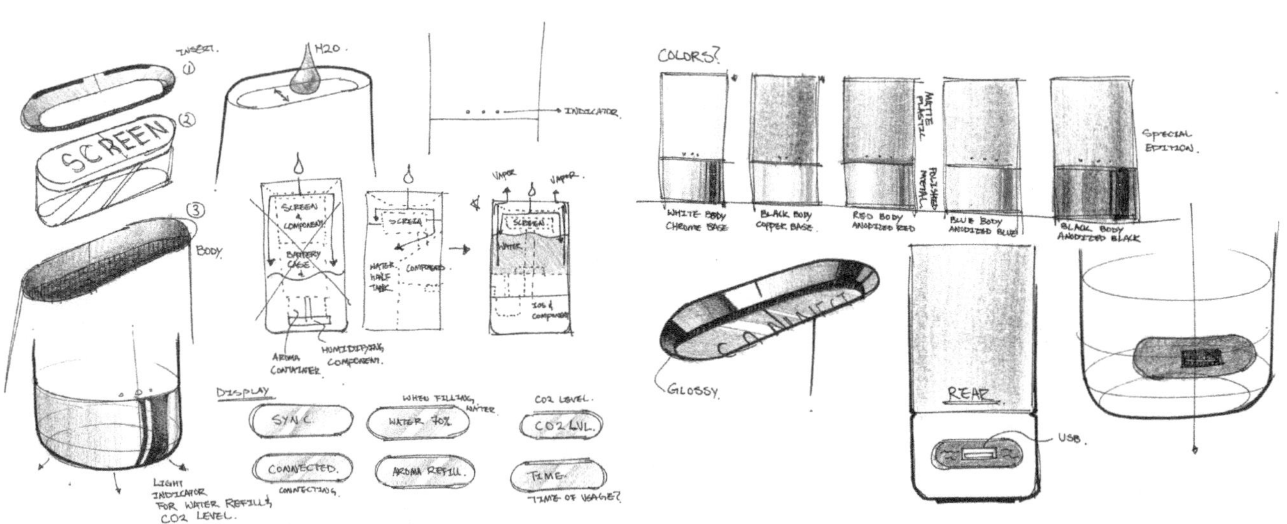

INSERT.
H2O.
SCREEN
BODY.
INDICATOR.
SCREEN & COMPONENT
BATTERY CASE
AROMA CONTAINER
HUMIDIFYING COMPONENT.
SCREEN
WATER HALF TANK
VAPOR
WATER
DISPLAY
SYNC
CONNECTED.
CONNECTING.
WHEN FILLING WATER
WATER 70%
AROMA REFILL.
CO2 LEVEL.
CO2 LVL.
TIME.
TIME OF USAGE?
LIGHT INDICATOR FOR WATER REFILL & CO2 LEVEL.

COLORS?
MATTE PLASTIC
POLISHED METAL
SPECIAL EDITION.
WHITE BODY CHROME BASE
BLACK BODY COPPER BASE
RED BODY ANODIZED RED
BLUE BODY ANODIZED BLUE
BLACK BODY ANODIZED BLACK
GLOSSY.
REAR.
USB.

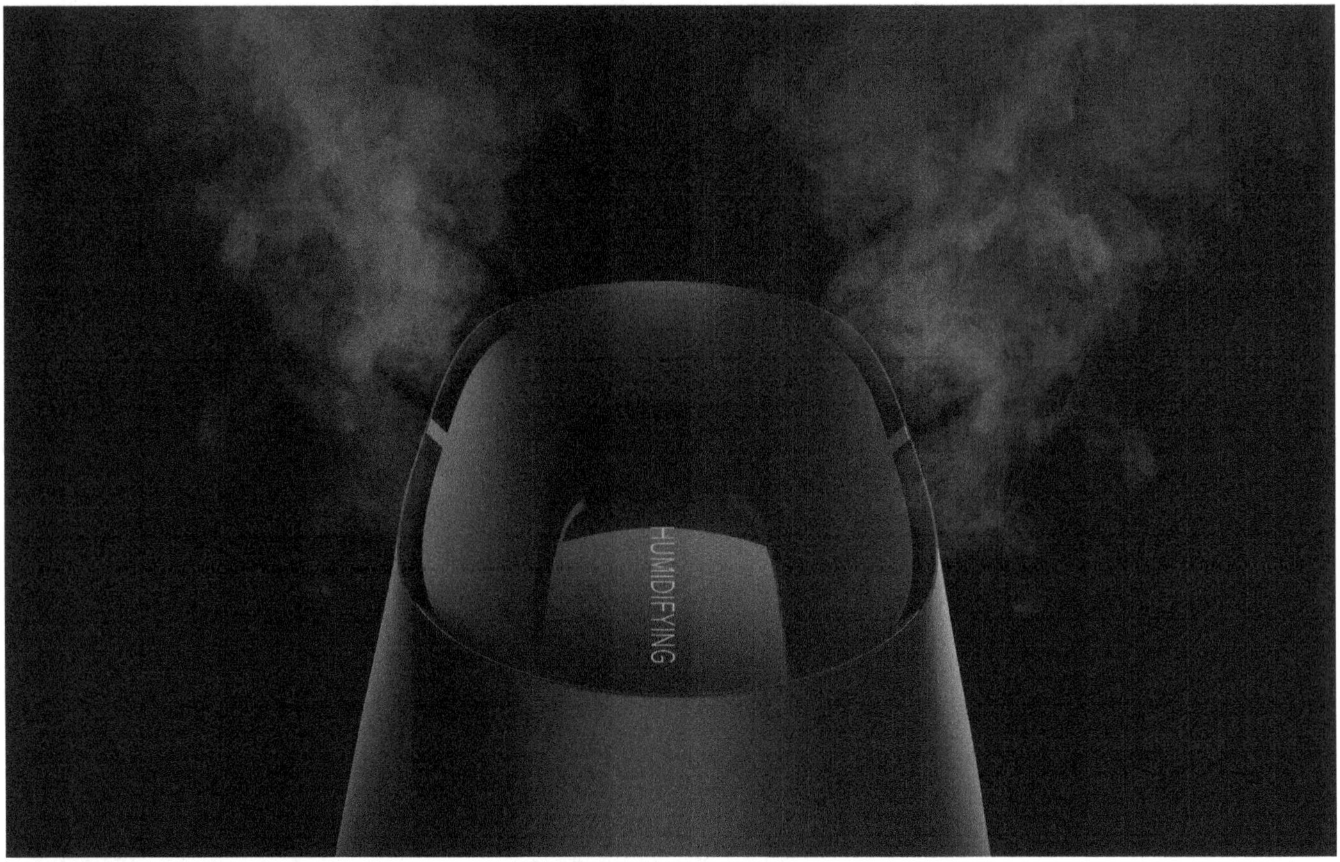

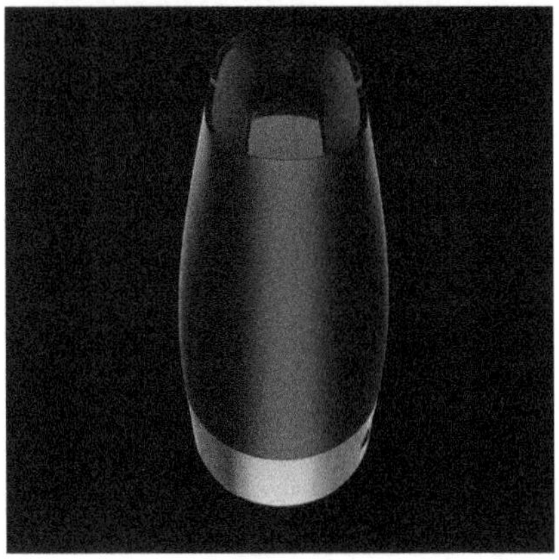

NEW
DANIEL
ROSEMARY 3
ROSEMARY 2
MAIN
ADD

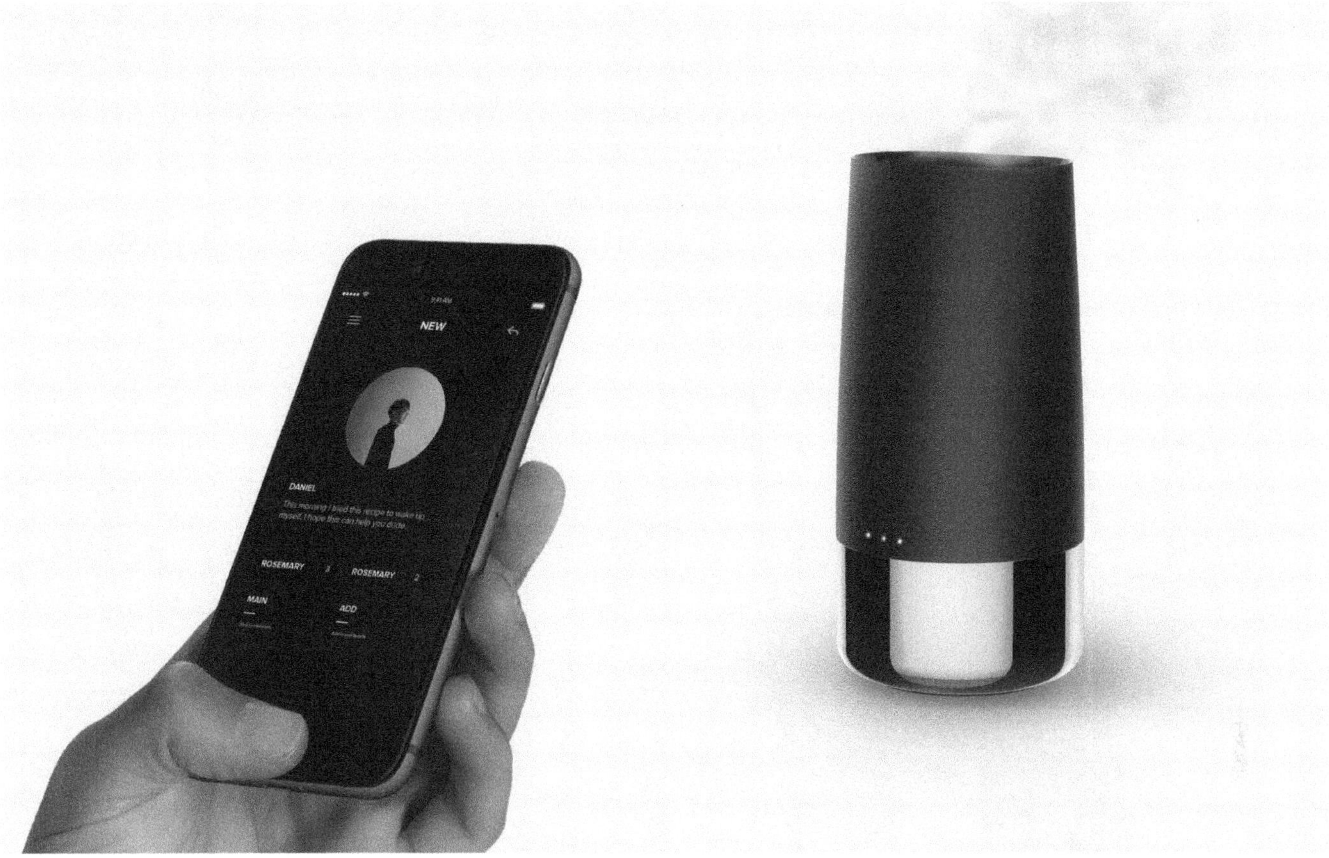

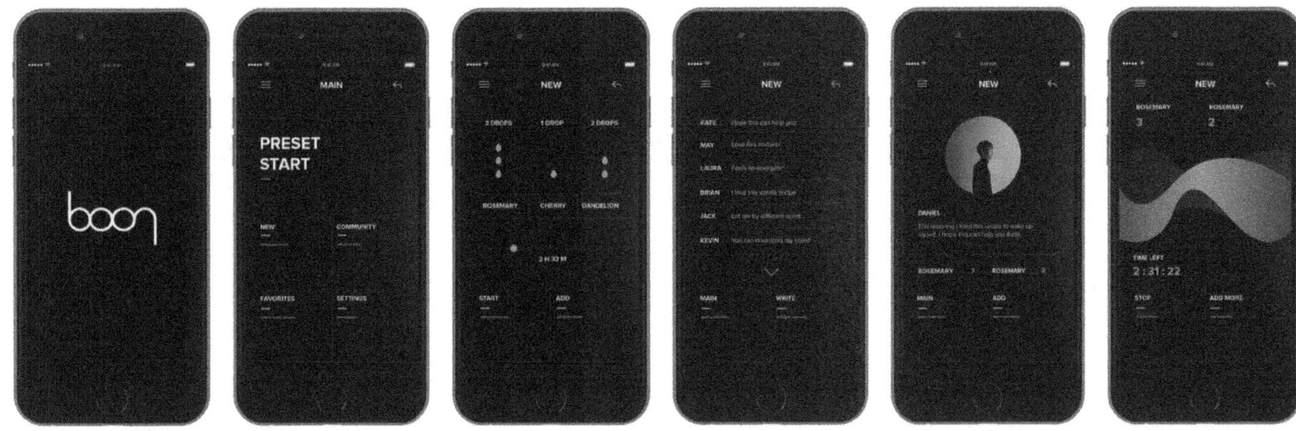

boon
MAIN
PRESET
START
NEW
COMMUNITY
FAVORITES
SETTINGS
NEW
2 DROPS
1 DROP
2 DROPS
ROSEMARY
CHERRY
DANDELION
2 H 32 M
START
ADD
NEW
KATE
MAY
LAURA
BRIAN
JACK
KEVIN
MAIN
WRITE
NEW
DANIEL
ROSEMARY 3
ROSEMARY 2
MAIN
ADD
NEW
ROSEMARY
ROSEMARY
3
2
TIME LEFT
2 : 31 : 22
STOP
ADD MORE

Netatmo 智能家居设备

公司：Netatmo

Netatmo 是一家极具创新意识的智能家居公司，他们已经研发了一系列直观易用、造型美观的交互设备，包括：Presence 户外安全摄像头、Welcome 家用网络监控摄像头、Weather Station 气象站和 Netatmo 恒温器，旨在为用户提供无缝的体验，帮助他们打造更加安全、健康和舒适的家居环境。

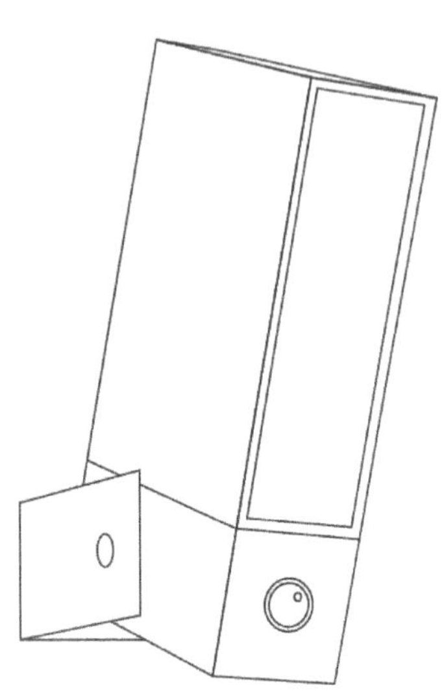

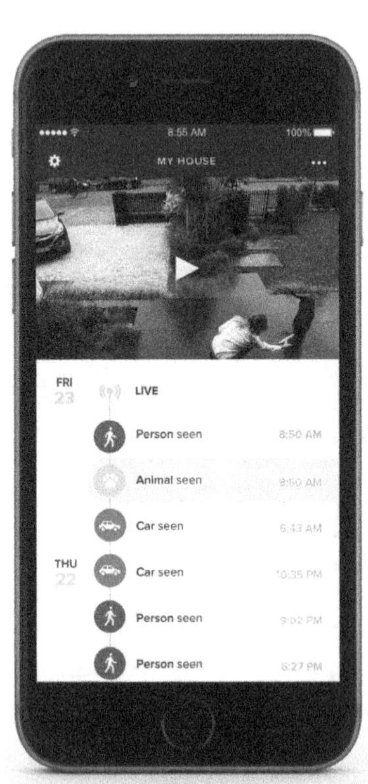

Presence 户外安全摄像头

Presence 是一款户外安全摄像头，可以区分人、动物和车辆。如果有人在你的住所附近闲逛；有车进入了你的私人车道或者你的宠物跑到院子里，Presence 将实时监测并发送报告。

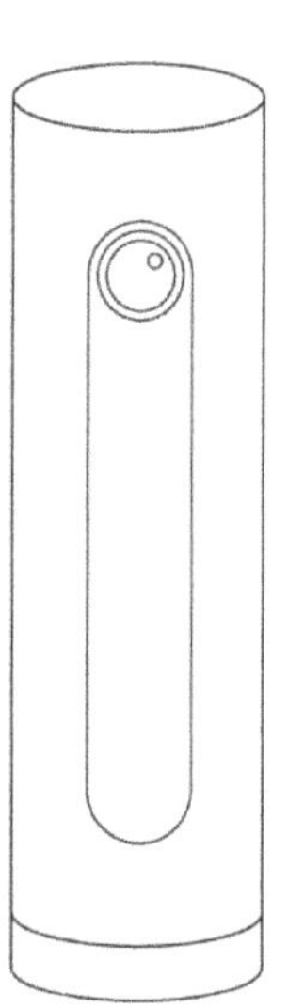

Welcome 家用网络监控摄像头

Welcome 是一款家用网络监控摄像头，带人脸识别功能，其摄像头会识别你的家庭成员，在他们经过时通过智能手机给你发送通知。如果有陌生人进入，你也会收到警告。

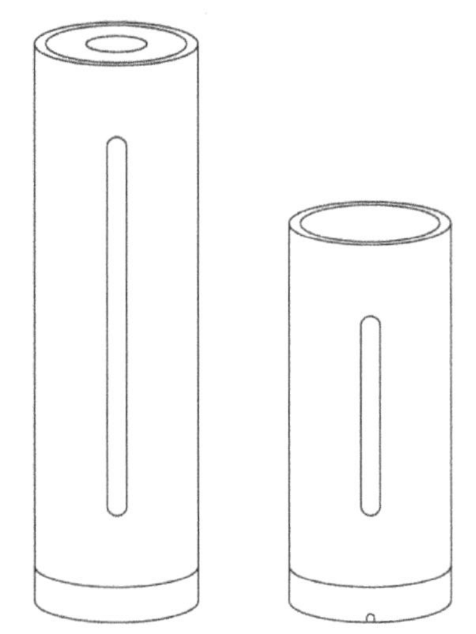

Weather Station 气象站

气象站由两个模块组成，室内模块提供温度、湿度和二氧化碳水平的监测，测试室内的舒适程度，并在需要开窗透气以降低污染水平时给你发送提醒。而室外模块提供实时天气信息。它配套的 App 让你能够以图表形式查看数据，实时监测你的环境，并预测周边环境的变化。

Netatmo 智能恒温器

Netatmo 智能恒温器专为节约能源和减少二氧化碳的排放量而设计。它不仅可以让用户能够随时随地控制供暖装置，也能根据用户的习惯和生活方式来安排供暖时间段，从而在用户需要时才开始供暖，以节省能源。

Dojo 智能家居安保系统

设计：NewDealDesign

Dojo 是一款外形酷似鹅卵石的设备，它可通过机器学习及行为跟踪来监测入侵及阻止进攻。在与家庭网络连接之后，它可以将每个设备都添加进来，并监测它们的活动。在需要采取行动时，它会向你发送提醒，并自动拦截所有攻击。Dojo 由一个可任意移动的光滑鹅卵石状的显示终端和可以插入家庭无线路由器的设备组成。一旦发生异常网络活动时，Dojo 便会通过闪烁“鹅卵石”的氛围灯来警告用户，并发送相关信息到用户手机上，用户可通过手机对这些异常行为进行处理。

Good evening Yossi!
Your home is safe.
I'll keep monitoring.

Awair 空气质量监测器

公司 : Awair

Awair 空气质量监测器可帮助追踪和改善空气质量，并显示室内环境是否对健康产生影响。Awair 传感器能够监测五种决定空气质量的关键因素，即：温度、湿度、二氧化碳、有毒化学品和灰尘。Awair App 会对这些数据进行分析，并通过 Awair Score 和色彩指数显示空气质量。Awair 提供多种模式帮助你提升睡眠质量，它会控制你的过敏源，提升工作效率及改善身体健康。此外，它还给你提供量身定制的可行方案，帮助你形成健康的日常生活习惯。

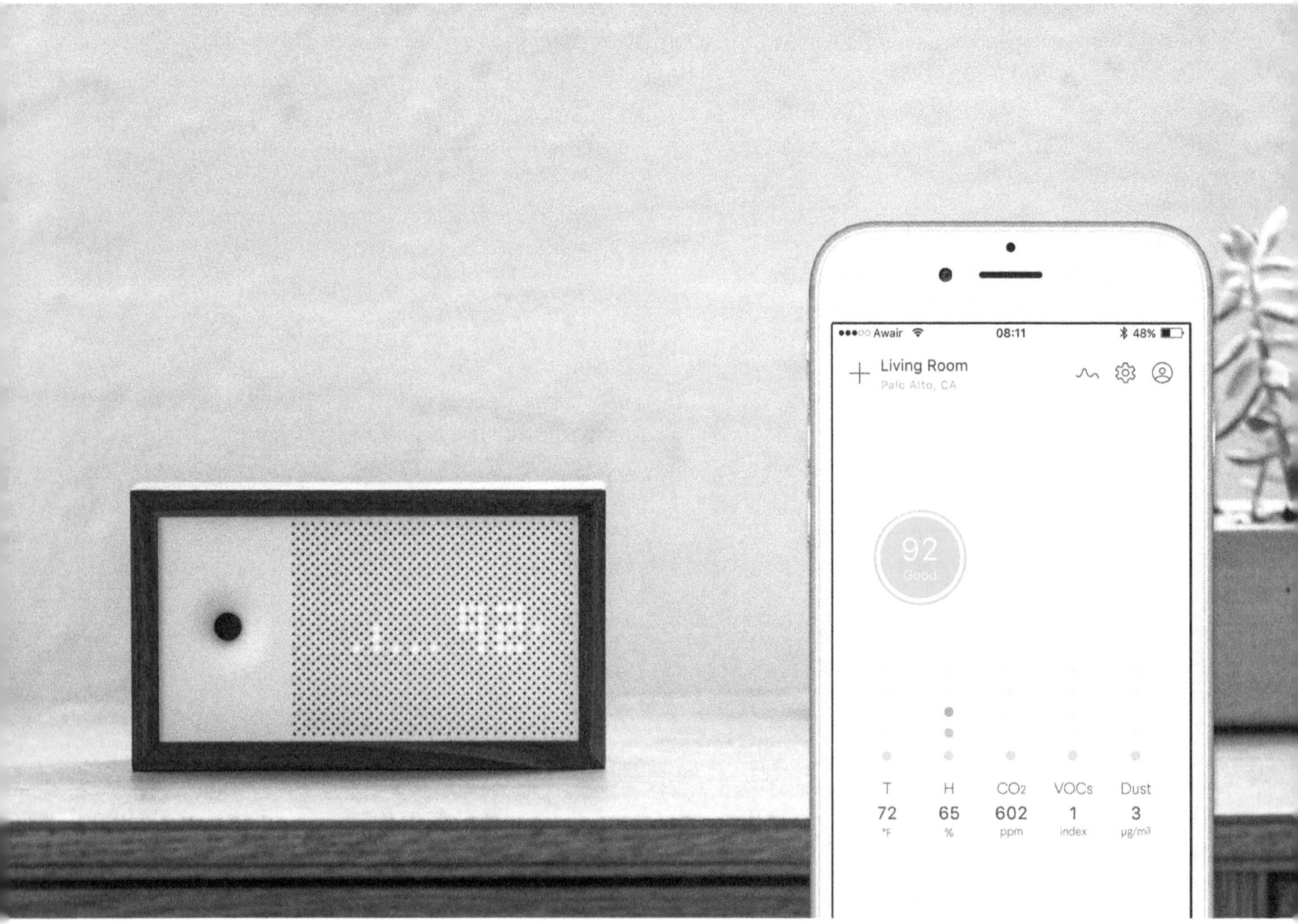

6:35

Eve 智能家居系统

公司 : elgato

Eve 是致力于为你打造智能生活方式的智能家居系统。这套产品包括七个设备：Eve 门窗监测器、Eve 无线动作传感器、Eve 智能开关、Eve 能耗监测器、Eve 智能家居传感器、Eve 恒温器和 Eve 智能天气监测站。每个设备都配有一个搭配使用的 App。Eve 智能家居套件组合将收集有关空气质量、温度、湿度、气压和能耗等数据。用户可根据这些数据进一步提升家中的舒适度，把你的家变成一个更加智能的居住场所。下文将为你介绍其中四款设备。

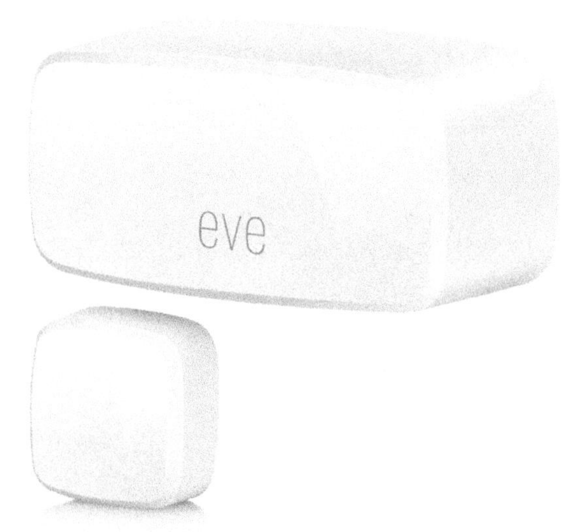

Eve 门窗监测器

Eve 门窗监测器可充当你房屋的守卫。它会告诉你门窗的开关状态。通过配合使用的 App，你可以快速查看当前的开启 / 关闭状态，及时查看数据和时长，帮助你做出最佳决策。

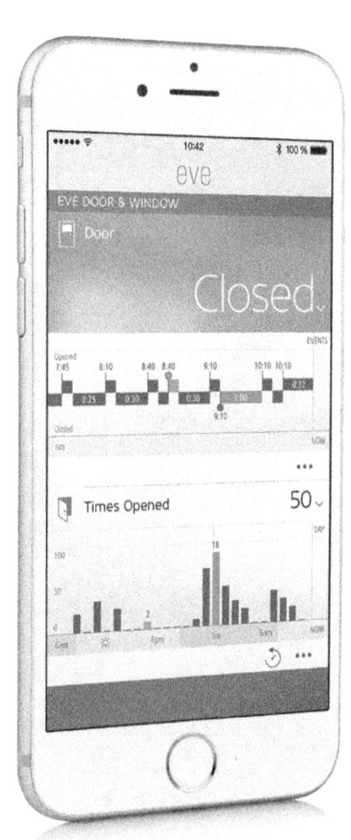

Eve 能耗监测器

Eve 能耗监测器是一款帮助你了解当前能耗的智能设备。通过 Eve 能耗监测器搭配使用的 App，你可以查看设备的当前能耗，并可通过轻触或使用 Siri 来将设备开启或关闭。

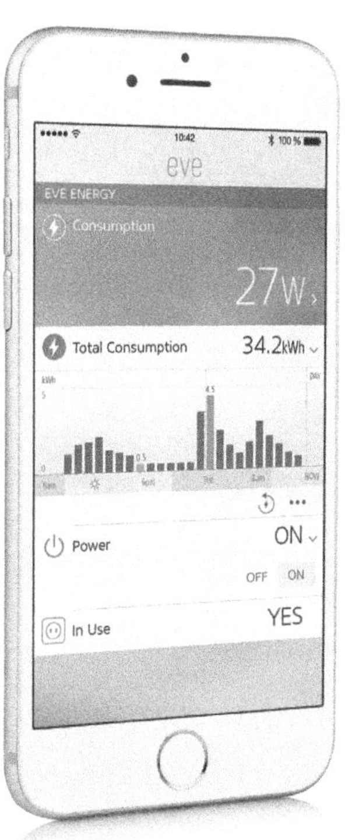

Eve 恒温器

用户通过轻触界面或使用 Siri，便可将房间环境打造得完美舒适。用户可创建日程表，定时给你的房间自动供暖，从而与你的日常作息时间相一致。Eve 恒温器使用蓝牙智能技术直接与 iPhone 或 iPad 相连，无须使用控制中枢、网关或桥接设备。

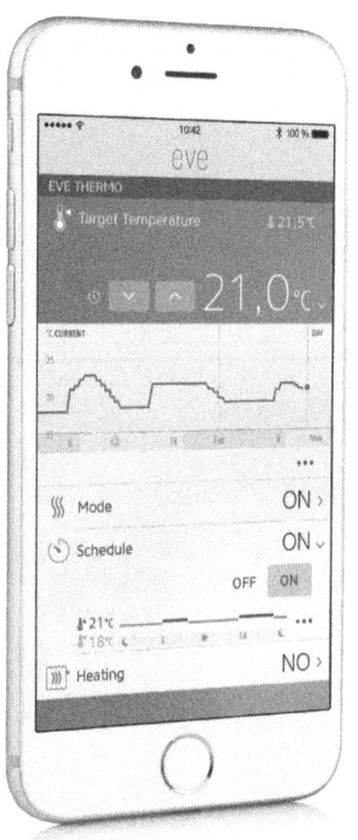

Eve 智能天气监测站

Eve 天气监测站能够让你对所处的环境了解更多。它会告诉你温度、湿度和气压。你可以在家里、手机或 iPad 上访问你的个人天气数据。Eve Weather 配备续航能力持久的可替换电池，让你摆脱电源线的烦恼。

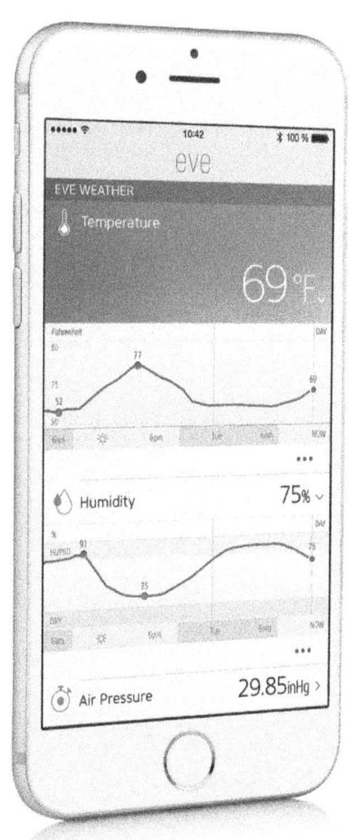

智能散热阀门

公司 : Netatmo

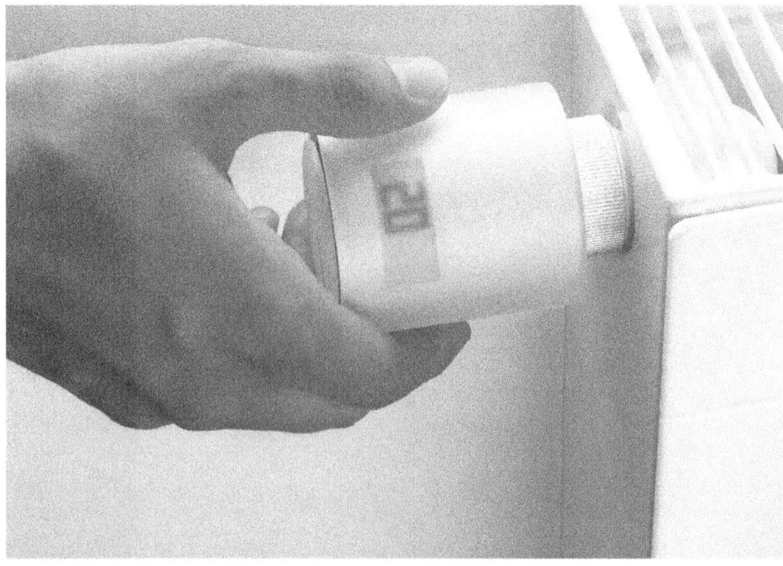

Netatmo 智能散热器阀门专门设计了三个节能功能，每天都能使用到。首先，它在监测到窗户开启时会立即停止对房间供暖，以免浪费能源。其次，它支持实时精确分析室外环境因素（天气、房屋的绝缘能力、房间人数、正在使用的电器等），并主动调整房间的供暖以节省尽可能多的能量。此外，用户还可使用移动设备来手动调节室温。这款阀门配备透明的电子纸屏幕，清楚地显示温度并降低能耗。这款极简设计风格的产品不仅外观优雅时尚，而且功能十分实用。

i-Lit 智能情感音箱气氛灯

公司：EasyGo

i-Lit 是一款外形可爱、用途广泛的照明设备。它不仅外观时尚独特，而且具备许多实际和有趣的功能。它可以开启蜡烛吹灭模式，让生活悠然回归，带来内心的平静。i-Lit 采用高品质 RGB 灯珠，它能变换 256 种颜色，营造不同氛围。其具备独立音箱腔体、共振膜、光罩、润音盘、配重环和散音网；每一个细节经反复斟酌和测试，直至完美表现。

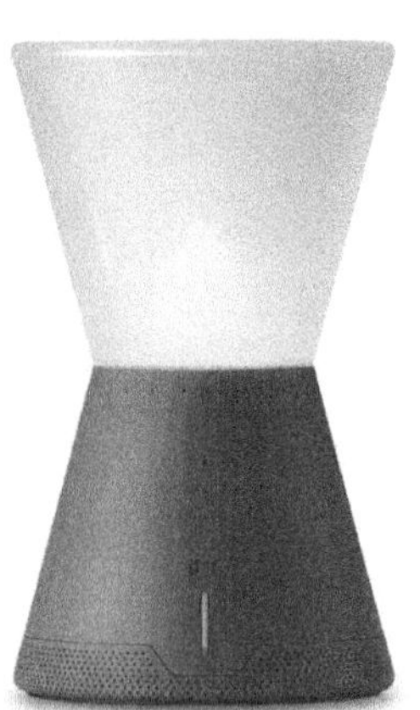

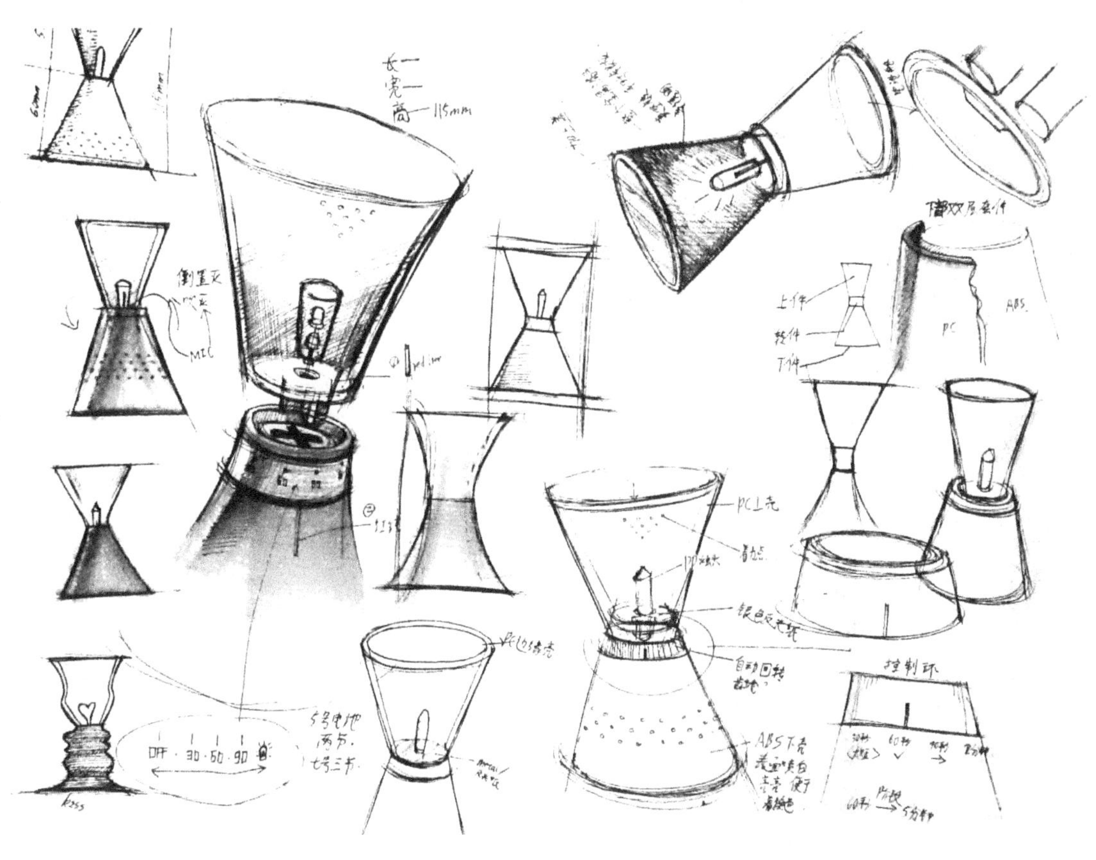
高—115mm
PC上壳
ABS下壳
控制环
OFF · 30 · 60 · 90
PC
ABS

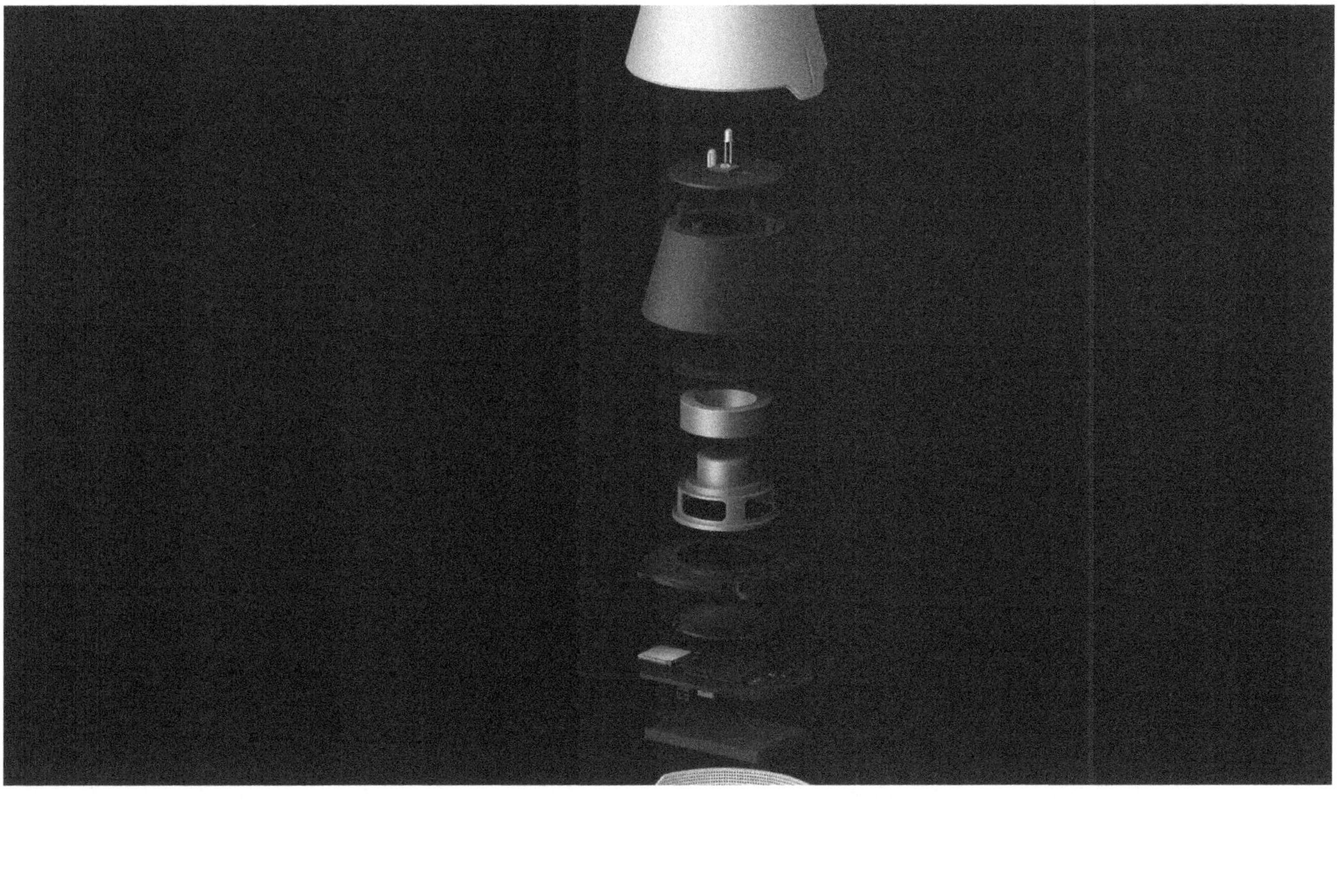

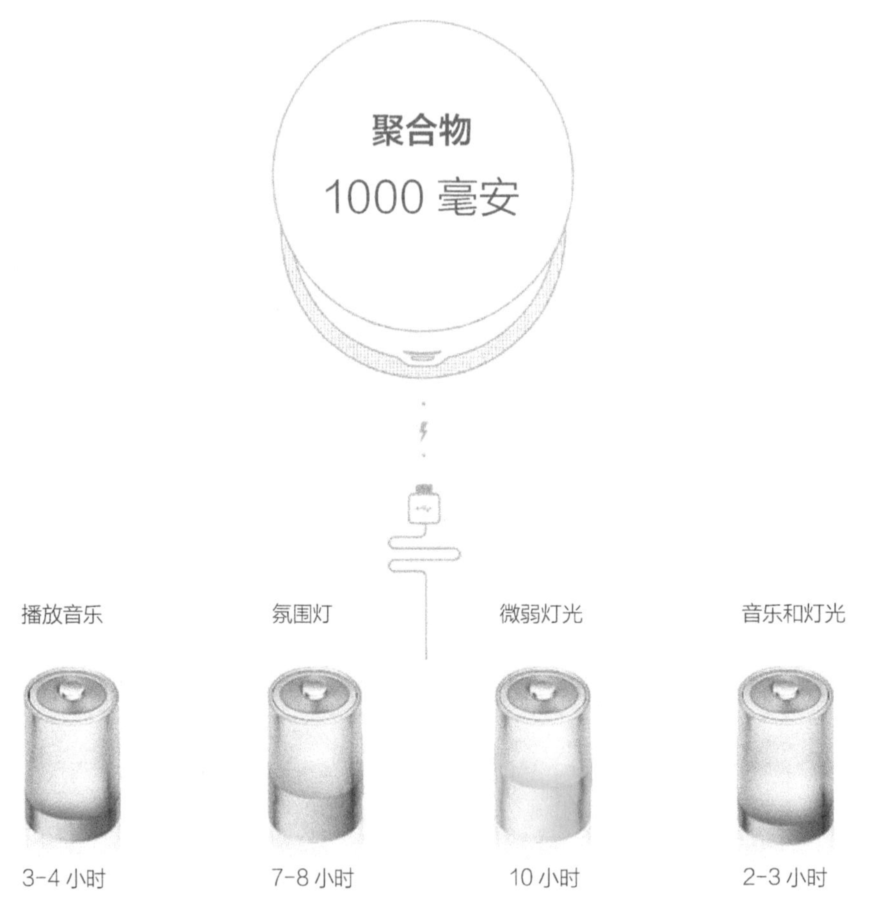
聚合物
1000 毫安
播放音乐
氛围灯
微弱灯光
音乐和灯光
3-4 小时
7-8 小时
10 小时
2-3 小时

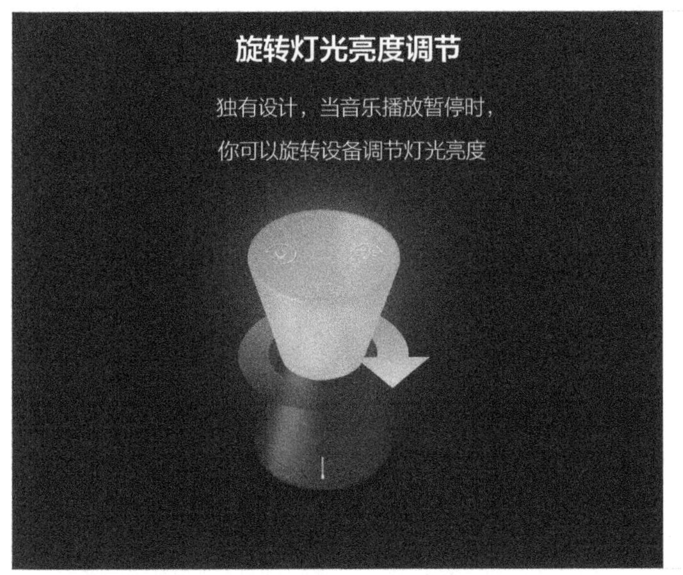

旋转音量控制

可无限旋转控制音量大小

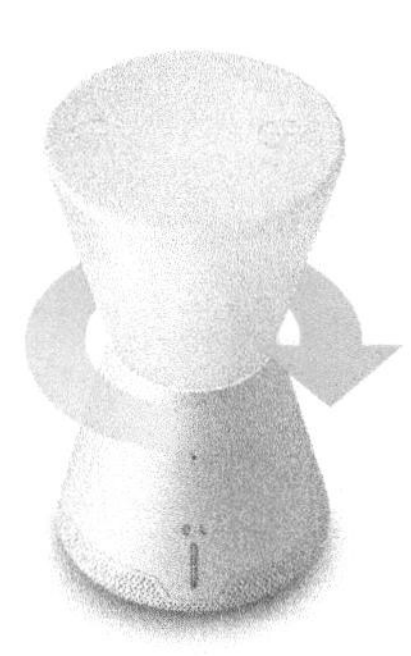

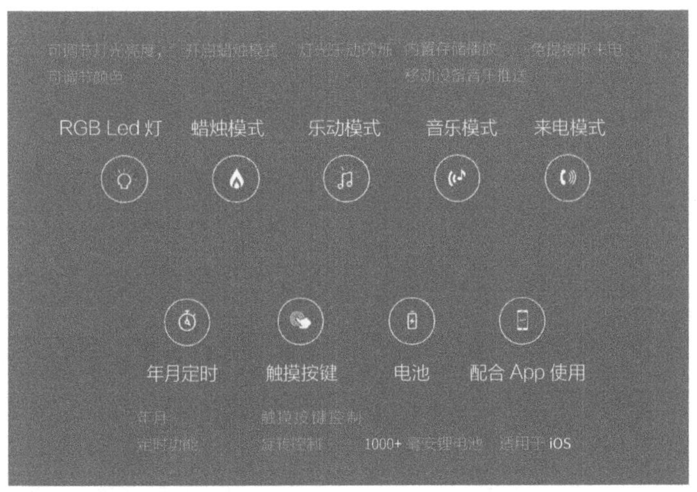

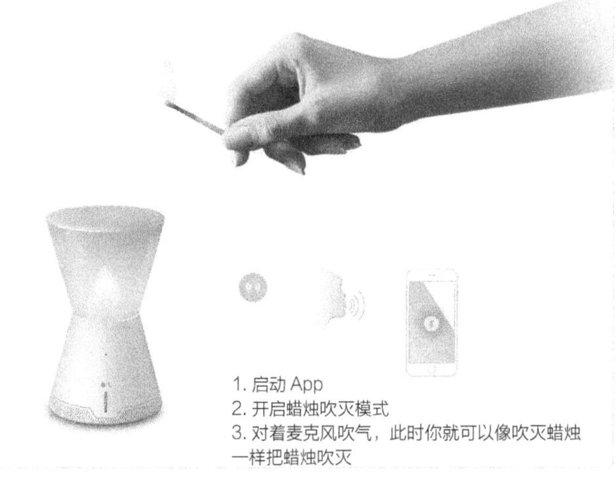

1. 启动 App
2. 开启蜡烛吹灭模式
3. 对着麦克风吹气，此时你就可以像吹灭蜡烛一样把蜡烛吹灭

DOTS 智能照明灯

设计：华金 • 阿维德 (Joaquín Alverde)

Dots 智能照明灯是一款由 App 控制的模组化照明灯具，它们可用于不同的环境，呈现更佳的照明效果。每个照明模块均配备双面 LED 灯，灯光可从两边散发出来。不同的模块通过一根旋转轴连接起来，每个模块均有一定程度的旋转空间。用户可通过 App 控制每个“Dot”的亮度和旋转角度，以达到理想的效果。

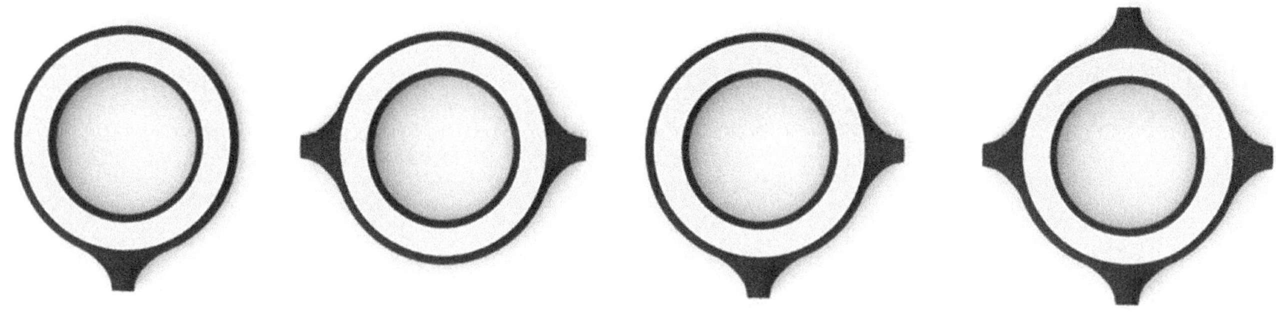

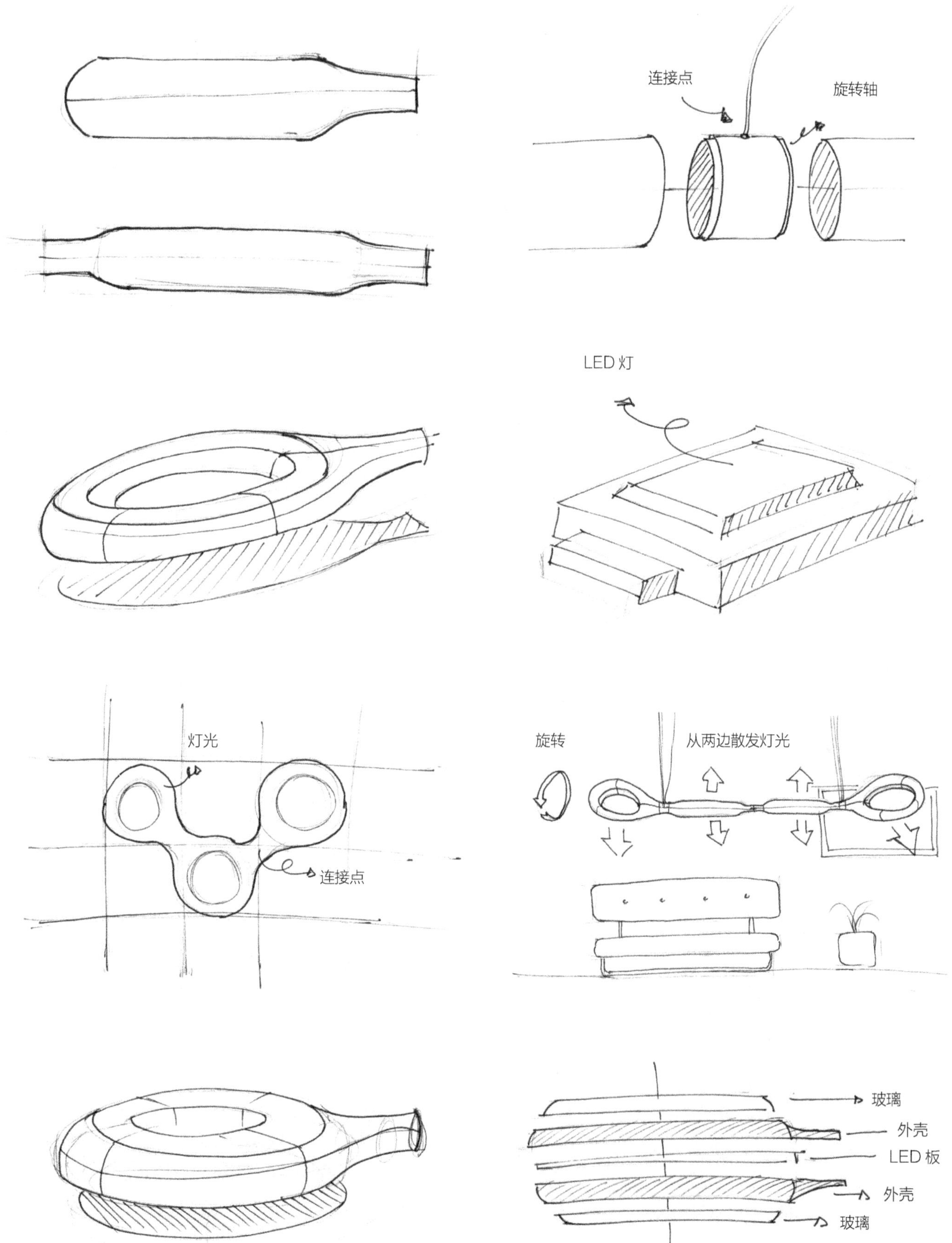
连接点
旋转轴
LED 灯
灯光
连接点
旋转
从两边散发灯光
玻璃
外壳
LED 板
外壳
玻璃

LED
DIRECTIONAL LIGHT
ROTATION

LED
DIRECTIONAL LIGHT
ROTATION
GLASS
COVER
COVER
GLASS

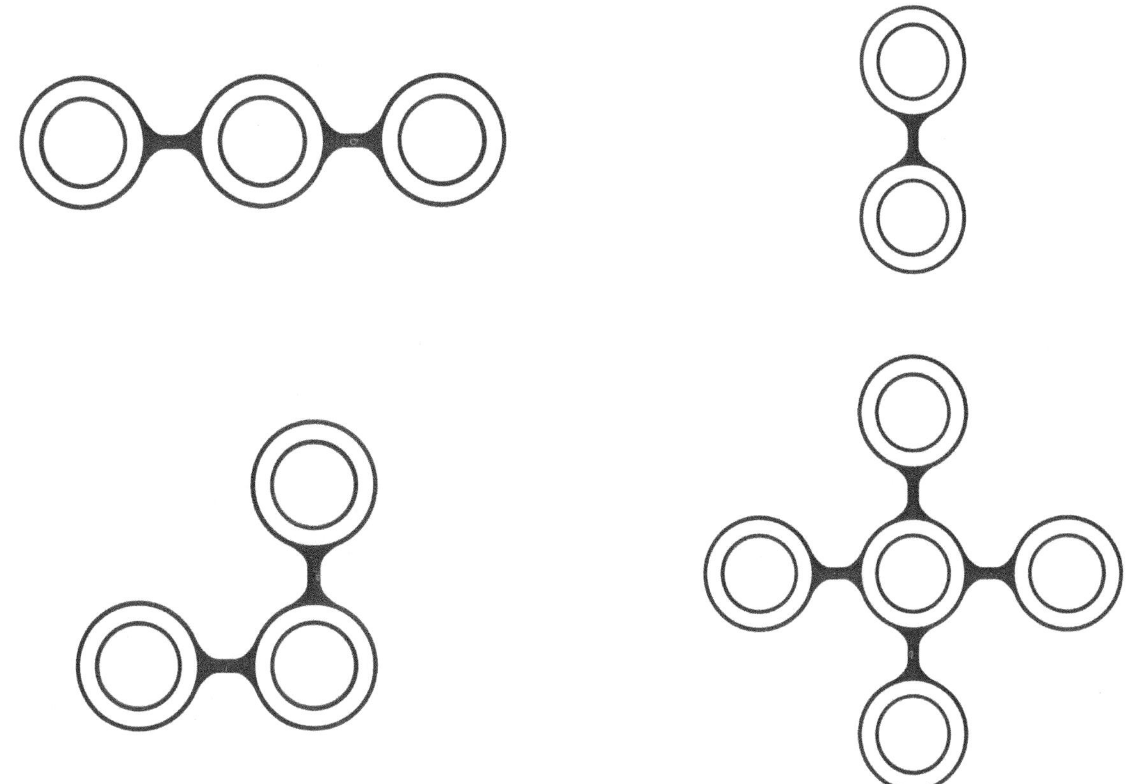

Avea 智能灯泡

公司 : Elgato

Avea 智能灯泡支持 App 控制，用户可根据心情打造完美的照明体验。你可选择一个精心设计的情景照明模式，让整个屋子充满美丽迷人、活力十足的灯光，尽情放松自己。用户可使用内置的起床照明模式，在整晚的舒适睡眠过后，你将会在自然的光照环境中醒来。

Avea 使用蓝牙智能技术直接与 iPhone、iPad 或 Android 手机连接。你只需选择一个情景照明模式，其余交给智能 LED 灯泡便可完成，无须反复连接你的移动设备。如果将多个 Avea 智能灯泡相连接，它们会自动协调彼此的照明模式，以打造一种身临其境的氛围。

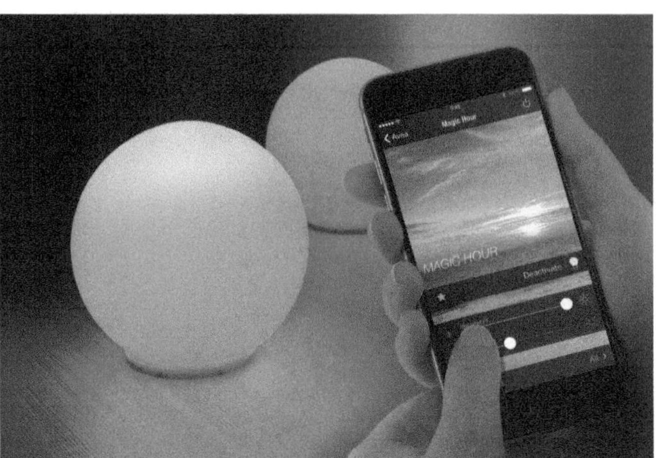

Nanoleaf Ivy 语音控制家居照明系统

公司：Nanoleaf

Nanoleaf Ivy 语音控制家居照明系统由 Nanoleaf 控制宝和 Smart Ivy 灯泡组成，它的外形呈现出强烈的几何美感。Nanoleaf 控制宝外观是一个黑色的十二面体，设计新颖大胆。与其他模糊难懂的闪烁指示灯不同，它的顶部是一个发光的五边形，光学效果震撼。灯泡的外形设计也很酷炫：它采用磨砂黑的外壳及标志性的几何状设计。这款照明系统通过语音控制，支持 App，这意味着你只需通过语音或移动设备便可打开 / 关闭灯具或打造你钟爱的氛围。

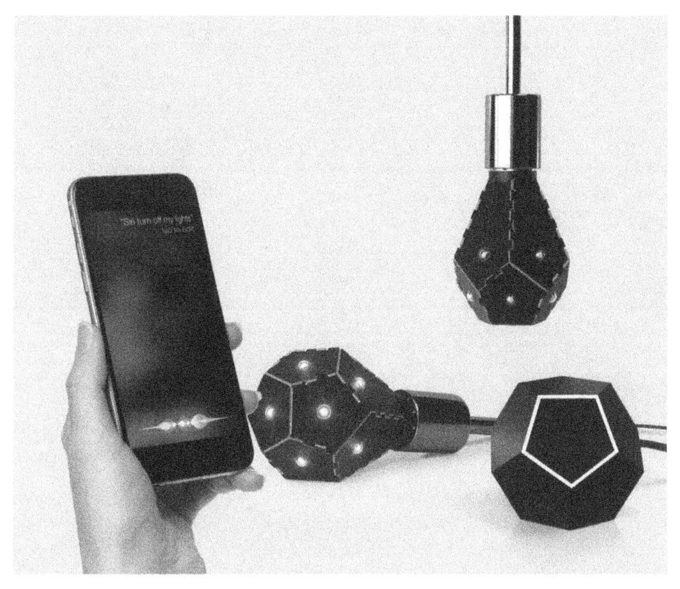

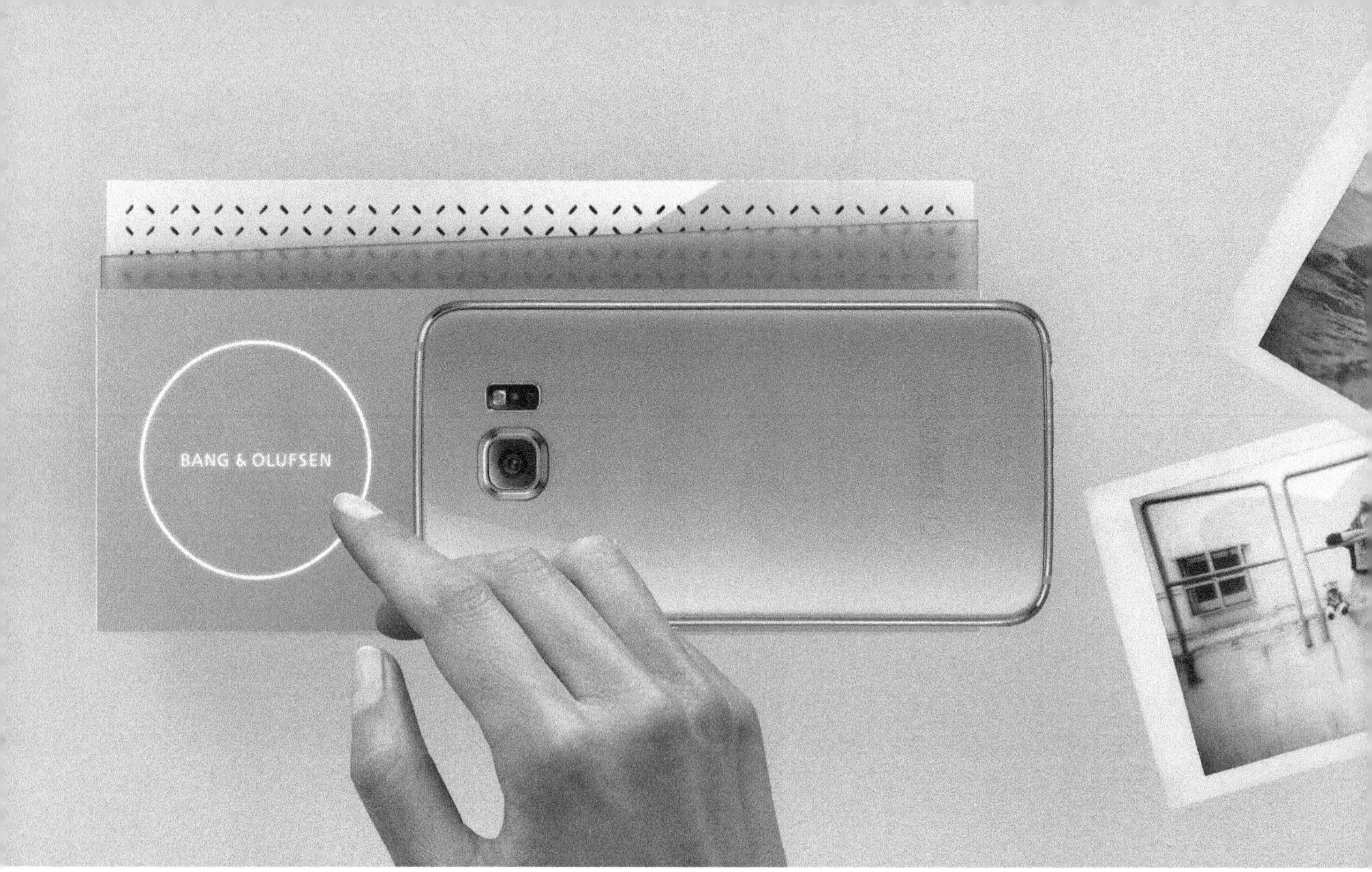

BeoLife 智能音箱

设计 : 安迪 • 帕克 (Andy Park)

BeoLife 是 Bang&Olufsen(B&O) 研发的试验性便携音箱，旨在为用户提供丰富完美的视听体验，同时让用户与亲朋好友保持联系。用户可轻点移动设备中的图片或将原图扫描至 BeoLife 中，之后它便会生成一系列与图片的基调相匹配的歌曲。BeoLife 会分析颜色、面部表情和身体语言，尽可能地找到与图片心情相匹配的歌曲。BeoLife 秉承 B&O 的简约设计风格。它外观时尚前卫，机身采用塑料压制工艺，顶部是铝制材料。磨砂塑料的设计带来视觉上的平衡。

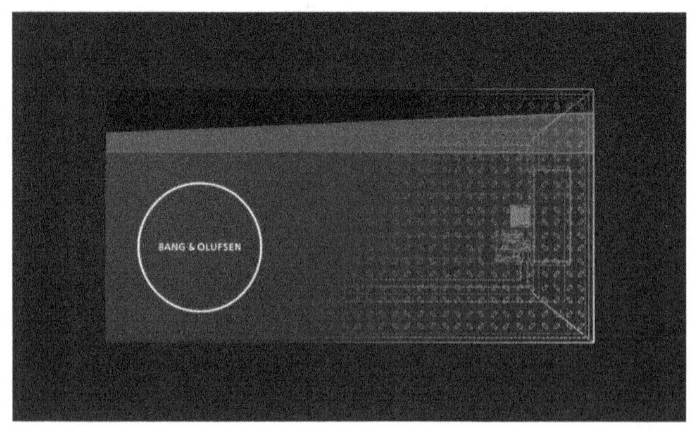

FASHION FORWARD BRANDS?
TOM FORD POCKET SQUARE PATTERNS
APPLIED AS FABRIC?
TEXTURE?
PERFUM/COLOGNE BOTTLE
LEATHER GOODS?
PRADA?
GIVENCHY?
LEATHER?
GIVENCHY
PREMIUM PACKAGING WITH BRANDED LEATHER
OTHER CATEGORY COL
PHILIPS?
NOTIFY ALERTS?
WHAT IF BASE HAS SOUND SYSTEM BY B&O?
BANG & OLUFSEN
INNER SOUND SYSTEM
OTHER CE COLLABORATIONS
VENMO SYSTEM
BANG & OLUFSEN
NEWS
INSTALLATION
THREAD: HOW DO YOU...
ARTIST OF THE WEEK
SAMMY READ
INFO GRAPHIC
COMMUNITY
MUSIC ENDORSEMENT
B&O APP
APP
WAIT LIST
BUSKING LIST: STREET ARTISTS WAITING FOR SMALL CONCERTS
STAGE OPPORTUNITIES
KIOSK
LISTEN TO MUSIC
LOVE THE SOUND
BUY THE SOUND
WHAT IS PREMIUM FOR YOUNG?
WHAT OTHER ELECTRONIC COMPANIES DON'T COMPETE WITH B&O?
NOKIA?
· SMART PHONE INDUSTRY
- XIAOMI
- HUAWEI
- APPLE?
MOLDED OUTER CASE
USE REAL ALUMINUM OR PLASTIC DIPPED?
CHEAPER YET STILL LOOKS GOOD
OUTER DIPPED PLASTIC
FABRIC OVER
END CAPS TO CLOSE OFF
MUSIC SHARE APP
BEOMASTER 4000
WHAT IF B&O GOES INTO OFFICE PRODUCTS?
CONFERENCE SPEAKER
NOTEBOOK
ALL IN CATALOG TO PURCHASE
USB?
PORTABLE CHARGER?
DIGITAL CALENDAR
AIRLINE COLLABORATIONS
ONE FLAT OVERVIEW
SOUND SEPARATED
DIGITAL SCREENS & SPEAKER
BANG & OLUFSEN
BREAK DANCER STAGE
SPEAKERS
QUICK SET UP BOOTHS
CREATING STRONGER PRESENCE
· BANG & OLUFSEN — LUX
· B&O — PLAYFUL
CREATING THE ENVIRONMENT FOR HOME
A SET UP GALLERY
BANG & OLUFSEN
AUTOMOTIVE SPEAKER EXPERIENCE
CES EVENTS

vipp

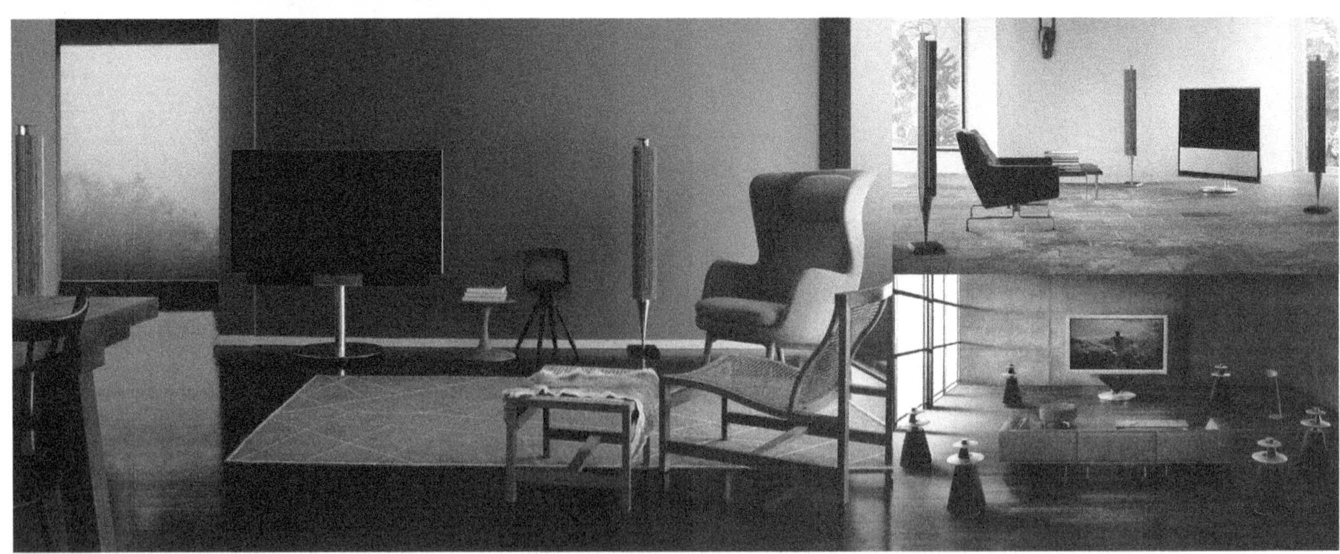

用户可使用 BeoLife App 与亲朋好友远程分享记忆库。

应用的界面颜色与 B&O 广告风格一致，令用户倍感亲切。

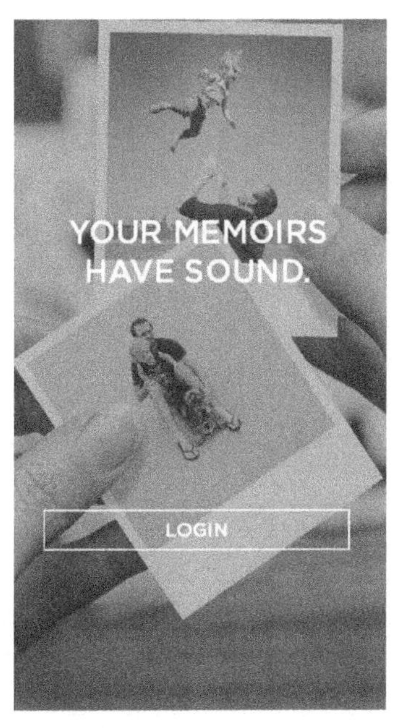

1. 登录

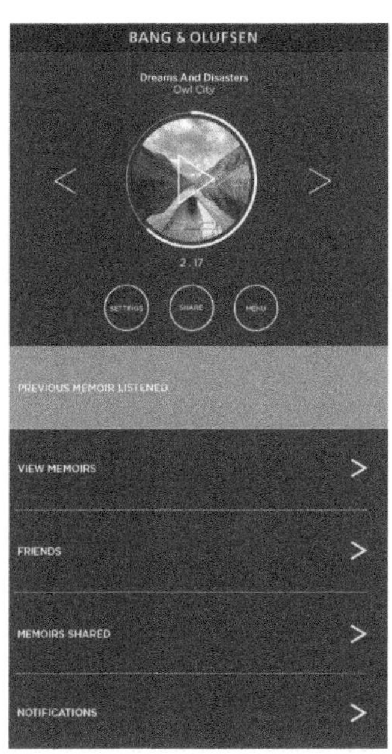

2. 主类别

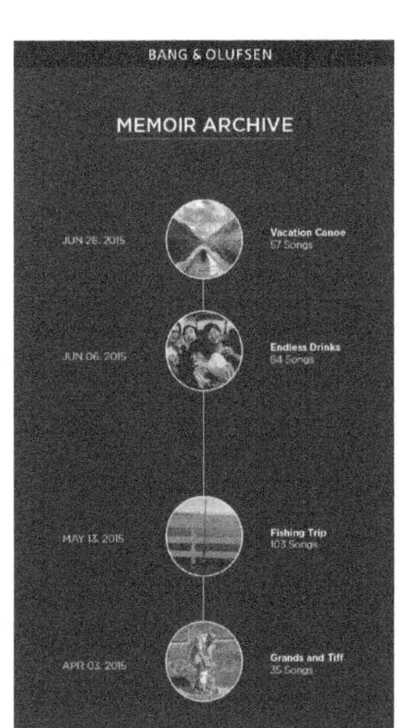

3. 记忆库时间轴

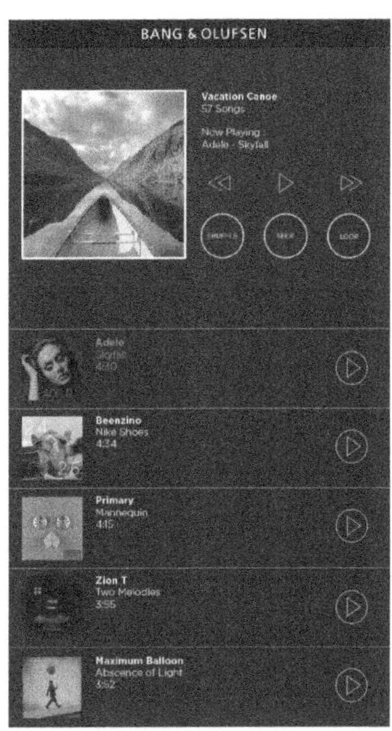

4. 记忆库歌曲

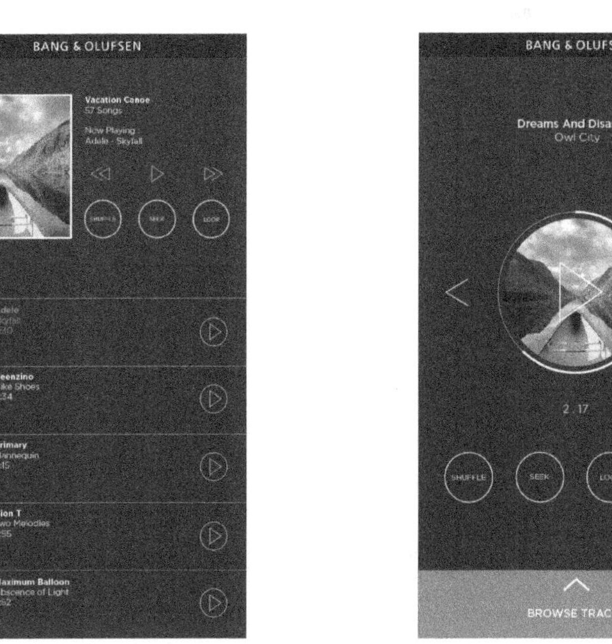

5. 播放音乐并分享

Cubic- 你的人工智能管家

设计 : ObjectLab

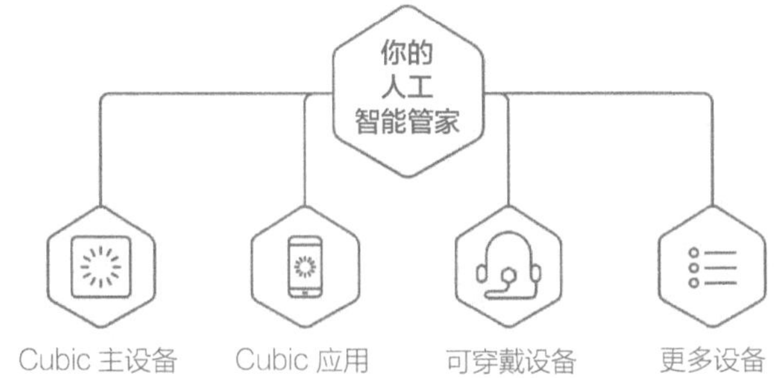

Cubic 让你能够随时随地语音控制你的设备、App 和服务。它由两个设备组成：即放在家里的 Cubic 主设备和一个类似徽章的 Cubic 可穿戴设备。如果你在上班，Cubic 会调整室内温度，关灯，锁门并设置你的闹钟等。如果你在路上，Cubic 会告诉你的车停在哪里，你所燃烧的卡路里等。如果你在车里，Cubic 会给你实时播报交通路况，帮你读邮件和信息。如果你在家里，Cubic 会告诉你最爱的演出时间是什么时候，播放音乐，在你烹饪时为你朗读菜谱，帮你关闭闹钟等。

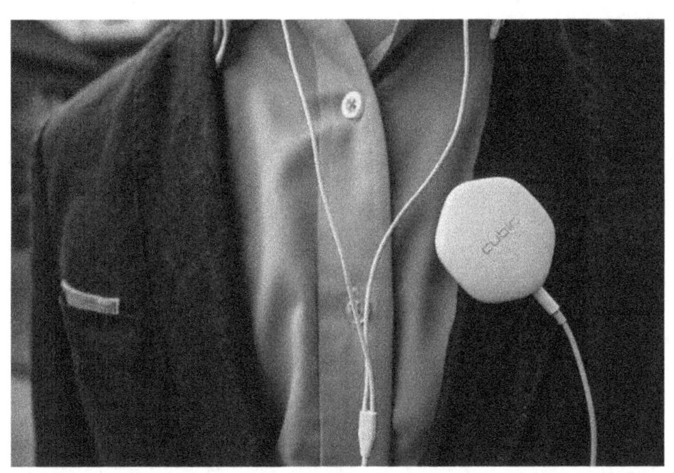
cubic

cubic

Lift-Bit 智能沙发

设计：Carlo Ratti Associati

Lift-Bit 是一款可由智能手机来控制的智能沙发。它由多个可任意移动的六角形模块组成，可任意组合成不同座位。每个座椅内置线性马达，可调节座椅高低。用户可通过平板电脑或手势感应来控制每个模块。其内置的传感器可以监测到不同高度的手势动作，可调节的高度范围是 48 厘米至 78 厘米。Lift-Bit 搭载的 App 内含众多预先设定的排列组合，同时，它还具备允许用户自行排列形状组合的工具。如果没人使用或移动这些座椅，它们自己会感到无聊而变化形状。

Tado° 智能空调遥控器

公司 : Tado°

Tado° 能让普通空调变身智能空调。Tado° 的工作原理是利用智能手机的地点定位，让空调适应用户的日常生活模式。当 App 感应到人们离开了屋子时，它会关闭空调；当它感应到用户靠近屋子时，它会提前制冷房间。用户通过 Tado° App 可随时了解家里的温度并更改设置。这款智能空调遥控器外观简约时尚，可轻松地融入用户的家庭中。它具备矩阵 LED 显示屏和电容性触摸界面，用户可轻松实现手动操控。它与分体式（壁挂式）、便携式空调等各类空调相兼容，安装过程十分简便。它通过红外 (IR) 与空调连接，并可使用 Wi-Fi 连接至互联网，无须任何数据线。

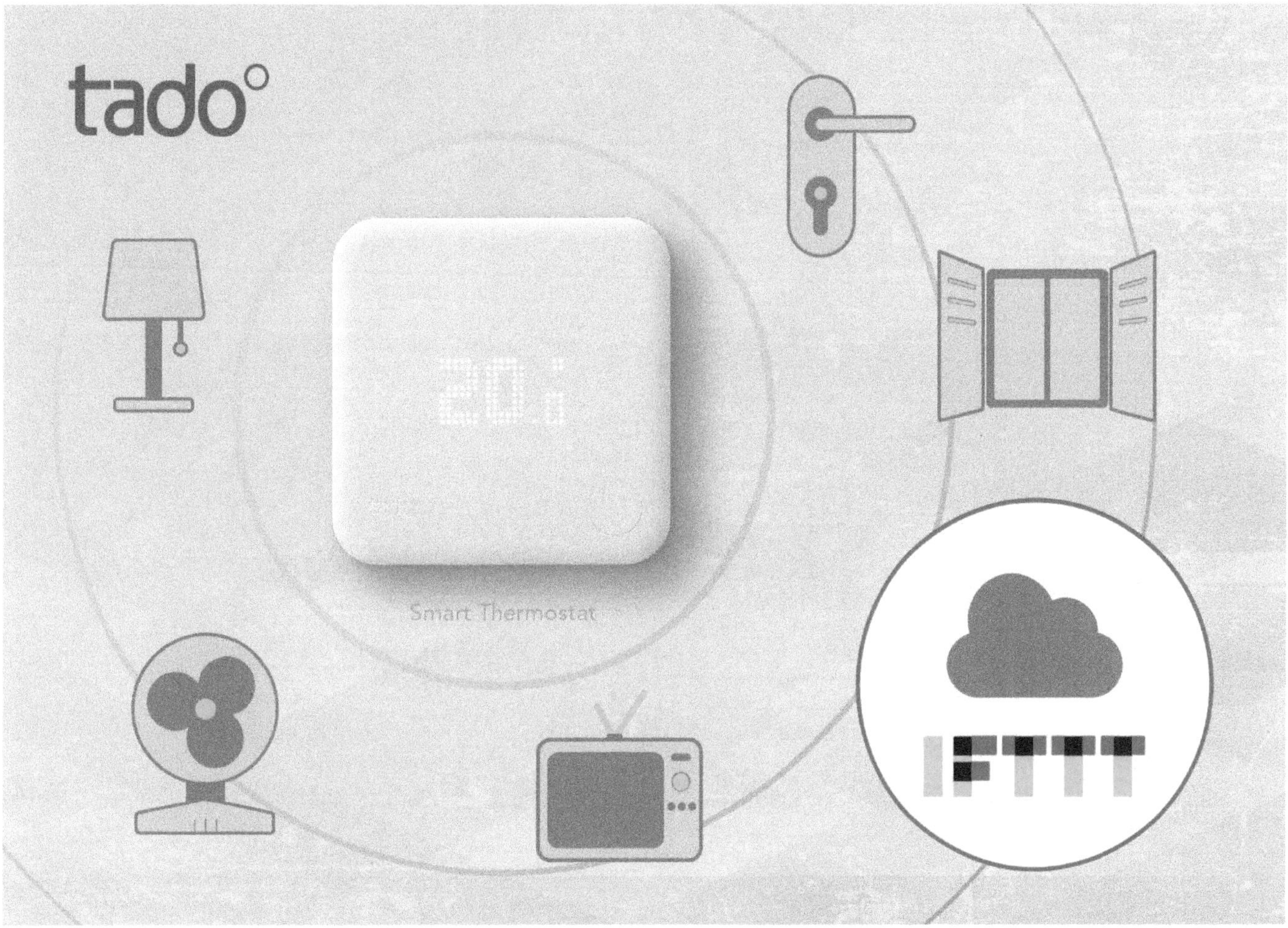
tado°
20.0
Smart Thermostat
IFTTT

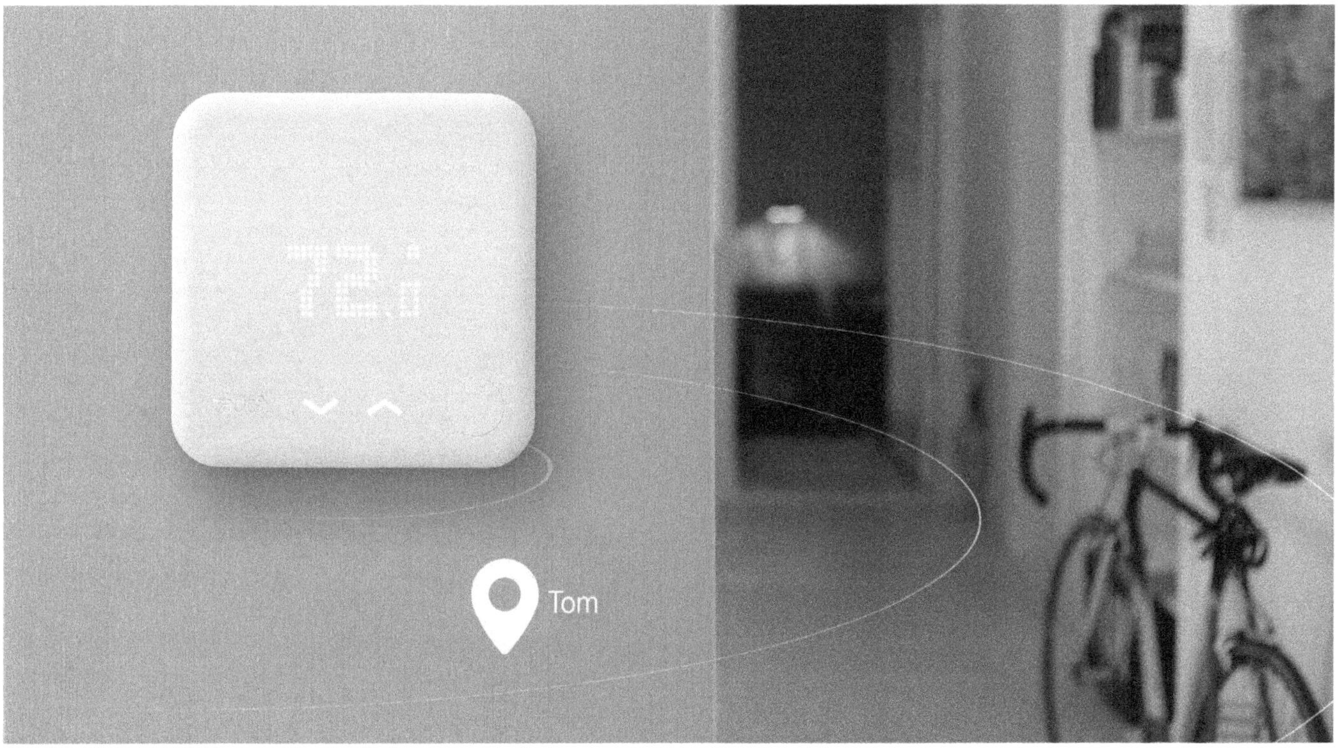
72.0
Tom

AirVisual Node 智能空气质量监测器

公司：AirVisual

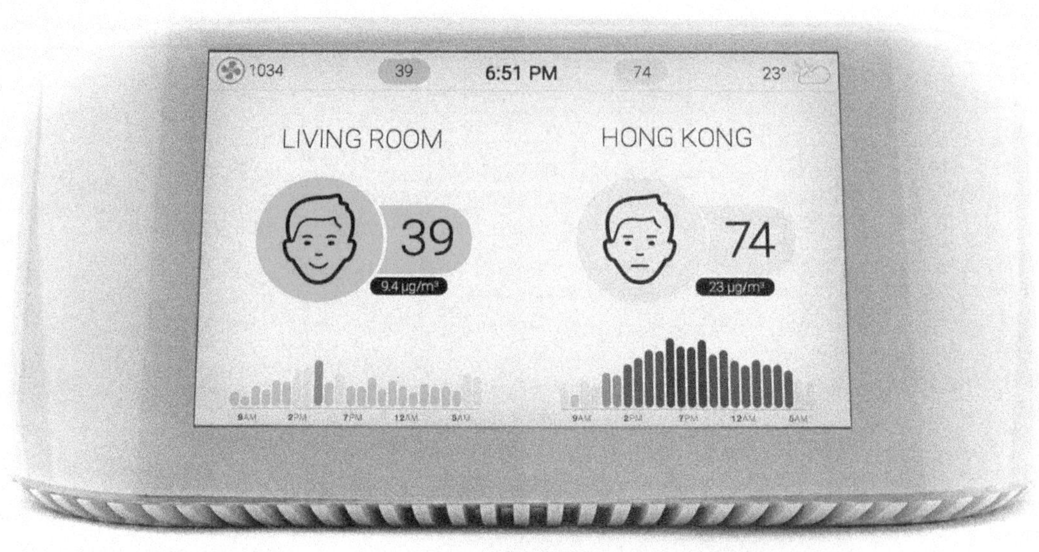

AirVisual Node 智能空气质量监测器可帮助追踪和预测空气质量，并采取相应行动来对抗空气中肉眼看不见的威胁。Node 能够帮助用户实现以下功能：（1）发现室内污染源；（2）提供改善室内空气质量的小措施；（3）实时监测室外空气质量。为更好实现上述功能，Node 采用最前沿的激光技术计算空气中的颗粒，并根据诸如温度、湿度及边缘数据等环境因素迅速对焦目标物质，是最准确的低能耗设备。Node 外观呈椭圆形，两侧采用向下倾斜的坡度设计，看起来精致小巧。此外，机身内部的风扇导入空气流提供稳定可靠且持久的数据。

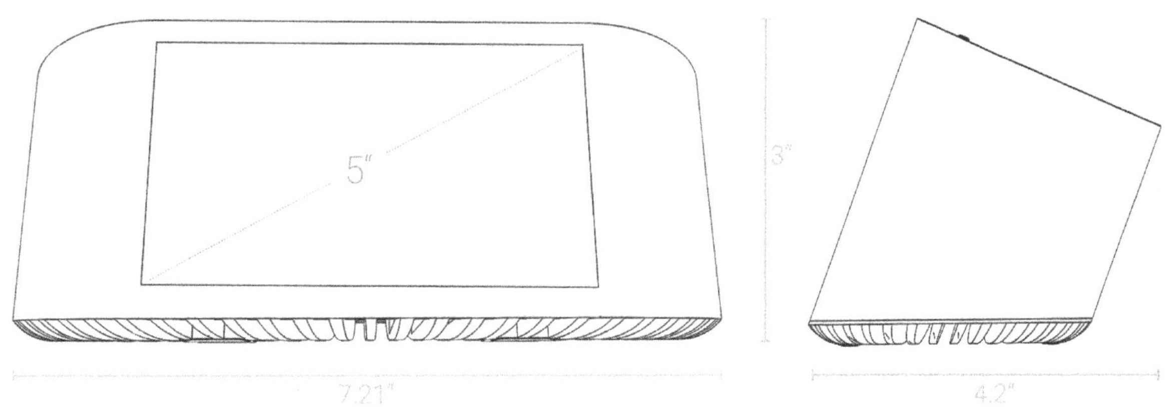
5"
3"
7.21"
4.2"

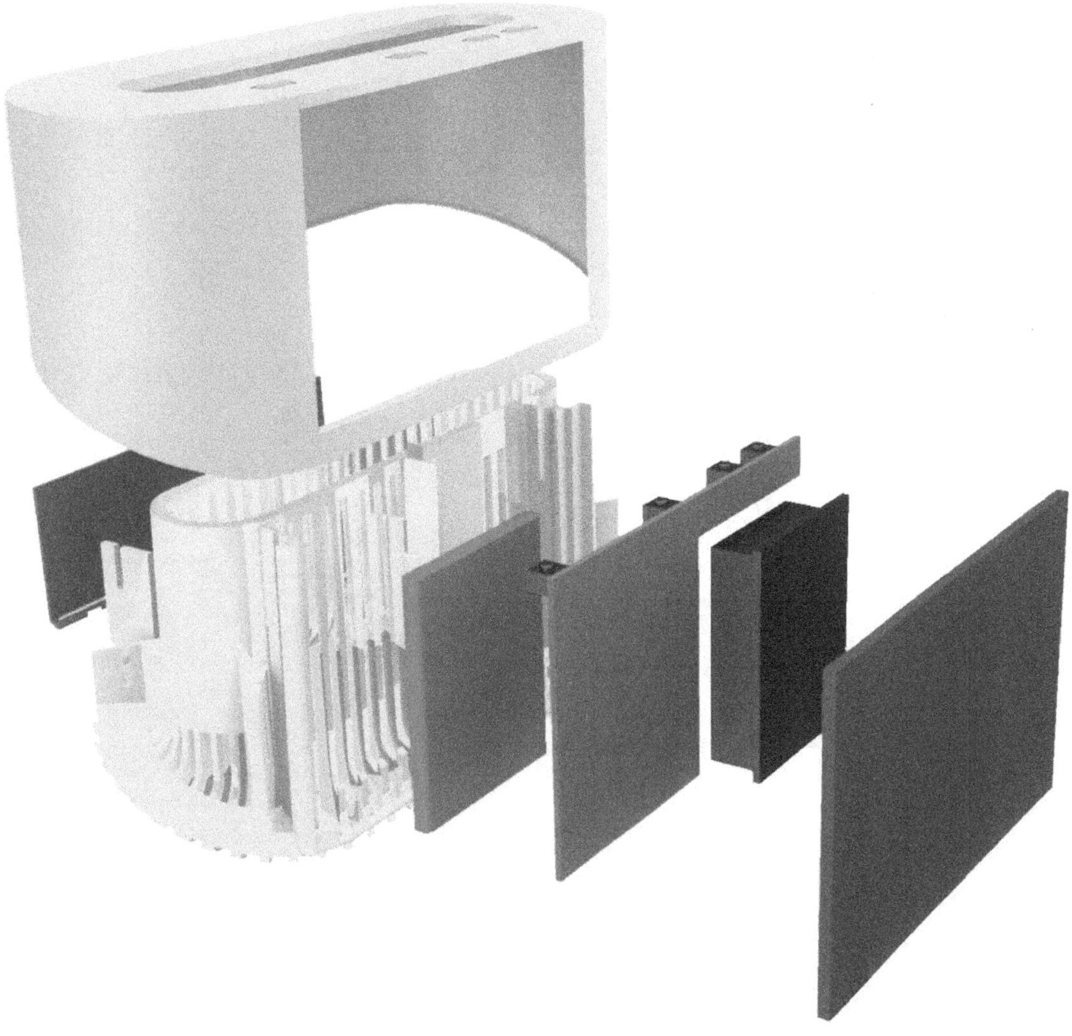

ThermoPeanut ™智能无线蓝牙温度计

公司 : Sen.se

ThermoPeanut™ 智能无线温度计用于测量不同地方的温度，并提高能源利用效率。它内置两英寸传感器，可通过蓝牙 4.0 与智能手机和平板电脑的 iOS 或 Android App 连接。完成注册后，ThermoPeanut 智能无线蓝牙温度计可固定在任何表面，用户可在 App 中预设该区域的理想温度范围。一旦超过预设温度（太冷或者太热），它将发出警报并同时发送到手机。

Mother 智能传感器

设计 : Sen.se

Mother 是用途广泛的传感系统。它由一个可联网的 Mother 集线器和可再编程的传感器组成。它外观小巧精致，几乎可以附着在任何东西上。它们运用 Smart Motion Technology™ 技术，可以监测并分析每项活动的运动。此外，还可以测量温度并监视人或物体是否在特定的地点。用户可以在列表中选择一个 App 为每个传感器指派不同的跟踪任务，如：我每天喝了多少咖啡？我宝宝房间的温度是多少？我的睡眠质量如何？我想知道我的小孩是否安全到家等。用户可以为传感器重新指派任务，或不断添加新的传感器。

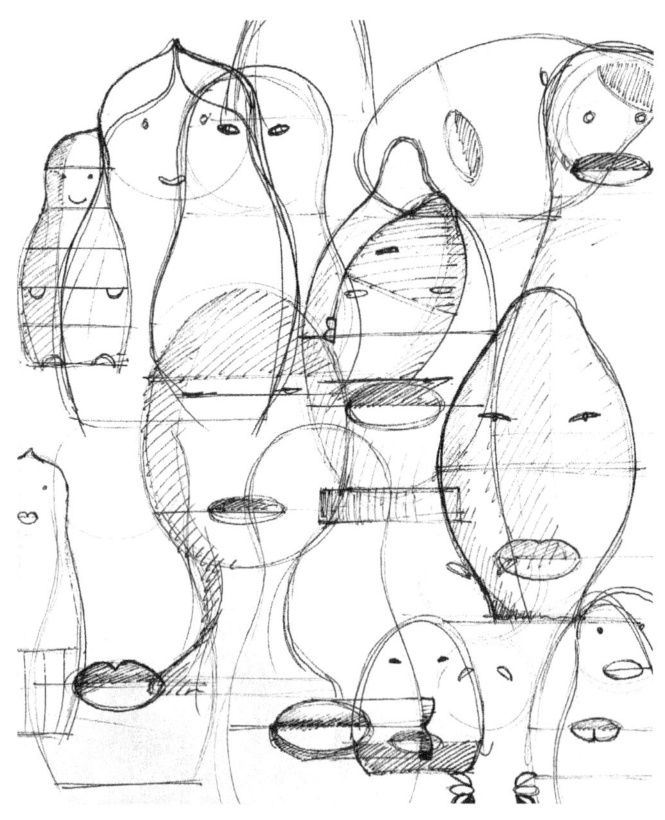

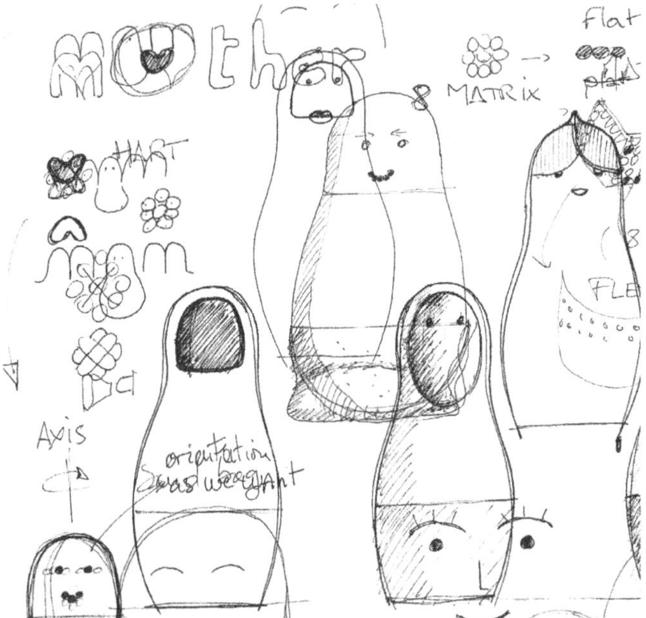

mother

Flat

8 MATRIX

HART

mom

Axis

FLOUR

7 MATRIX MOUTH

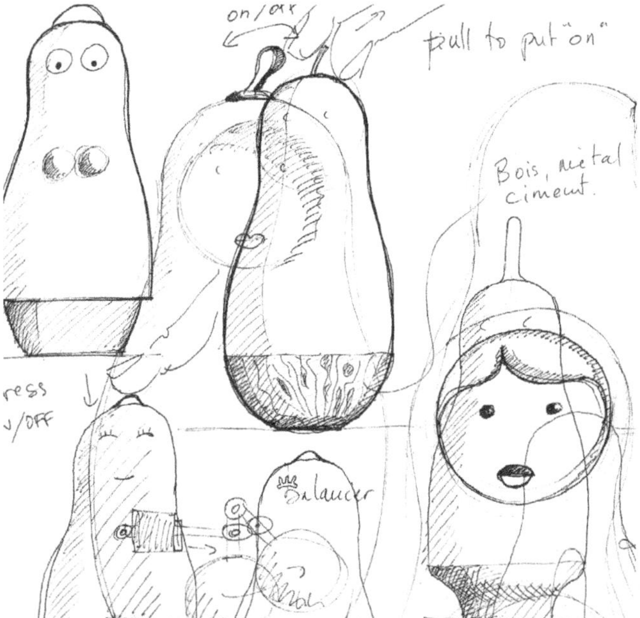

on/off

pull to put "on"

Bois, metal ciment.

balancer

belly button

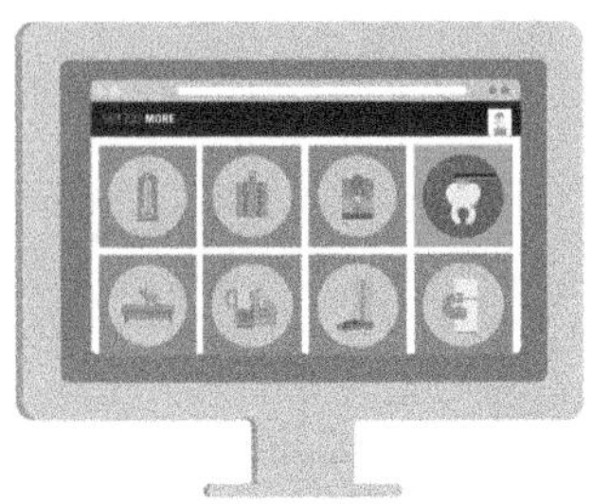

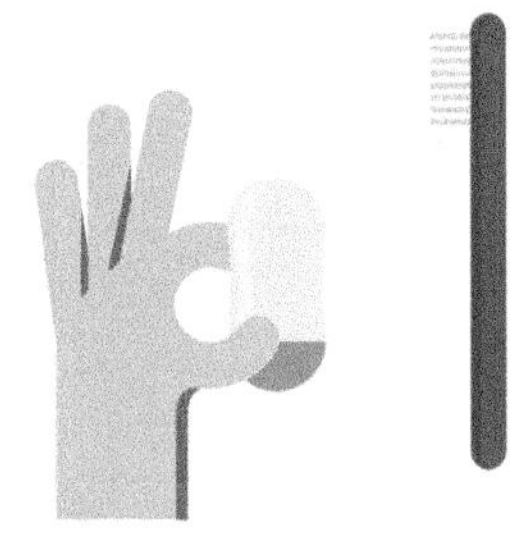

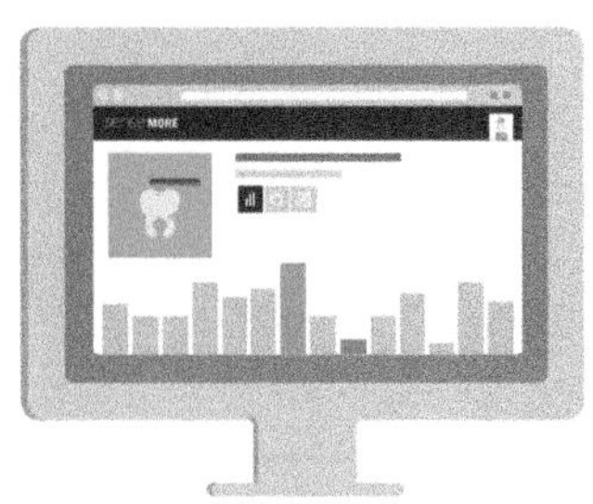

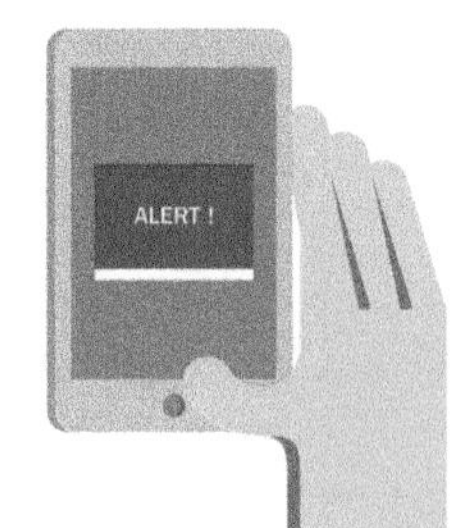

1

选择你想要使用的监控 App。

2

在对应的物体贴上 Mother 传感器。

3

传感器将会为你提供所监控活动的全部信息。

4

你将会适时收到通知、提醒和警告。

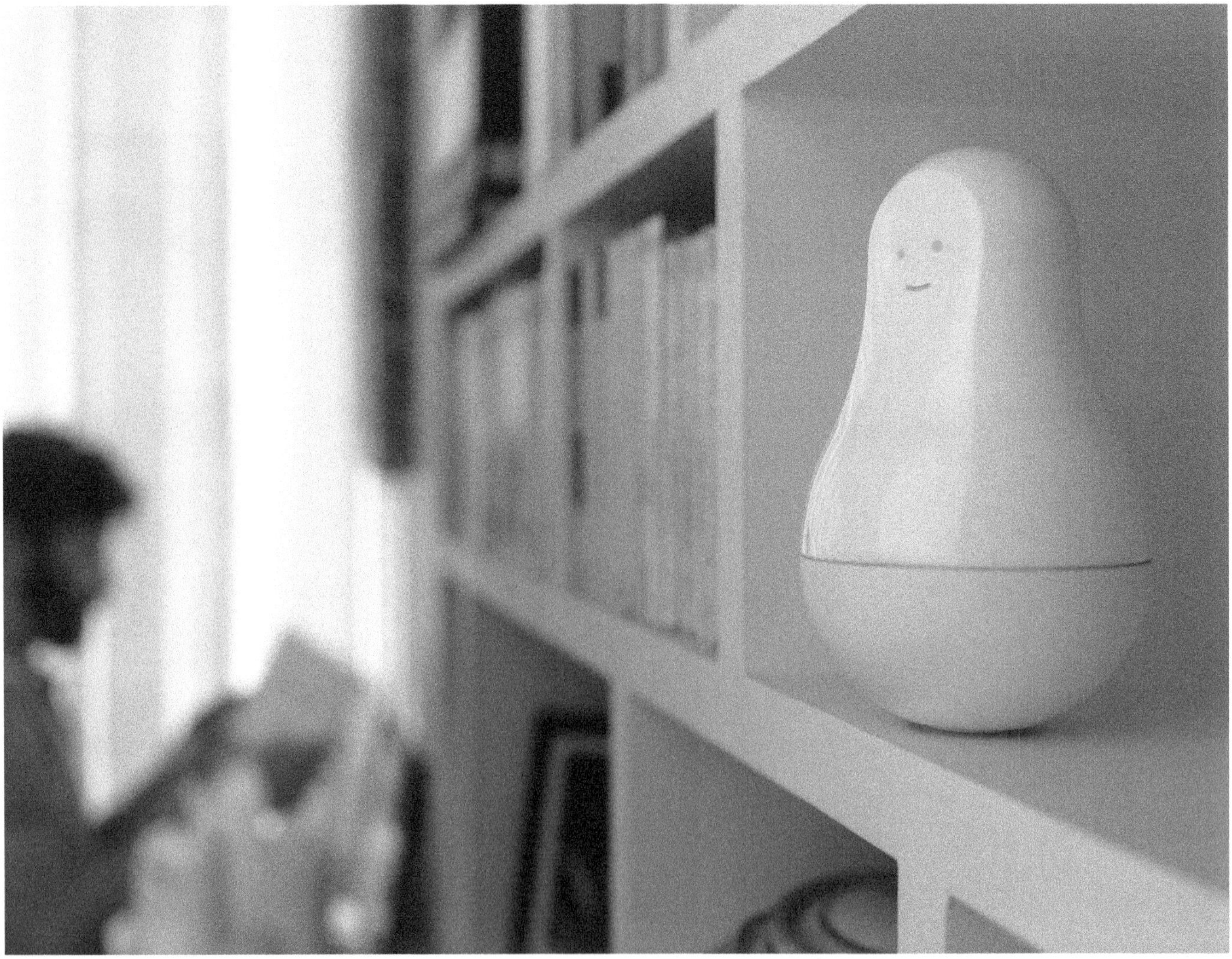

GÖZ 浴室警报系统

设计 : 伯克 • 伊尔汗 (Berk Ilhan)

浴室是意外事故的高发地，当危险降临时，及时求助十分重要。GÖZ 致力于让浴室变成更加安全的地方。这款自动报警功能的智能灯泡套装包含内置麦克风的智能灯泡、感应水管套头及相应 App 软件。用户先将灯泡装在天花板上，然后将水管套头置于浴缸内。灯泡和水管套头均采用低调内敛的设计风格，用户在使用这款警报装置时不会感到任何不自在。智能灯泡使用近距离传感器自动检测用户是否摔倒。此外，它还内置扬声器和麦克风（位于灯泡的中间位置），智能灯泡在必要时将摇身一变为扬声电话，摔倒的用户可使用免提电话说出他们的需要，从而让闻讯赶来的家人做好更加周全的准备。

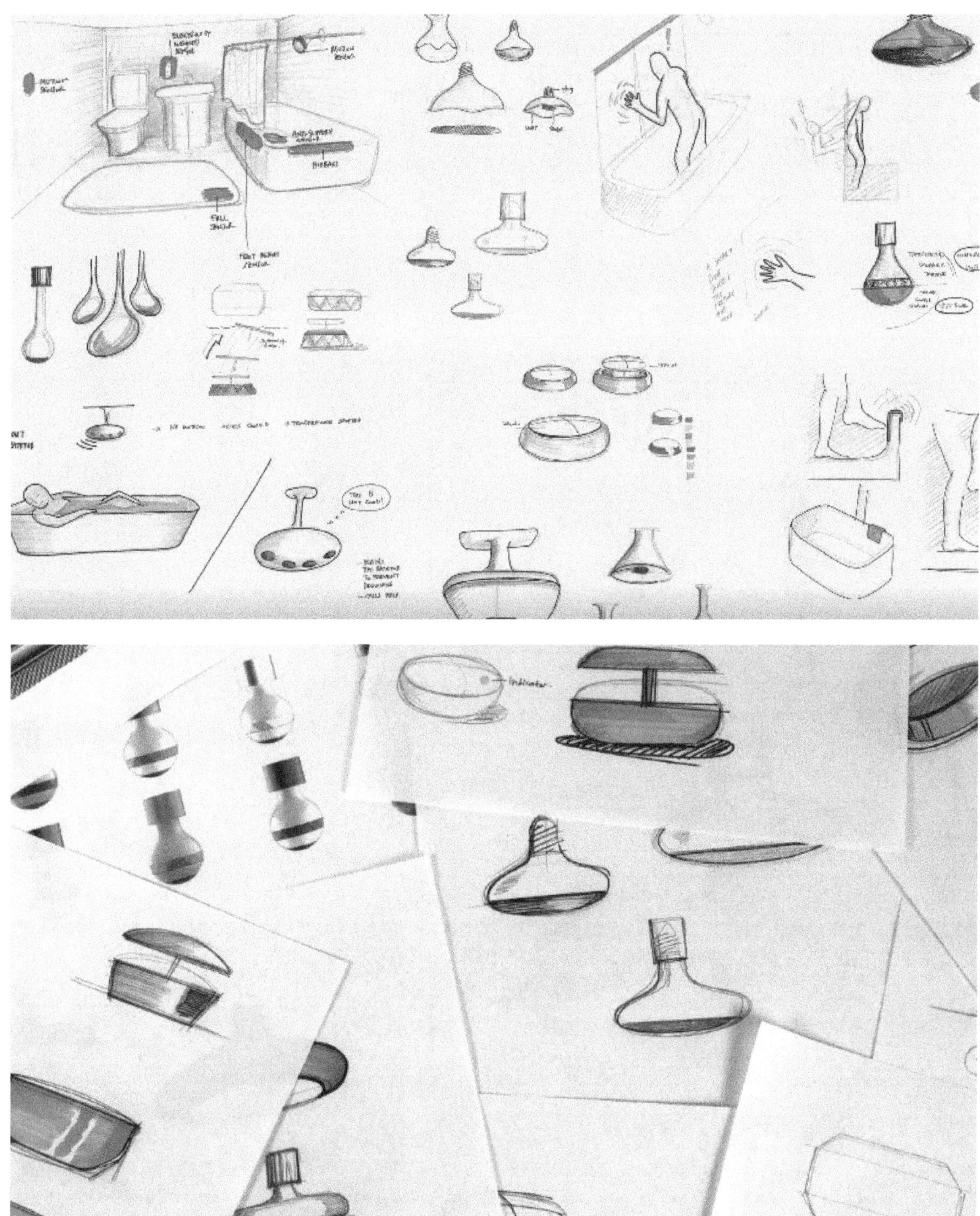
Indicator
POPS UP

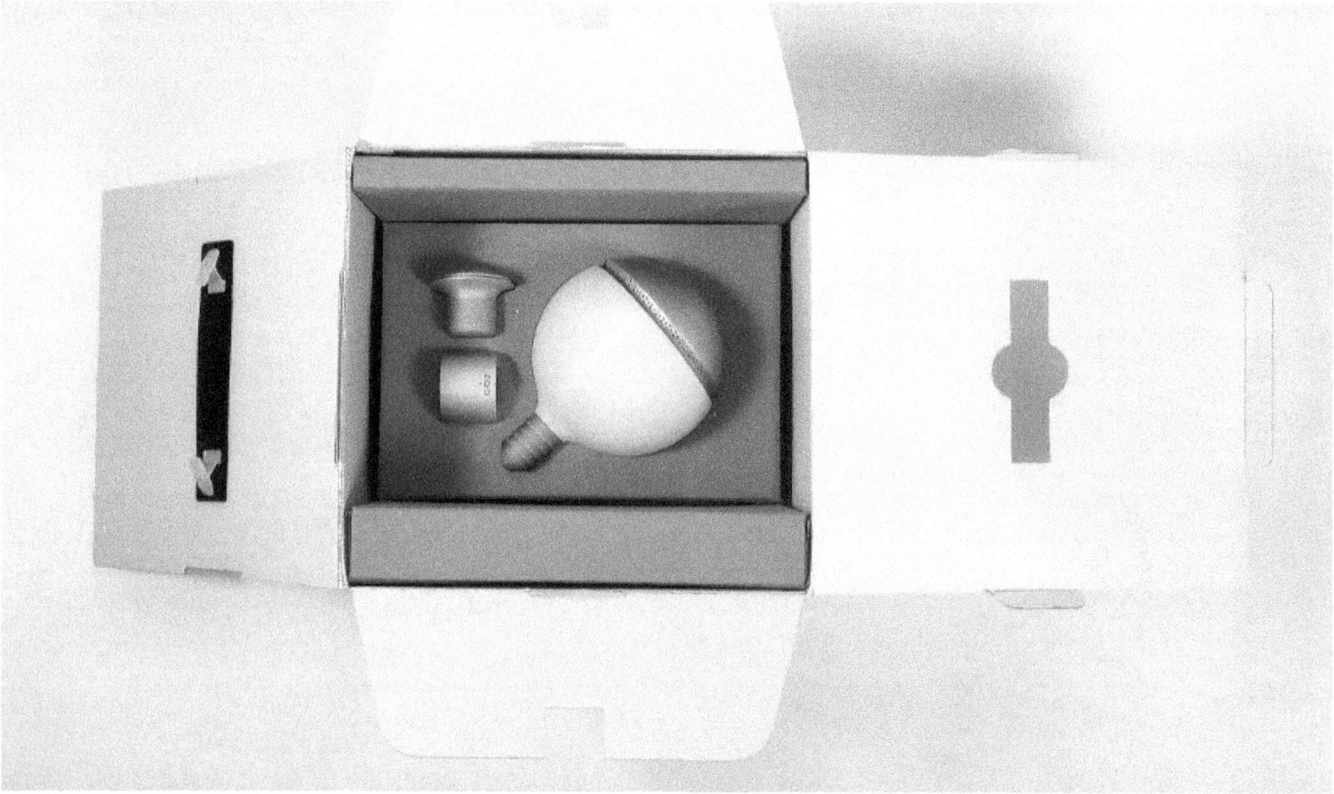

奶奶！我接到警报。一切都还好吗？

亲爱的，我还好，只是不小心滑倒了，现在站不起来。

好，我知道了，我正赶过来。

额……我在浴缸里面，能叫你妈妈过来吗？

别担心，她马上就到。

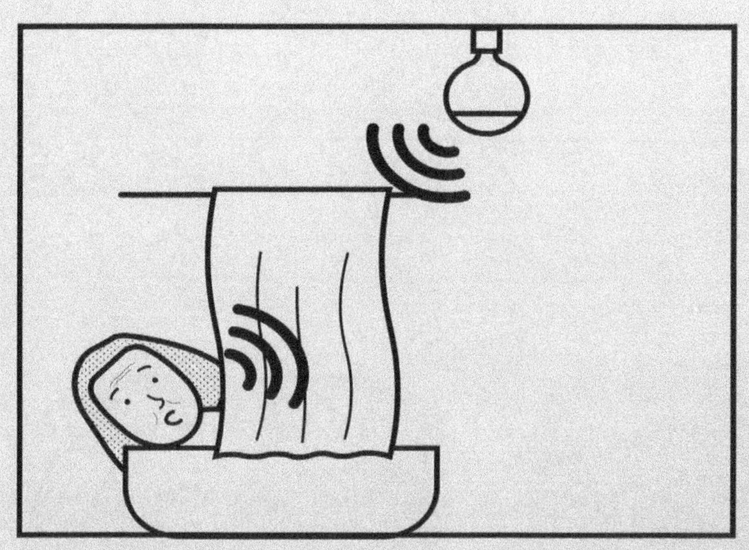

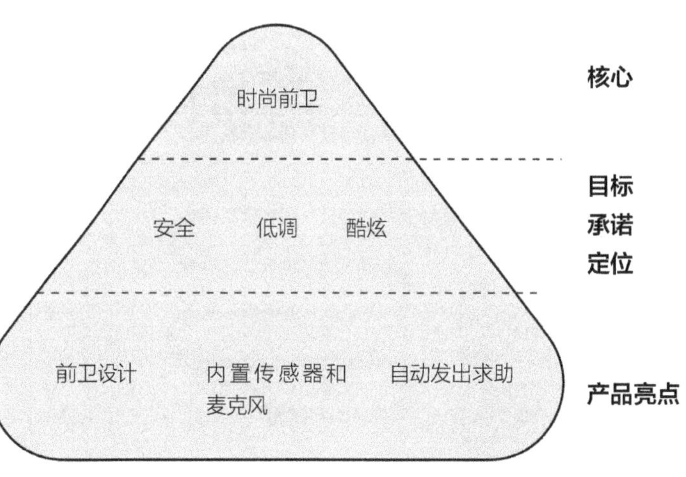

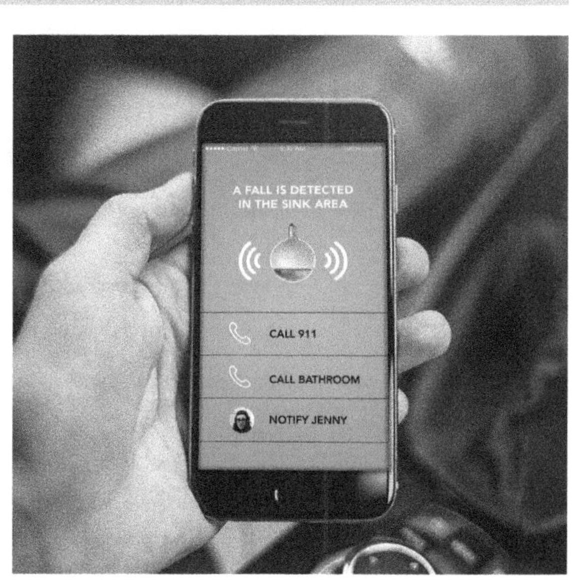

Blossom 智能灌溉器

公司 : Blossom

Blossom 智能灌溉系统能帮助解决灌溉用水的浪费问题。它搭配 App 使用，用户可随时随地控制洒水装置。Blossom 将参考整个庭院的几百个数据点，为你量身定制洒水方案。每个区域会根据你种植的植物种类，喷水器品牌型号等专门定制灌溉方案。此外，它还会实时参考天气数据，用户使用移动设备便可进行操作，帮助节约水费及水资源。

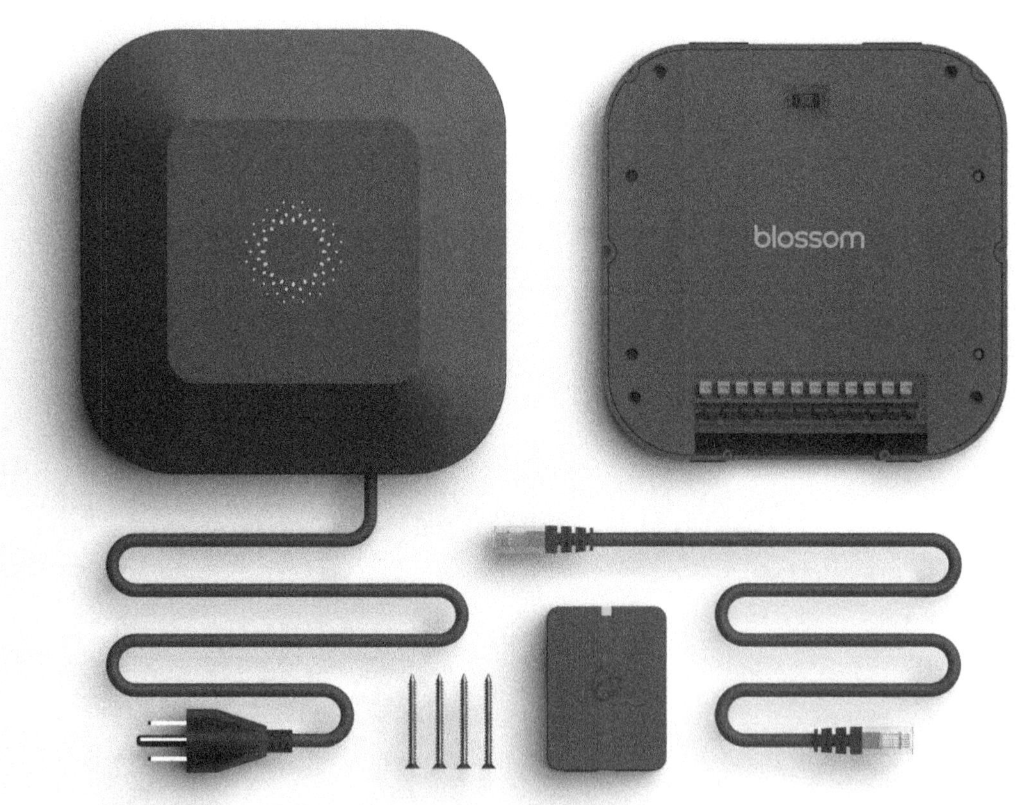

00:56

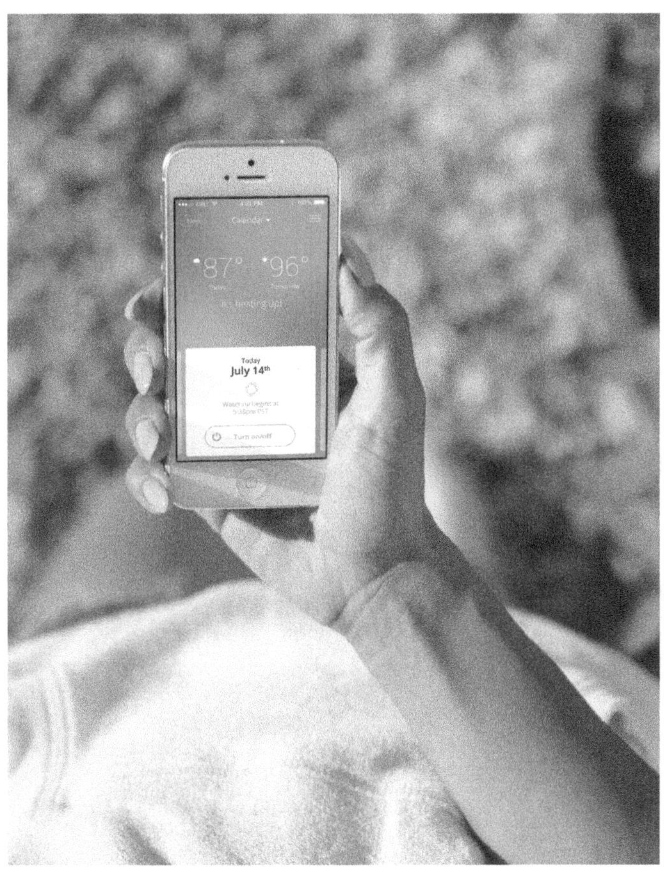
87°
96°
Today
July 14th

Front Yard
Backyard Grass
Side Succulents
Patio Trees
Backyard Brush

August 智能门禁系统

公司：August

August 智能门禁系统是为快递配送员、外卖配送员等第三方服务供应商提供临时访问权限的平台。它包含三个组成部分，即：August 智能门锁、August 智能门铃摄像头和 August 智能键盘。

August 智能门铃摄像头由耐用持久的阳极电镀铝制成，外观精致小巧，完全可代替你现有的门铃。它内置的动作传感器可在检测到门前有人活动时命令摄像头开启，点亮设备表面的门铃图标。August 中央的圆环形图标便是门铃按钮。门铃一经按下，照相机拍摄的图像会实时传输至用户的智能手机。房主可授权访问权限，解开智能锁并观看访客进入房间。

August 智能键盘的设计初衷是让没带手机的访客也可以进入房间。它使用预先设定的密码来解开 August 智能锁，十分实用。键盘外观精致小巧，当传感器感应到人员靠近时键盘上的数字会发亮。如果用户希望在不带手机的情况下也能进入房间，可选择设置永久性密码。用户也可以选择设置临时密码，方便一次性服务提供商或访客到访。产品外观设计精致小巧，可与任何门厅相整合，它的安装也非常迅速简便。

August 智能锁 HomeKit 版兼容苹果智能家居平台 HomeKit，允许用户直接使用 Siri™ 来进行开关门的操作，它们可以对 Siri™ 发出一系列语音指令，如“嘿 Siri，请把门锁上”或“嘿 Siri，我的门锁上了吗？”等。它配备新的磁性面板，用户可轻松打开电池盒。全新的外观设计使得用户旋转把手更加方便。门锁的上方还设计了不锈钢的指示标识，用户可以直接查看当前门的开、闭状态。

Triby 智能音箱

公司 : invoxia

Triby 是一款专为厨房设计的便携式交互音箱。同时，它还具备娱乐及社交功能。用户只需轻轻触碰按键，便可聆听到以高清音质播放的收音机及 Spotify 曲库中的歌曲。用户还可以接听免提互联网语音电话 (VoIP) 和手机来电与家庭成员保持联系。此外，用户还可使用配套的 App 向 Triby 发送涂鸦，画面会在 Triby 的电子墨水屏幕上显示。它具备 In Vivo Acoustic® 功能（invoxia 的远场语音捕捉技术）和亚马逊的 Alexa 语音助手服务，用户可语音收听天气预报以及将商品添加至购物车。

PIZZA
for dinner
NPR News
triby

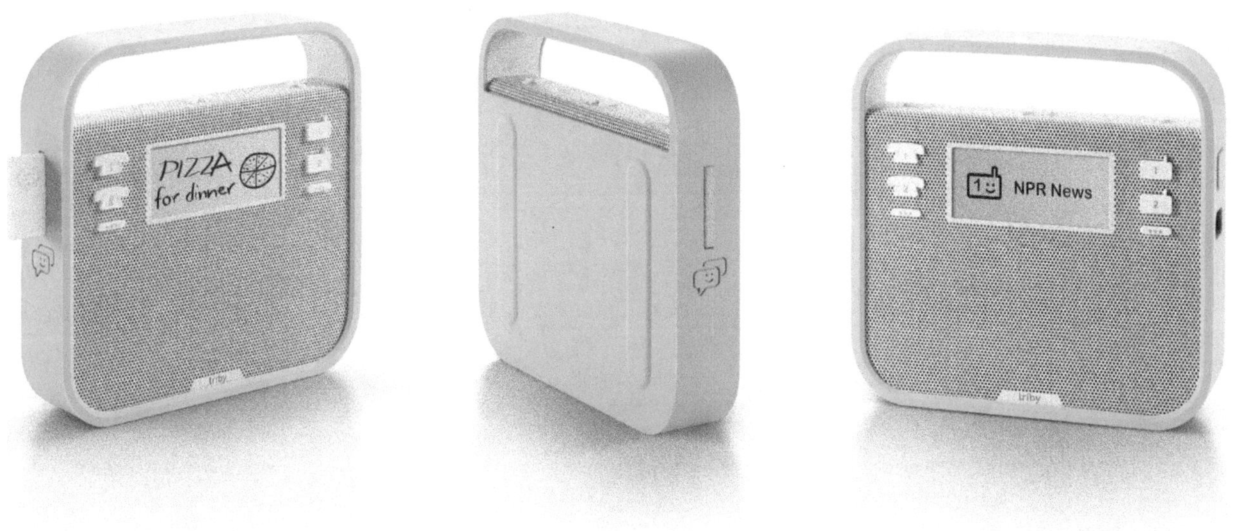

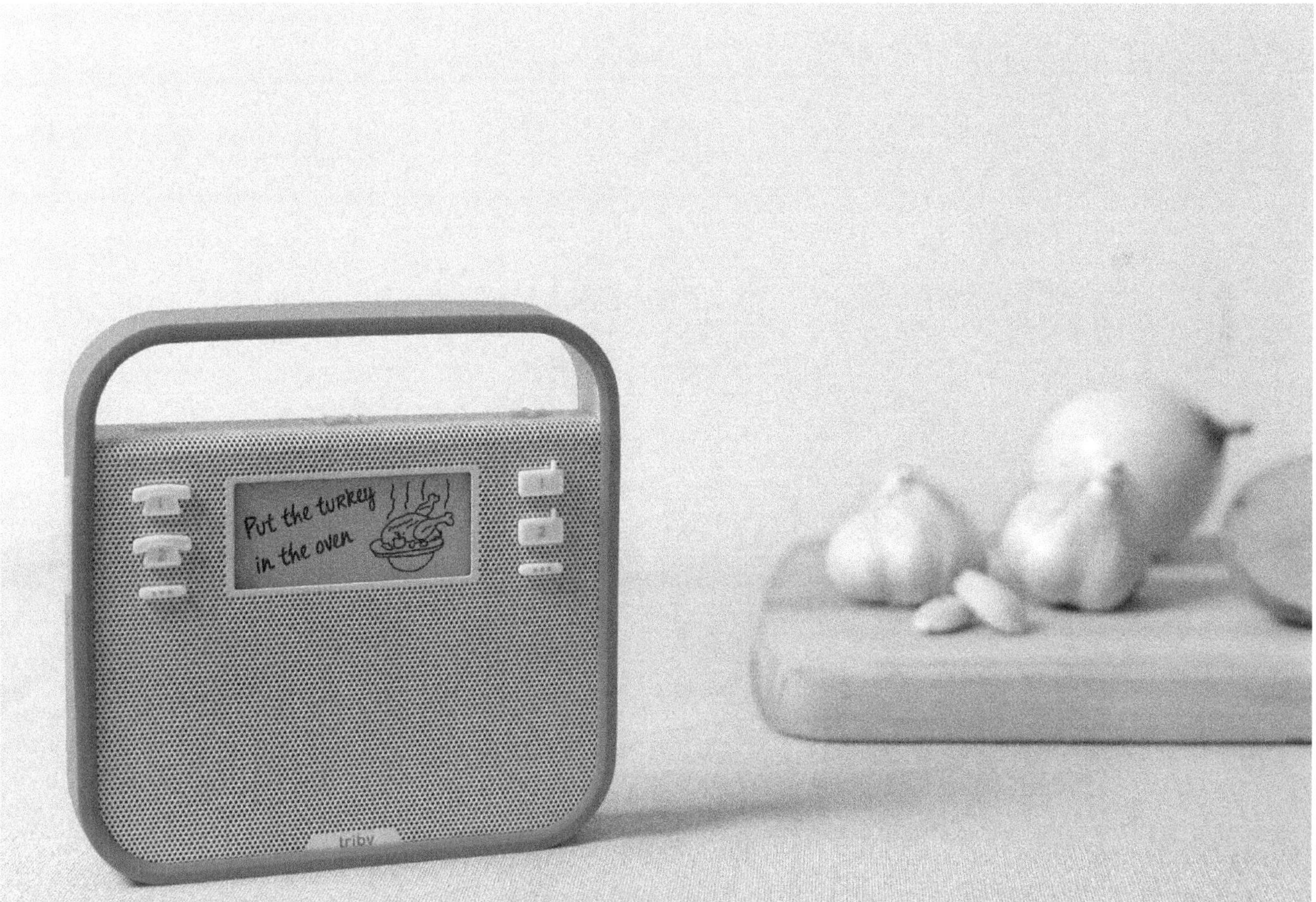
Put the turkey
in the oven
triby

Sammy Screamer 运动传感器

设计 : BleepBleeps

Sammy Screamer 是一款帮你监视物品运动的报警器。你可以将 Sammy 贴在任何你想要监视的东西上，它会让你知道它什么时候产生了移动。当它移动时，Sammy 会发出警报并向你的智能手机发送通知。例如，你可以将 Sammy 贴在冰箱上，当你的小孩打开冰箱时，你将会收到通知。当你不需要它的时候，你可以使用 BleepBleeps 应用将它设置成睡眠模式。

Cooc 智能电饭煲

设计 : Impel Studio

Cooc 是一款能用手机操控的多功能智能电饭煲，它搭配 App 使用，集真空烹饪器、电饭煲、烤箱、炸锅、蒸笼、酸奶机等功能于一身。Cooc App 让你能够访问包含各种数据的食谱，并具备操控功能。食谱应用程序会自动设置烹煮温度和时间，并根据你过往的偏好做出相应调整。而复杂些的烹饪程序还会生成超温图标，同样根据你的偏好进行操控。当你的菜肴大功告成或需要采取进一步行动时 App 会给你传送通知。

蒸笼

玻璃盖

双内胆锅

锅底

135°
4:02

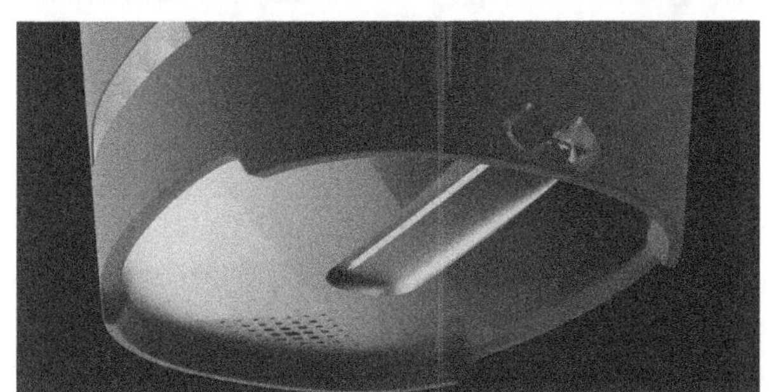

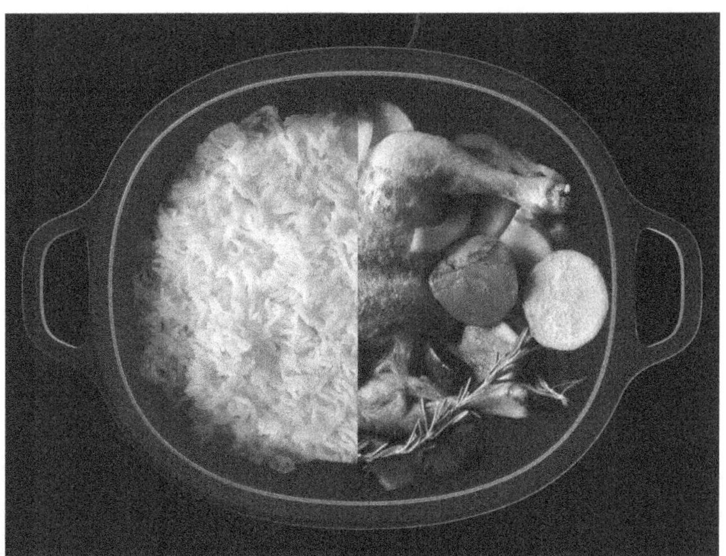

135°
4:02

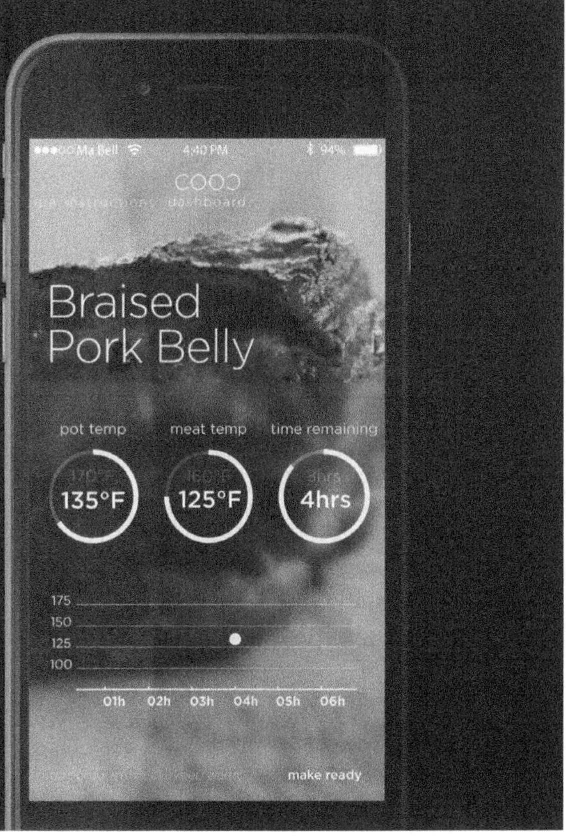
Braised
Pork Belly
pot temp
meat temp
time remaining
135°F
125°F
4hrs
175
150
125
100
01h
02h
03h
04h
05h
06h
make ready

Pantelligent 智能平底锅

公司 : Pantelligent

Pantellligent 是能够控制烹饪温度和时间的智能平底锅。它内置与 App 同步的传感器。当你打开 App 并选择你正烹煮的食物及烹煮方式时，App 会使用平底锅产生的数据来实时调整菜谱。随后，智能平底锅会直接测量烹煮温度，并通过手机屏幕或语音给你发送通知。你会知道何时需要翻炒，何时需要添加佐料，何时需要调整烹饪温度及何时烹煮完毕。

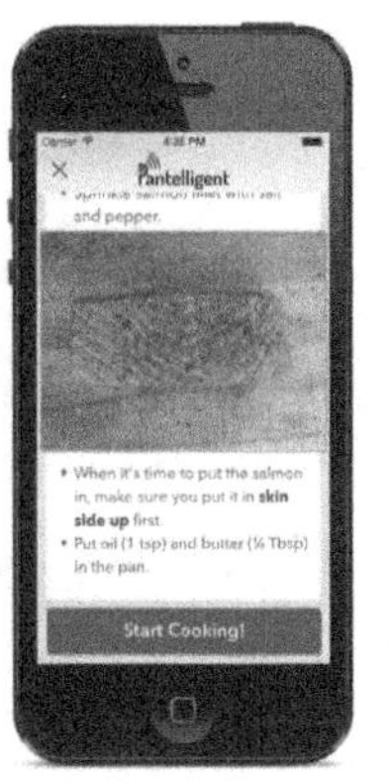

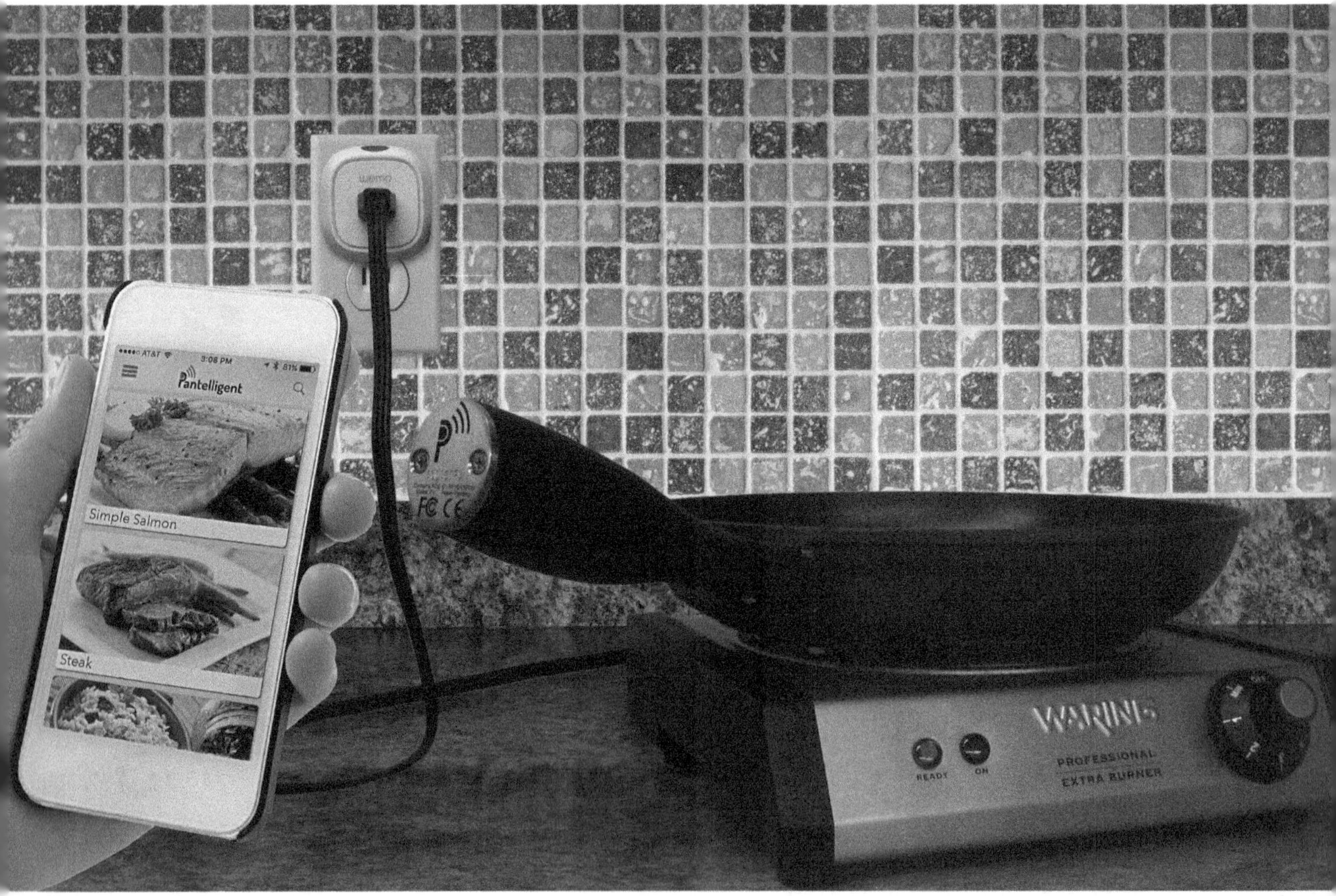

Pantelligent
390 °F
375 °F
383 °F
+0.9 °/s
350 °F
Current Step
Put the salmon in the pan, skin side up.
15s ago
Upcoming Steps
Flip the salmon.
Very soon
You're done! Remember to turn off the stove. Enjoy your salmon!
7m from now

Pantelligent
390 °F
375 °F
384 °F
+0.8 °/s
360 °F
Current Step
Flip the salmon.
Just now
Upcoming Steps
You're done! Remember to turn off the stove. Enjoy your salmon!
7m from now

Pantelligent
390 °F
375 °F
387 °F
+0.7 °/s
360 °F
Current Step
Flip the salmon.
Just now
Upcoming Steps
You're done! Remember to turn off the stove. Enjoy your salmon!
7m from now

IKAWA 智能家用咖啡豆烘焙机

公司：IKAWA

IKAWA 是一款数字微型咖啡豆烘炒机，你只需轻按按钮，咖啡机就会开始焙炒。它配套的 App 收录了各种精心研制的咖啡豆烘焙配方，为你带来口味绝佳的咖啡。你还可以使用智能手机或平板电脑，更改烘焙时长、温度和气流，创造你喜爱的烘焙配方，然后通过 App 在线分享。

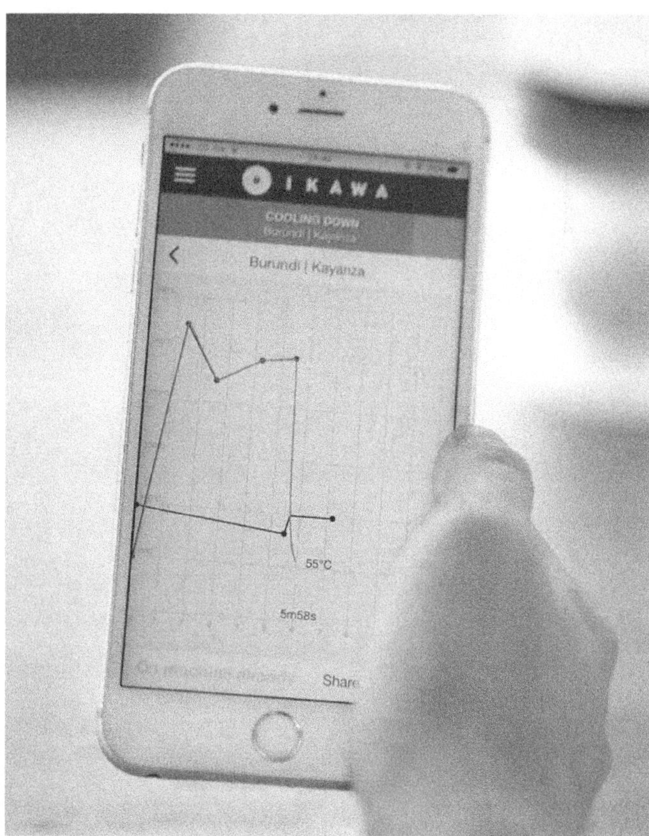
IKAWA
COOLING DOWN
Burundi | Kayanza
55°C
5m58s
Share

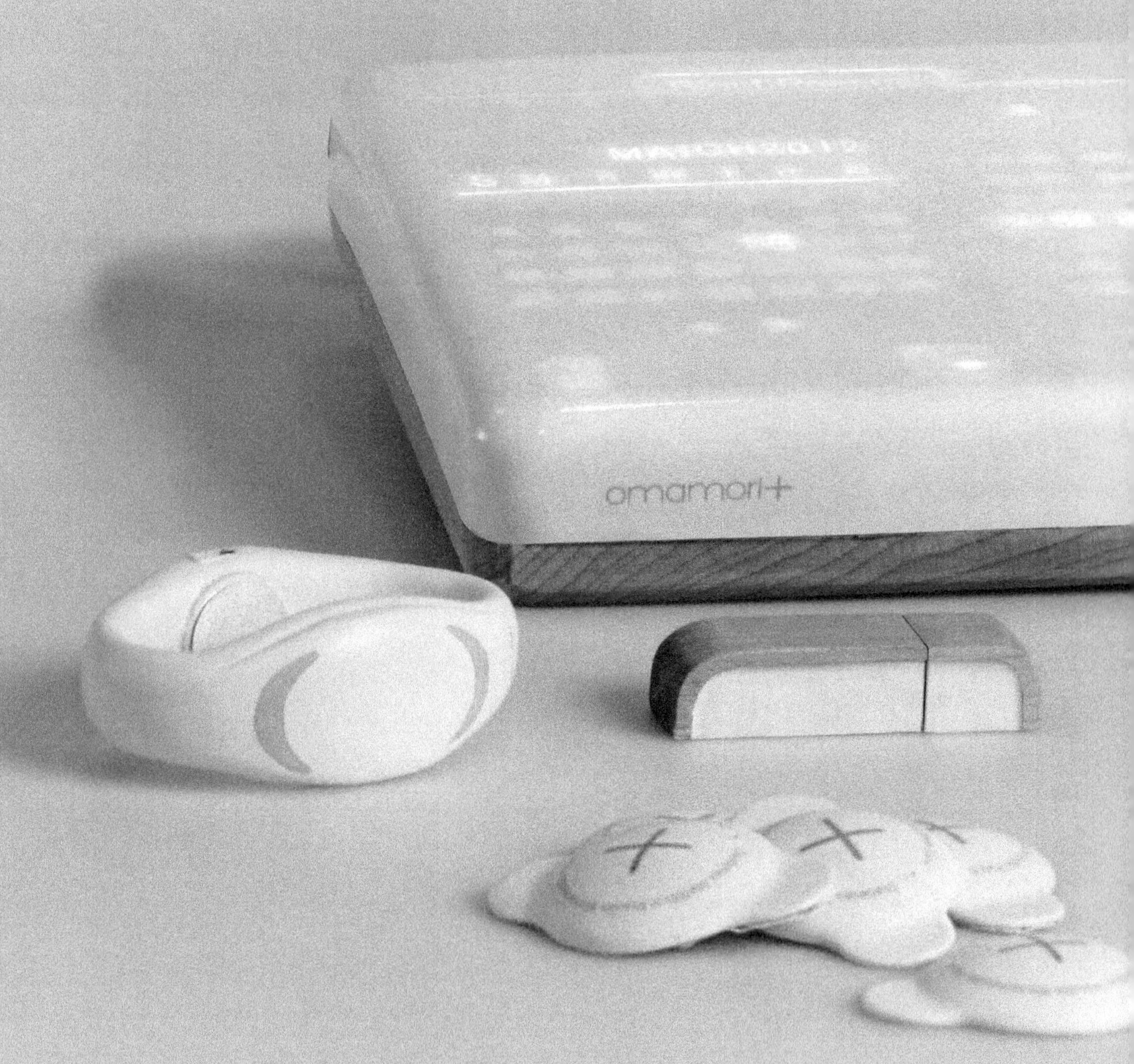
omamori+

医疗与健康

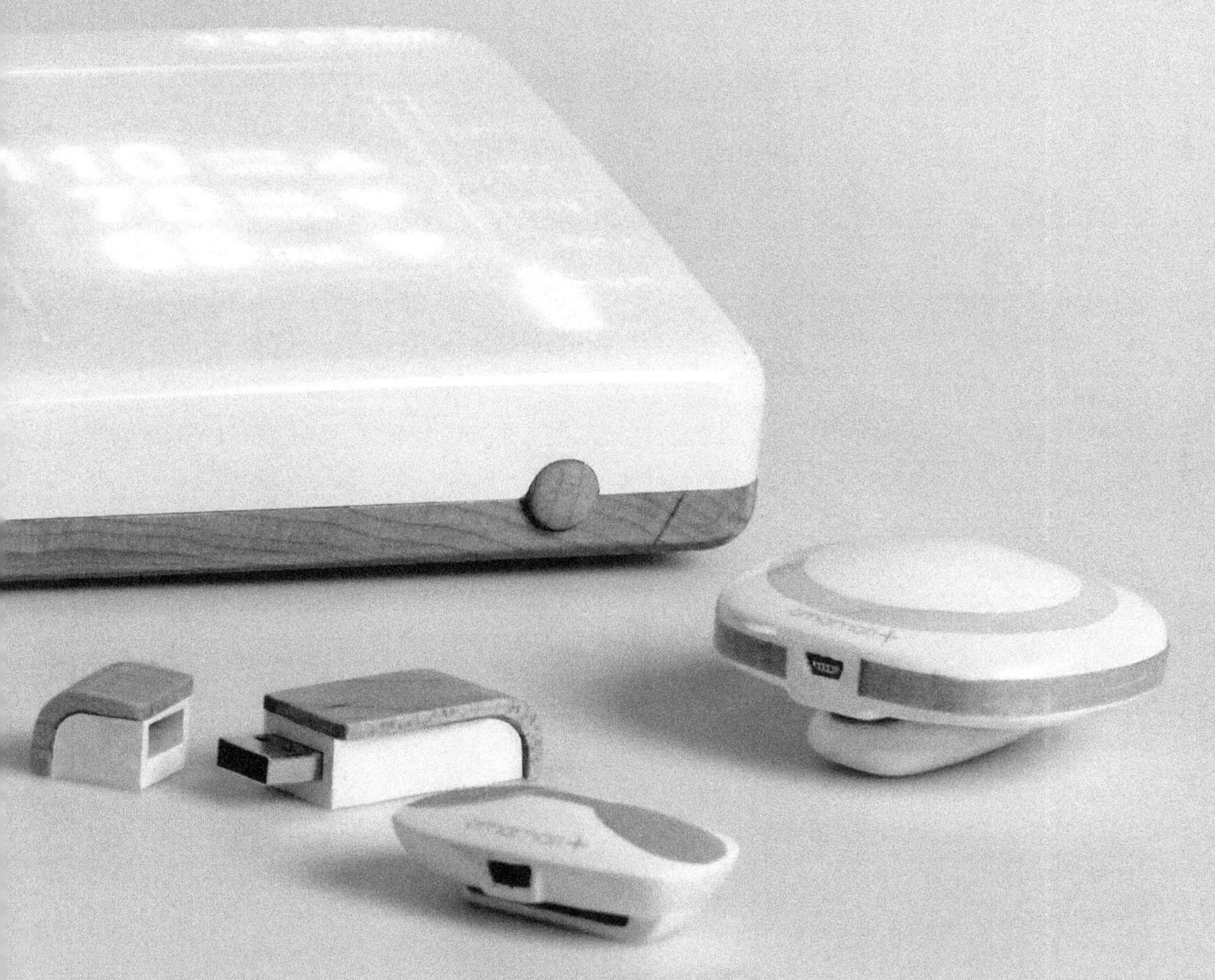

Omamori 私人健康监测组合

设计：本森·李 (Benson Lee)

Omamori 家用健康监测组合旨在让人们了解自己的健康状况，提倡更加健康的生活方式，它老少皆宜，适合各个年龄层的用户使用。Omamori 会记录用户的身体数据，用户将减少去医院看病的次数。它会持续不断地监测用户的健康状况，当数据出现浮动时给用户发送提醒。这个组合包括一个主设备、一个血压监测仪、一个健身追踪器、一个血糖监测仪和智能胰岛素微针贴片。

血压监测仪使用先进的脉搏波采集技术；拉曼光谱仪使用非侵入式的方式测量皮下组织液中血糖的扩散速度。可溶解的微针贴片可代替胰岛素注射器。它安全无痛，无须人力注射胰岛素，也降低了对废物处置的要求，因此治疗的费用更加低廉。此外，它还使用了一些其他的常见技术，包括在不透明表面的触摸面使用背部投影技术、触觉反馈和加速度计等。

这些设备不会影响用户的日常生活。每一种设备都对应一种监测需求，它们组合成一个模块化系统。数据分析和记录只需动动手指便可完成。医疗保健的未来触手可及。

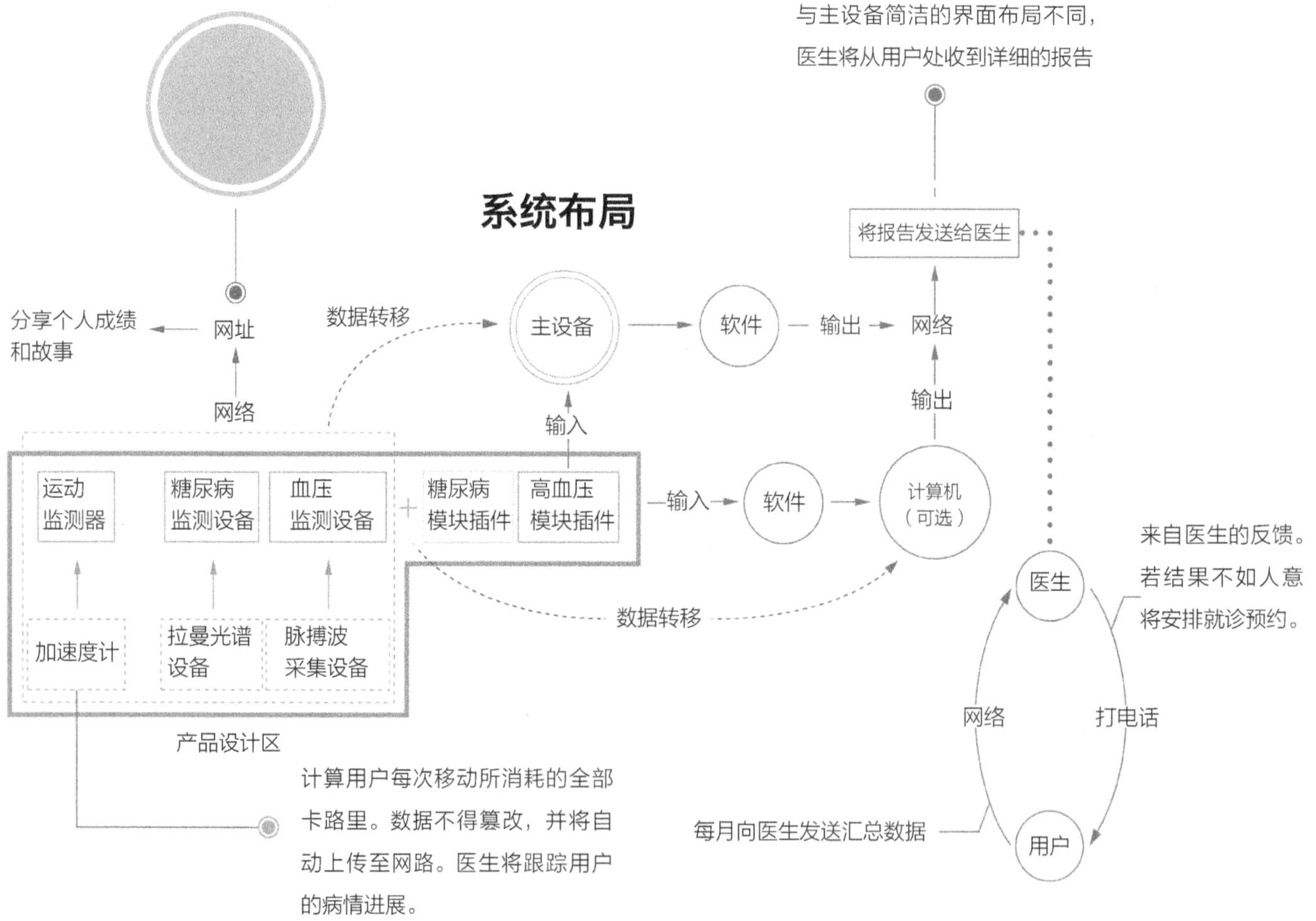

与主设备简洁的界面布局不同，
医生将从用户处收到详细的报告

系统布局

将报告发送给医生

分享个人成绩和故事

网址

数据转移

主设备

软件

输出

网络

网络

输出

输入

运动监测器

糖尿病监测设备

血压监测设备

糖尿病模块插件

高血压模块插件

输入

软件

计算机（可选）

来自医生的反馈。若结果不如人意将安排就诊预约。

医生

数据转移

加速度计

拉曼光谱设备

脉搏波采集设备

产品设计区

网络

打电话

计算用户每次移动所消耗的全部卡路里。数据不得篡改，并将自动上传至网路。医生将跟踪用户的病情进展。

每月向医生发送汇总数据

用户

主设备

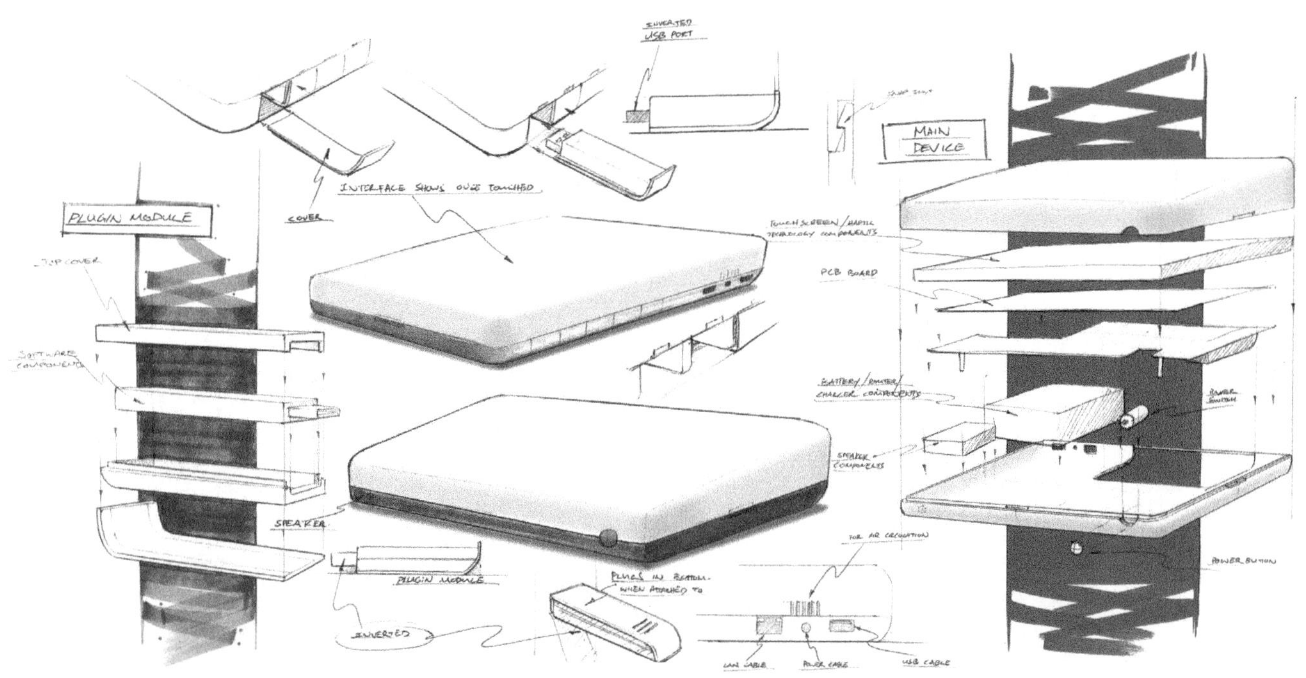

INVERTED
USB PORT
INTERFACE SHOWS ONCE TOUCHED
PLUGIN MODULE
COVER
MAIN
DEVICE
PCB BOARD
SPEAKER
PLUGIN MODULE
INVERTED
POWER BUTTON
LAN CABLE
USB CABLE

健身追踪器

omamori+

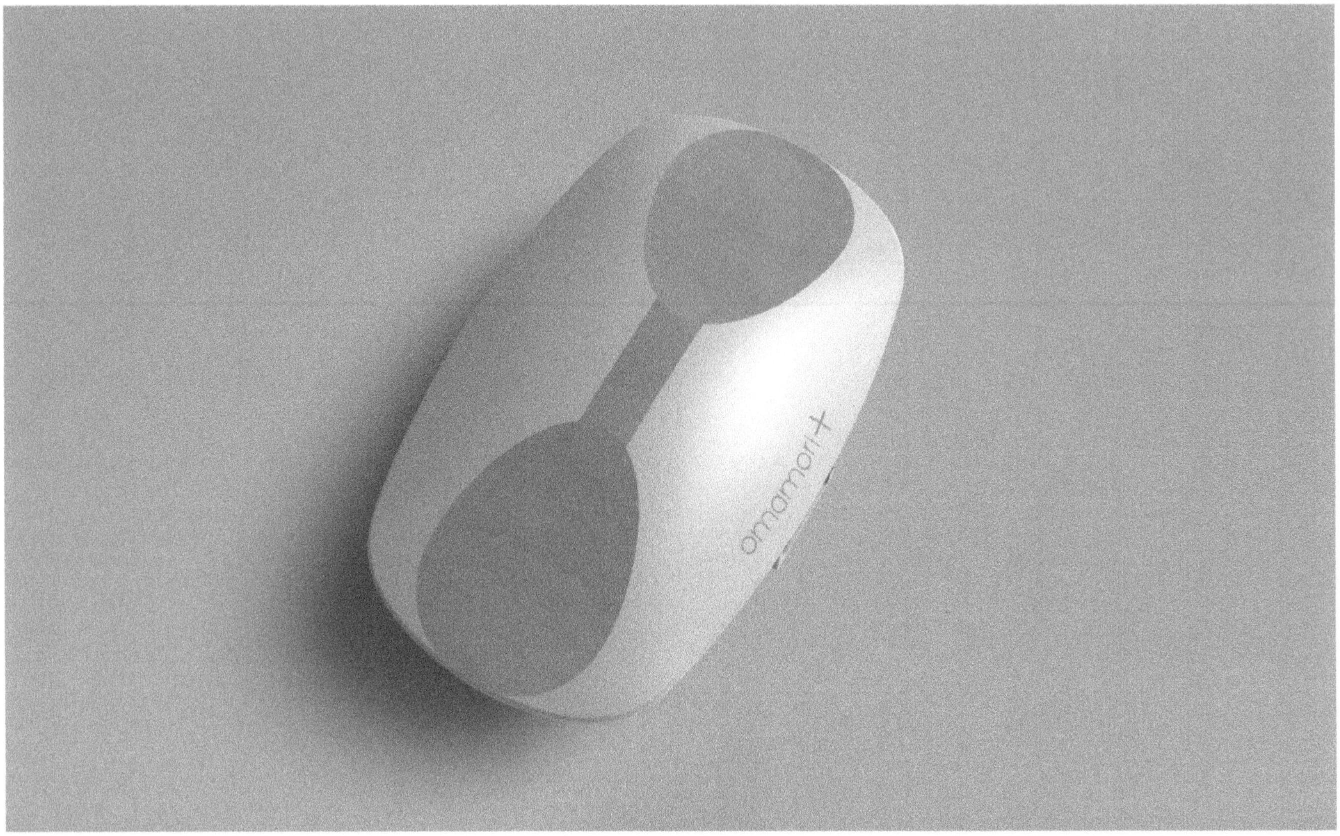

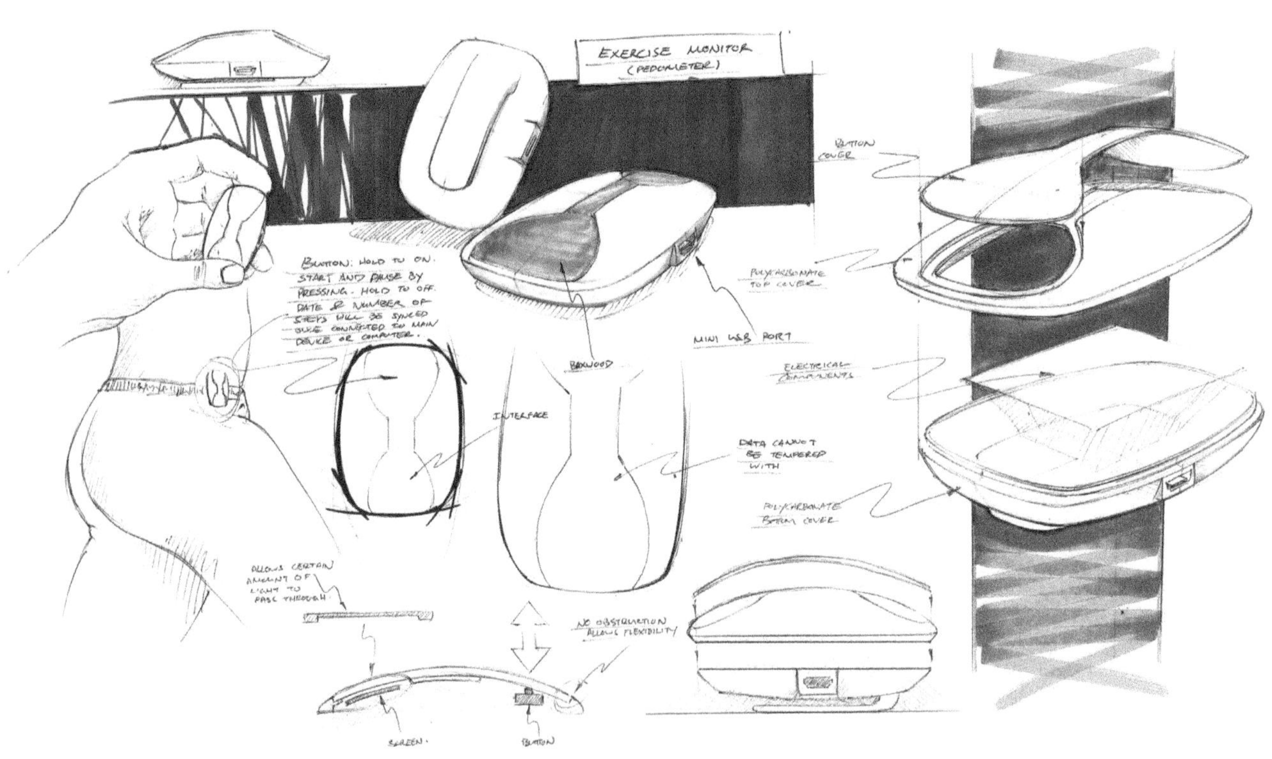

EXERCISE MONITOR
(PEDOMETER)
BUTTON COVER
POLYCARBONATE TOP COVER
MINI USB PORT
BOXWOOD
INTERFACE
ELECTRICAL COMPONENTS
DATA CANNOT BE TEMPERED WITH
POLYCARBONATE BOTTOM COVER
ALLOWS CERTAIN AMOUNT OF LIGHT TO PASS THROUGH
NO OBSTRUCTION ALLOWS FLEXIBILITY
SCREEN
BUTTON

血糖监测仪

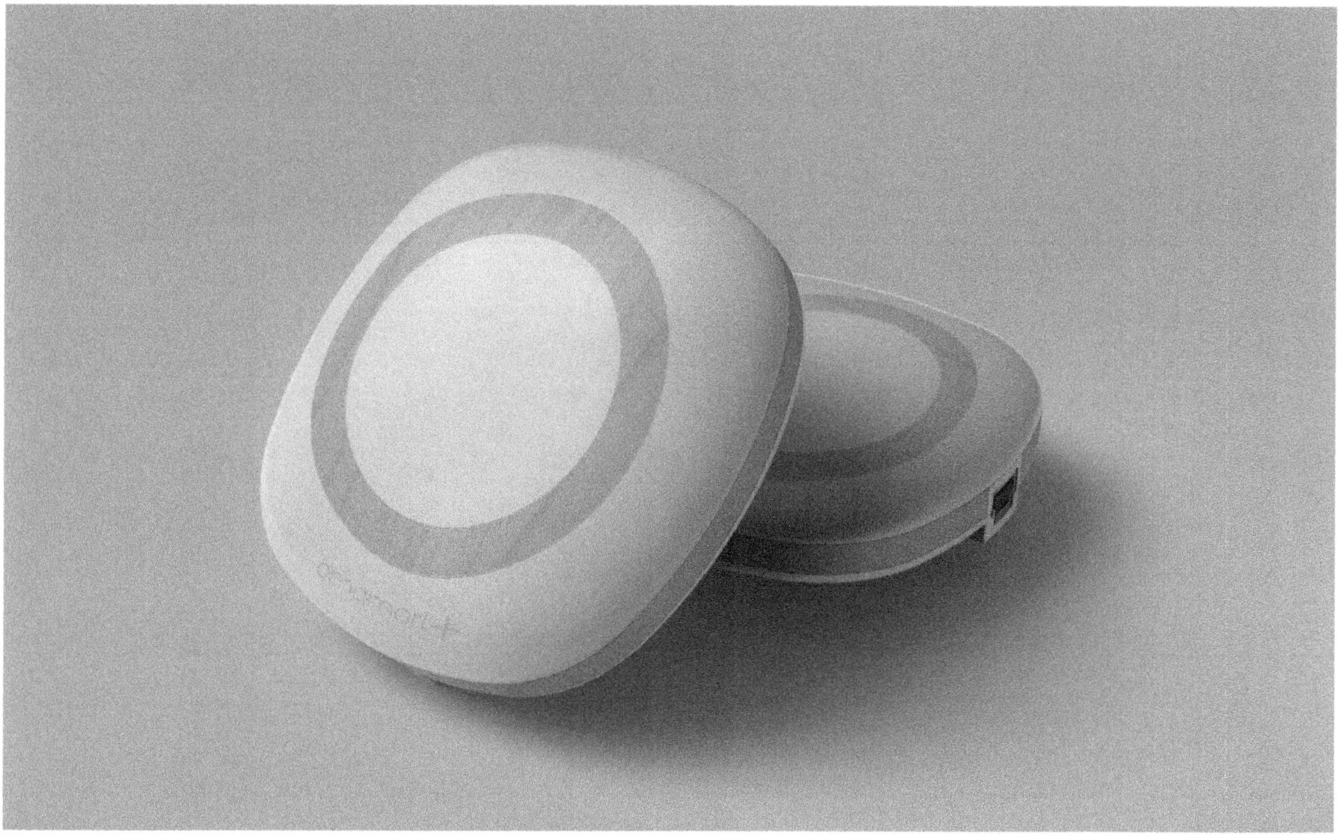

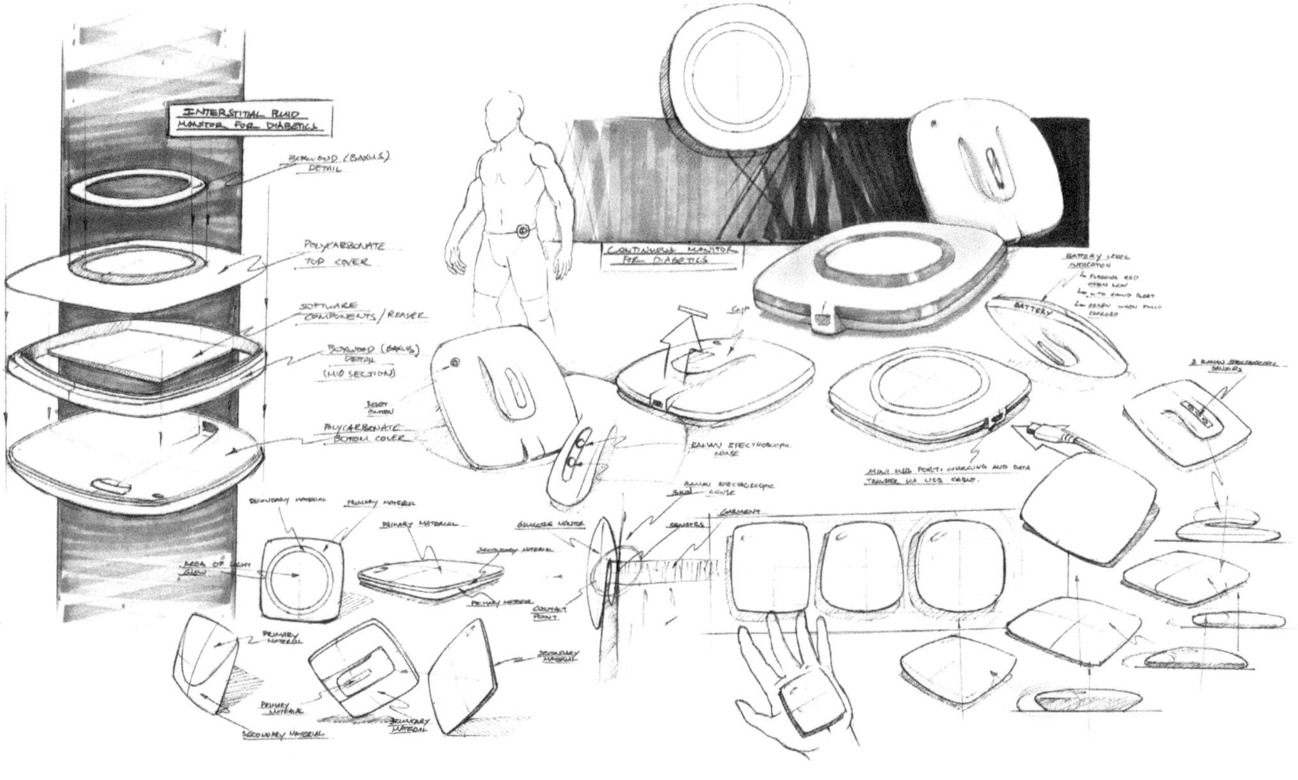
INTERSTITIAL FLUID
MONITOR FOR DIABETICS
POLYCARBONATE
TOP COVER
SOFTWARE
COMPONENTS / READER
(MID SECTION)
POLYCARBONATE
BOTTOM COVER
PRIMARY MATERIAL
SECONDARY MATERIAL
CONTINUOUS MONITOR
FOR DIABETICS
BATTERY LEVEL
INDICATION
BATTERY
CLIP
MINI USB PORT: CHARGING AND DATA
TRANSFER VIA USB CABLE.

血压监测仪

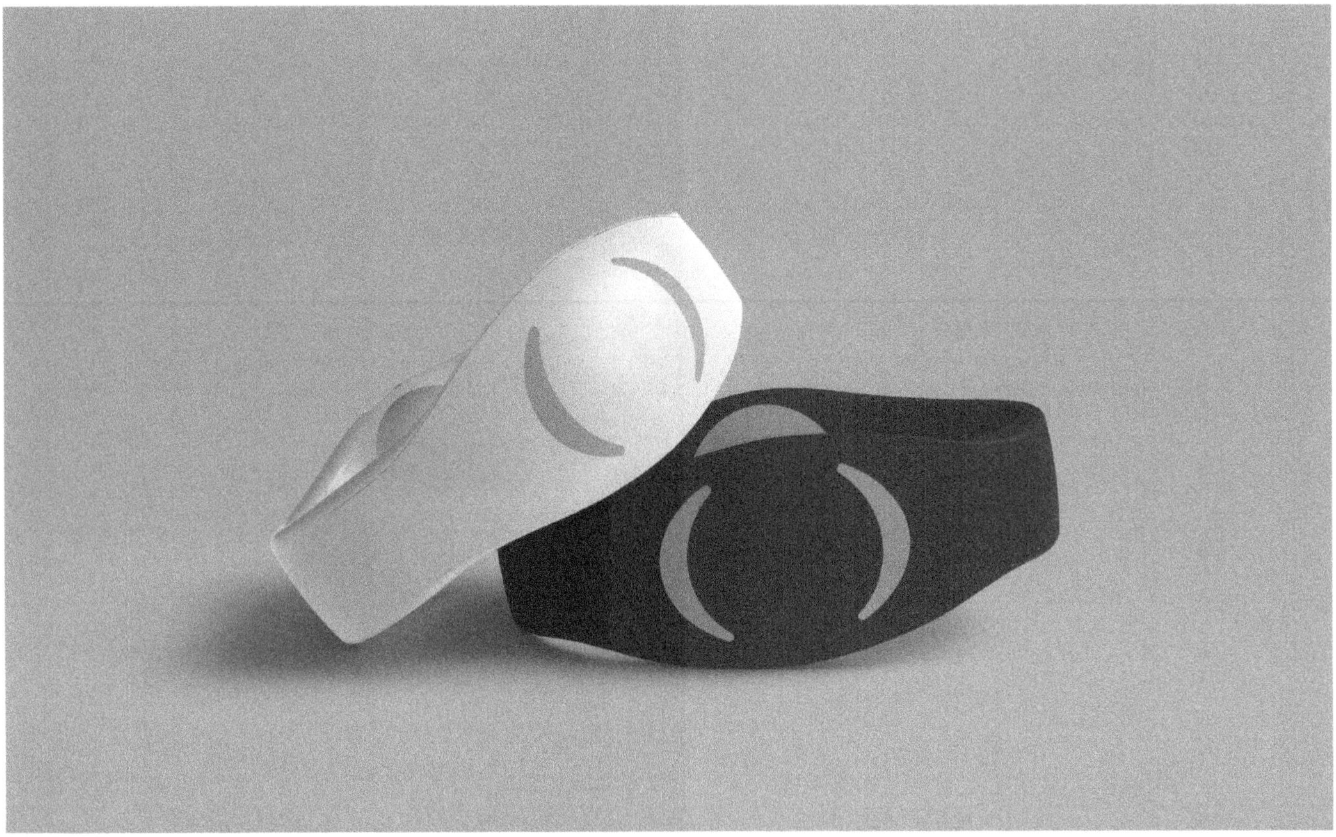

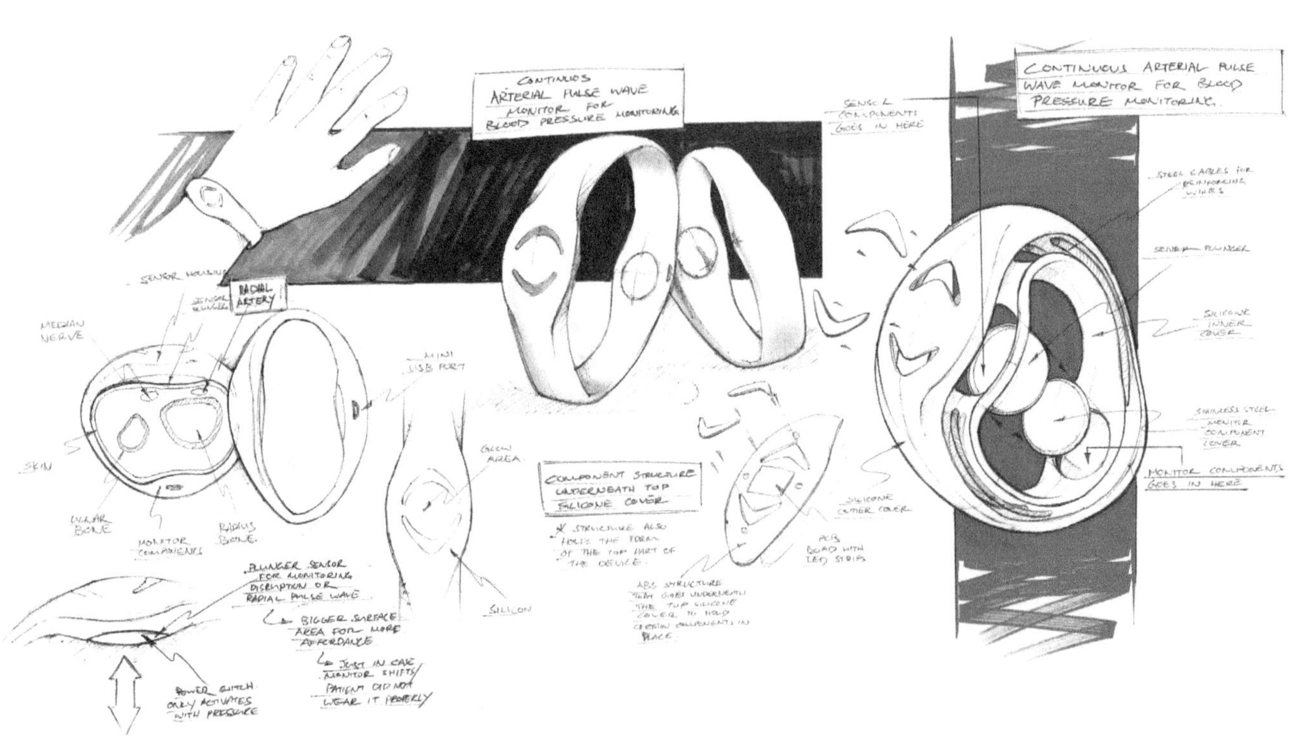

CONTINUOS ARTERIAL PULSE WAVE MONITOR FOR BLOOD PRESSURE MONITORING
CONTINUOUS ARTERIAL PULSE WAVE MONITOR FOR BLOOD PRESSURE MONITORING
RADIAL ARTERY
MEDIAN NERVE
SKIN
ULNAR BONE
MONITOR COMPONENTS
RADIUS BONE
MINI USB PORT
GLOW AREA
SILICON
COMPONENT STRUCTURE UNDERNEATH TOP SILICONE COVER
PLUNGER SENSOR FOR MONITORING DISRUPTION OR RADIAL PULSE WAVE
BIGGER SURFACE AREA FOR MORE AFFORDANCE
POWER SWITCH ONLY ACTIVATES WITH PRESSURE
PCB BOARD WITH LED STRIPS
SILICONE OUTER COVER
SENSOR PLUNGER
SILICONE INNER COVER
MONITOR COMPONENTS GOES IN HERE

胰岛素微针贴片

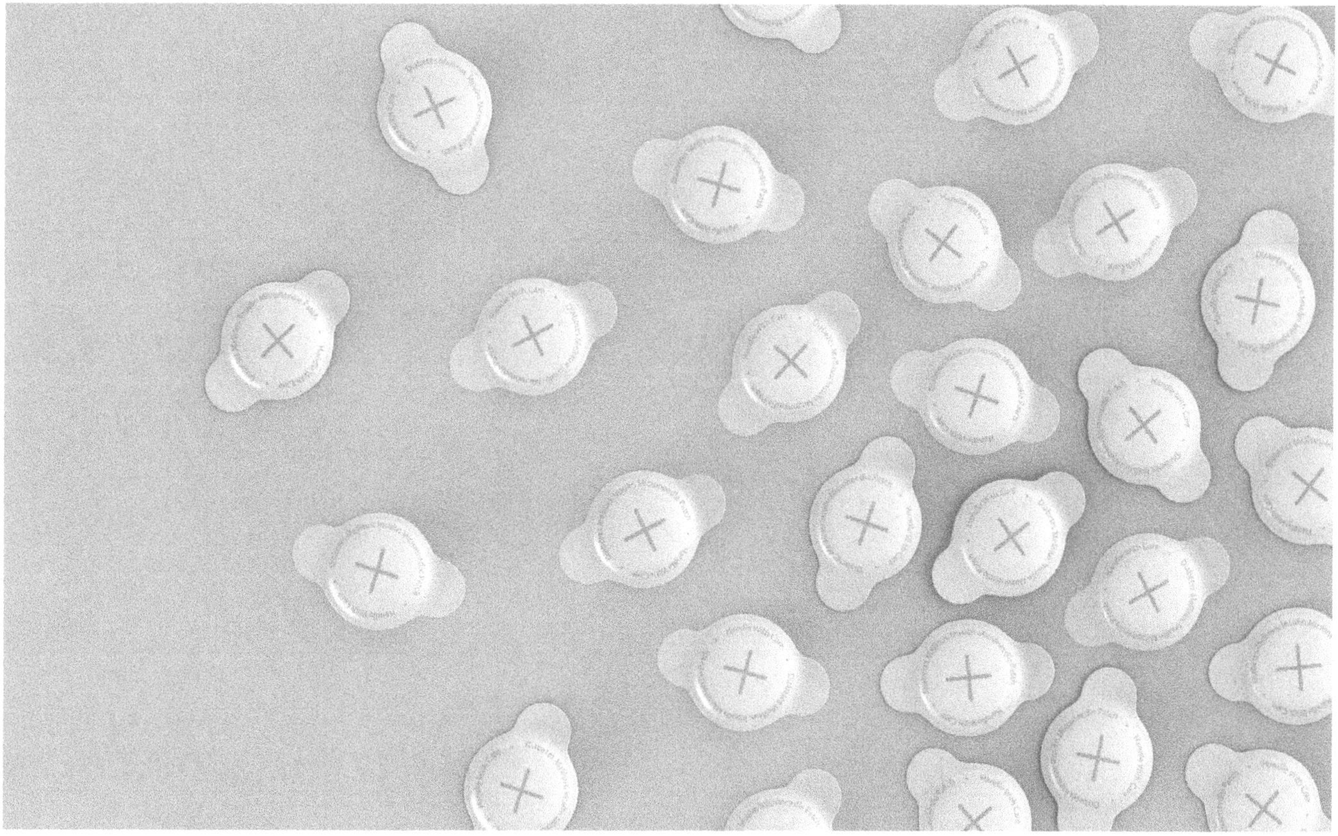

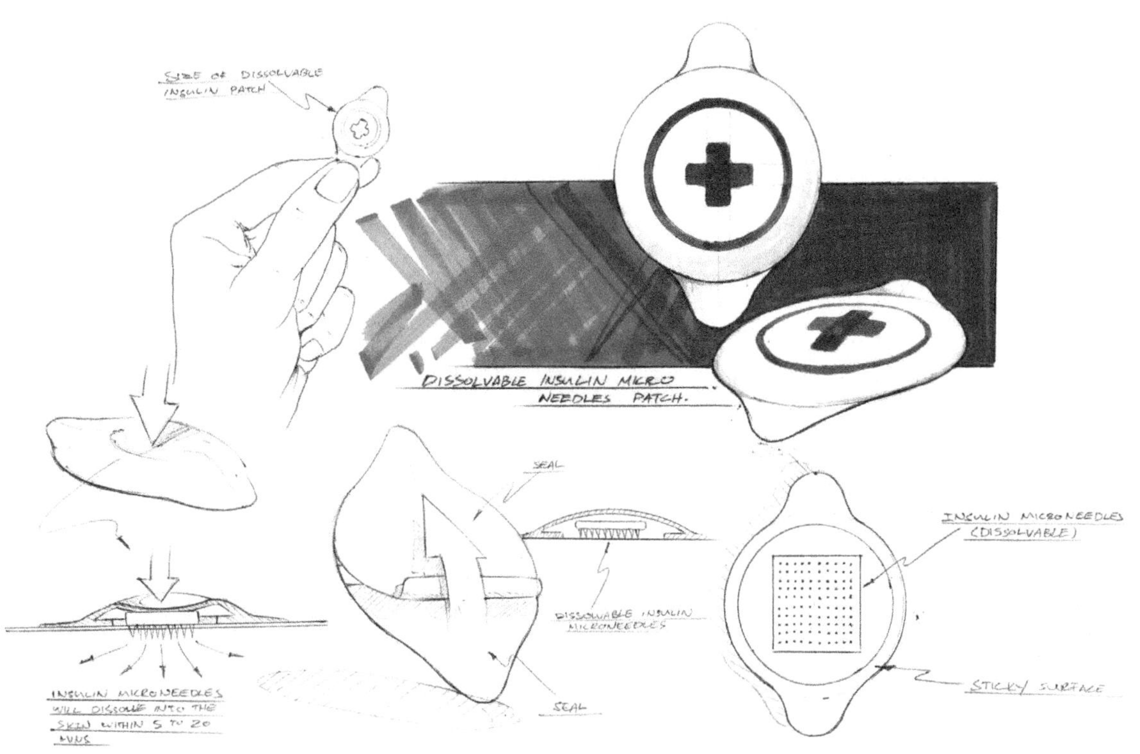
SIZE OF DISSOLVABLE
INSULIN PATCH
DISSOLVABLE INSULIN MICRO
NEEDLES PATCH.
SEAL
DISSOLVABLE INSULIN
MICRONEEDLES
SEAL
INSULIN MICRONEEDLES
(DISSOLVABLE)
STICKY SURFACE
INSULIN MICRONEEDLES
WILL DISSOLVE INTO THE
SKIN WITHIN 5 TO 20
MINS

睡觉打鼾？ Nora 来帮忙！

公司：Smart Nora Inc.

Nora 智能止鼾系统是世界首款智能且非侵入性的止鼾解决方案，其创新的设计可以在不惊醒你伴侣的情况下，止住你的鼾声。它的外形呈光滑的鹅卵石状，可以放在床头桌上。Nora 智能止鼾系统包含一个智能传感器，一旦它开始监测到用户的鼾声，便会轻柔缓慢地移动你的枕头，让你的呼吸恢复正常，而不会影响你伴侣的睡眠。与 Nora 配套的手机应用程序会记录你的睡眠和打鼾习惯。整个 Nora 智能系统可以放在一个时尚的便携箱内，方便旅行时携带。

研发 Nora 的灵感来自哪里?

Nora 的诞生最早是为了解决我个人打鼾问题的。Nora 的灵感来自于发明家兼机械工程师阿里 (Ali)，他注意到他们夫妻通过轻柔缓慢地移动打鼾一方的枕头来解决对方的打鼾问题。他建立了模仿这种方式的系统原型，并对其效果印象深刻。

系统原型建立之后，我和我的兄弟贝赫札德 (Behzad) 也加入了研发队伍，力求将这个设计理念转化成可批量生产的用户友好型产品。我本来就职于旧金山 IDEO 公司，担任系统设计师，那一阵我刚刚离职。贝赫札德 具备非常卓越的创意营销意识和创业精神，我们各有所长，准备大干一场,对将这个解决方案推向市场的机会感到兴奋不已，因为它能够改善 40% 的人口的睡眠问题。

第二年，我们不断地优化设计方案，并在不同的夫妻和卧室内反复测试。测试结果证明这是一种以用户为中心的解决方案，能够帮助减轻用户的鼾声，而不会吵醒伴侣。

我们从睡眠专家处获得了大量好评和反馈。经过初步验证后，我们的团队和顾问都看到了这巨大的市场潜力，数百万用户可以借助 Nora 改善睡眠质量。该项目发展势头迅猛，在短短 6 个月内，Nora 智能止鼾系统便收到了超过 75 个国家逾一百万美元的订单。

你是如何在产品设计理念的体现和市场需求中找到平衡点的?

我们在设计过程中一直综合考虑市场需求和产品的设计理念。从一开始，我们便秉持以人为本的设计理念，在每次产品成型时都参考用户的反馈。虽然极简主义和简洁的产品设计理念贯彻始终，但我们也做了一些微调来提升产品的可用性。

你能简单介绍这个止鼾“神器”使用的技术吗?

人之所以会打鼾是因为在睡觉的时候，上喉咙肌肉放松，使呼吸道变得更狭窄。呼吸时，气流通过狭小的气道便会产生振动，也就是我们听到的鼾声。Nora 智能止鼾系统在检测到用户鼾声后产生的轻柔移动能刺激并收紧用户的上喉肌肉，让呼吸道恢复畅通，使用户又能正常呼吸。与调整下巴，拉伸舌头，塞耳塞或产生更多噪音的方法相比，Nora 智能止鼾系统运用这种创新的方法来刺激喉咙肌肉，让用户在睡觉时能够正常呼吸。

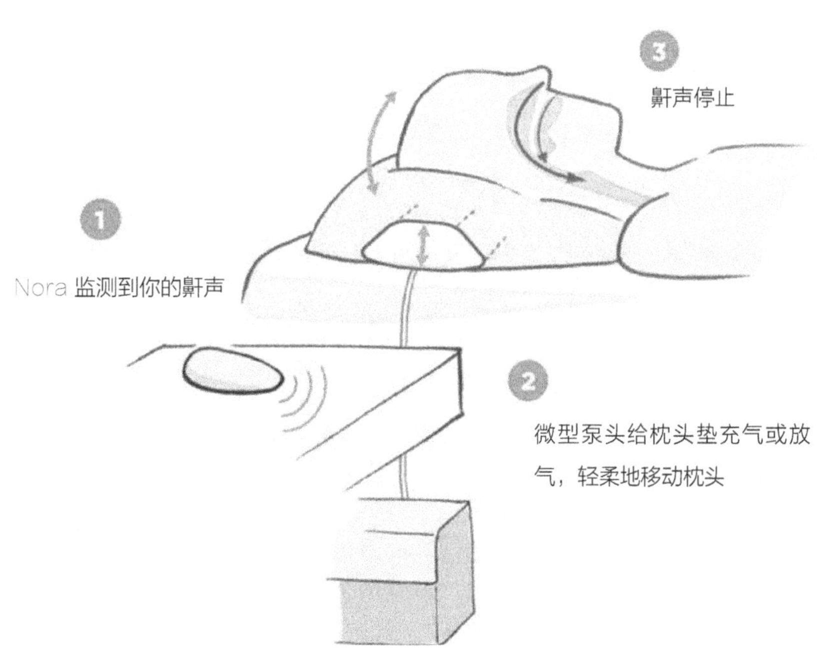

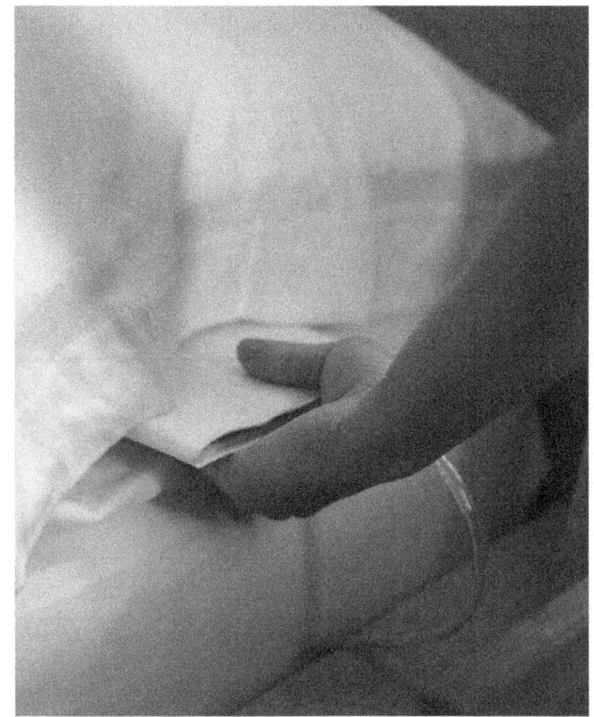

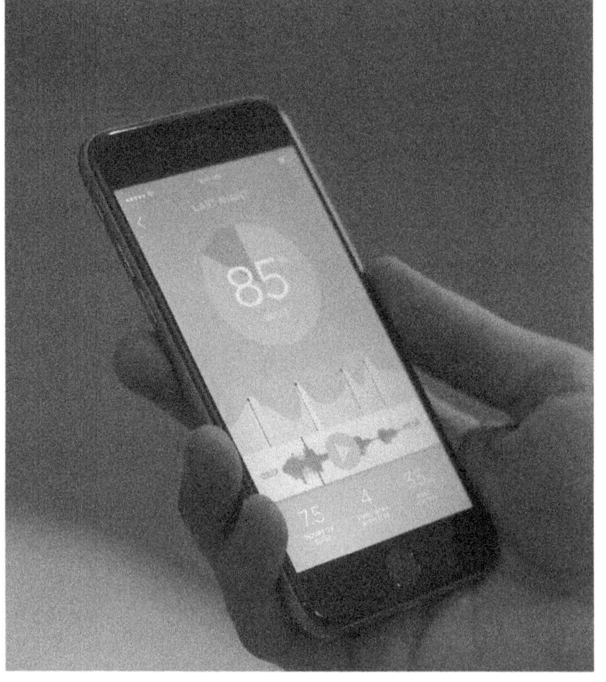

该传感器外观简洁时尚，为什么采取这种外形设计？

传感器是 Nora 智能止鼾系统在卧室设置好后唯一能看到的组成部件。这种有机的形状设计适合于任何卧室，增添优雅气息。

与其竞争产品相比，Nora 能够给用户带来哪些独一无二的优势？

Nora 是全球首款智能非接触性的止鼾解决方案，让你在睡梦中轻松告别打鼾。

与市场上其他的止鼾设备相比，Nora 智能止鼾系统具备的一些特点是市场上其他止鼾设备所没有的。Nora 直观易用和非侵入性的解决方案，同市场上流行的喉管手术、止鼾面罩及移动打鼾者下颌来止鼾的方式有明显不同。Nora 小巧易用，用户也无须改变已有的睡眠习惯。

其他止鼾产品倾向于掩盖打鼾声或会产生其他的副作用。比如：噪音屏蔽设备可以掩盖打鼾声，但其并不直接作用于堵塞的呼吸道，而这才是产生打鼾的原因。震动止鼾设备的原理是用震动将止鼾者吵醒，代价是伴侣的睡眠质量也跟着下降。

相反，Nora 轻柔地让打鼾者的头部产生移动，完全不会惊醒打鼾者。Nora 完成了止鼾任务后，就悄悄地在后台继续运行。

Nora 是基于物联网的设计，为什么采用这个设计理念？

Nora 的核心作用是止鼾。但在我们给产品设计功能的过程中，我们意识到不仅是在设计一个睡眠产品，我们研究了可能引起打鼾的饮食习惯和身体状态。由于用户每晚都使用 Nora，因此我们得以建立一个庞大的数据库。与在睡眠实验室观察一两晚相比，Nora 收集的海量数据可以给我们的研究团队更多帮助。

搭配手机应用程序一起使用时，Nora 会制定计划分析用户的睡眠和打鼾数据，并在用户有潜在健康问题时发出提醒，建议用户咨询家庭医生。

你认为是什么元素造就了一个完美智能产品的诞生？

我们的设计理念是致力于提升用户的生活水平。这种理念在设计服务、通信及产品时均适用。智能产品也不例外。在智能手机市场普及十年，人们也支付得起配备先进传感器的消费者产品后，能够从用户日常活动、环境及身体收集数据的智能高效的应用程序将会量化我们的生活。

智能产品的门槛已经提高，我们认为不仅能收集信息，而且能够显著提升用户生活水平的智能产品将持续保持领先地位。

能否给创业者提供一些建议？

不要盲目地辞掉你现在的工作去创业。每个企业都始于一个项目。认真思考你的想法，不断完善它，严格要求自己。问问自己这个想法是否值得付出相应努力来取得进展。而答案就在于从小项目着手，并让这个项目取得成功。慢慢你就会知道什么是成熟的时机。

别忘记最初的愿景，参考早期用户的反馈和原型设计，不断地将其完善。将最初的设计过程公诸于众，这样将极大地增加项目的成功概率。

随时随地看医生的远程医疗耳麦

设计：乔纳森·斯图尔特 (Jonathan Stewart)

如今，全球的医疗系统都呈超负荷状态，普通家庭看病所需的金钱和时间成本日益高昂。这使得利用线上服务变得越来越有必要。远程医疗系统可实现患者与医生的在线交流。该耳麦与笔记本电脑或移动设备上的 Skype 等安全软件平台的网络摄像头配合使用，为医生和患者提供照相机图像和重要数据。它还提供预约组织系统、处方开立和医疗历史文件的查看功能。其家庭套装包括一个 Wi-Fi/ 蓝牙连接充电基座和存放可替换耳塞的存储槽。

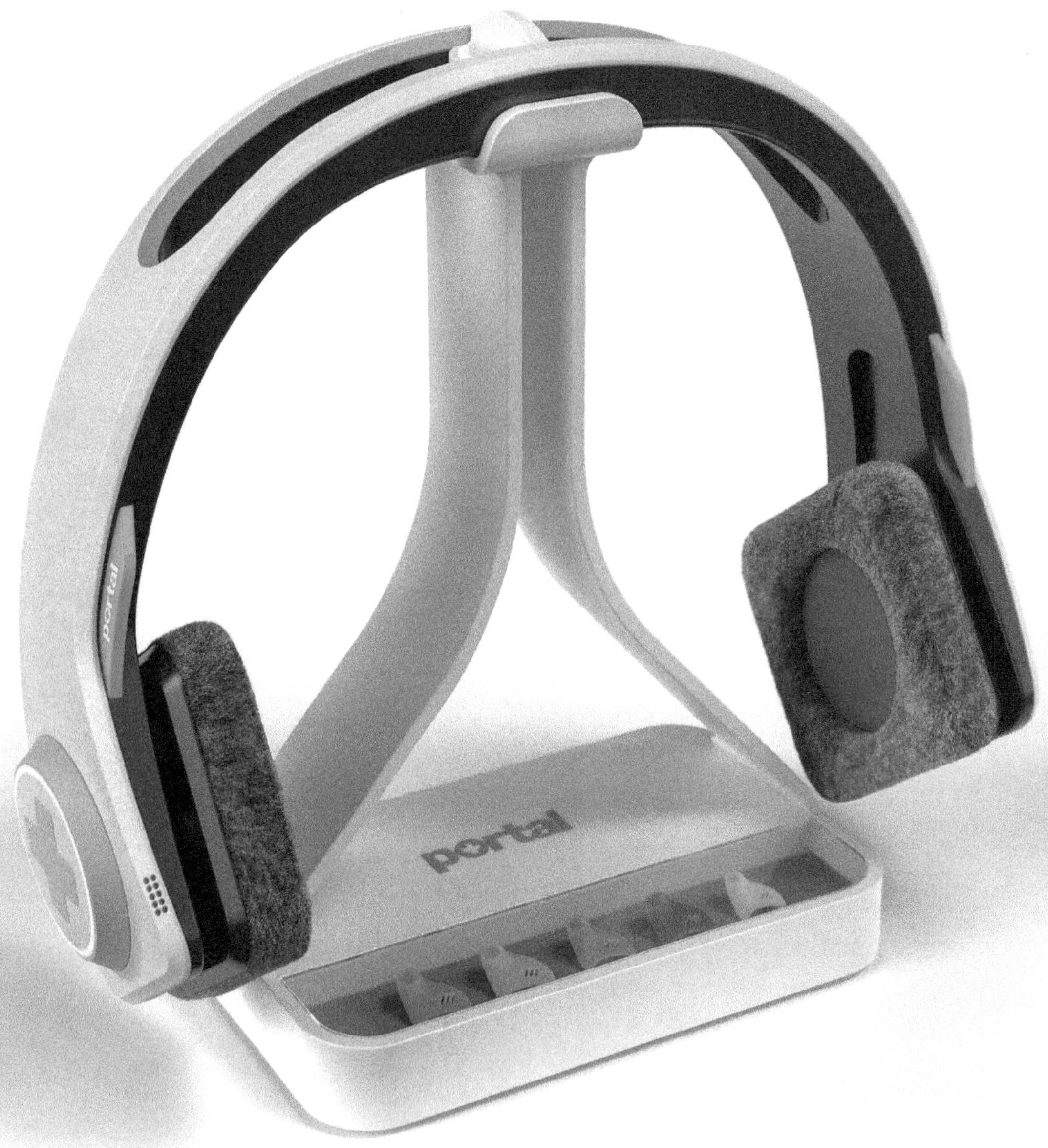

这个系统如何工作?

这个耳麦使用入耳式脉搏血氧仪 (PPG) 传感器和鼓膜温度计，提供心律、呼吸率、血压及体温的医疗数据。

连接蓝牙和 Wi-Fi 使用后，它可以传输来自高清眼科照相机的眼部图像和从可拆卸的圆状装置中获得的局部图像及音频数据。这些数据将安全地存储在一个公共医疗卫生服务器上，供全科医生访问及算法分析。用户可选择是否加入这个匿名收集数据的机制，以用于医学研究。

患者界面

医生界面

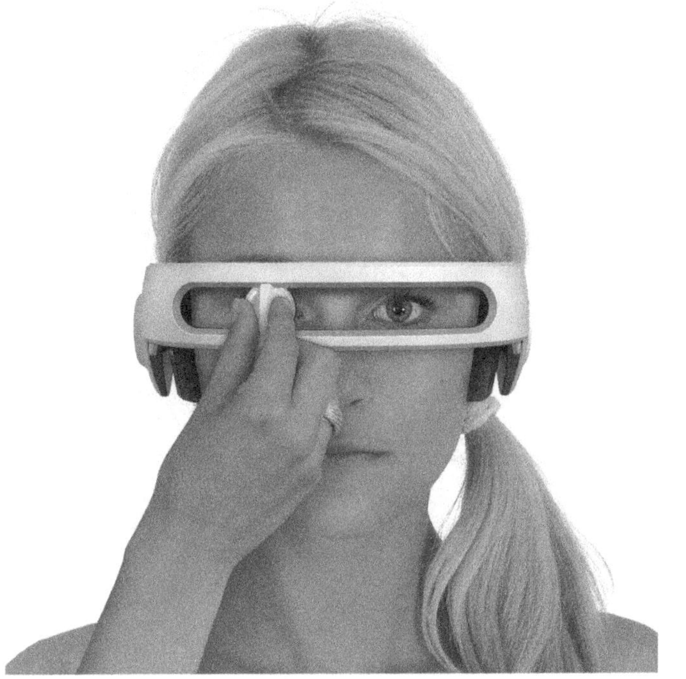

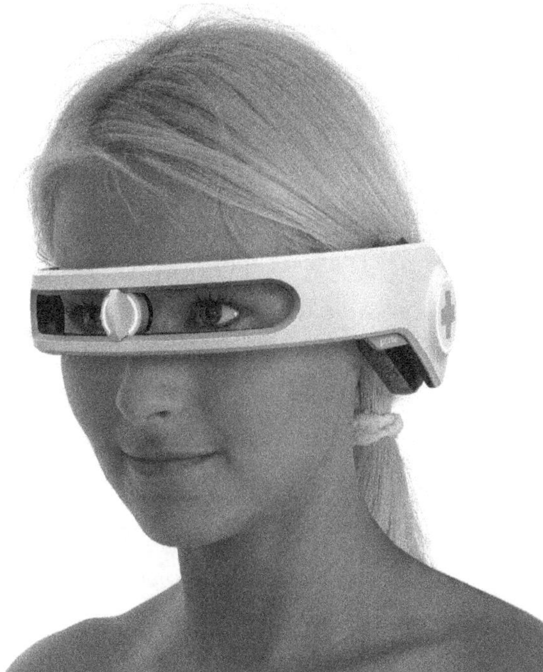

LED 光圈
验光镜
充电接触点

可替换的硅胶耳塞
鼓膜温度计
扩音器
脉搏血氧测量传感器

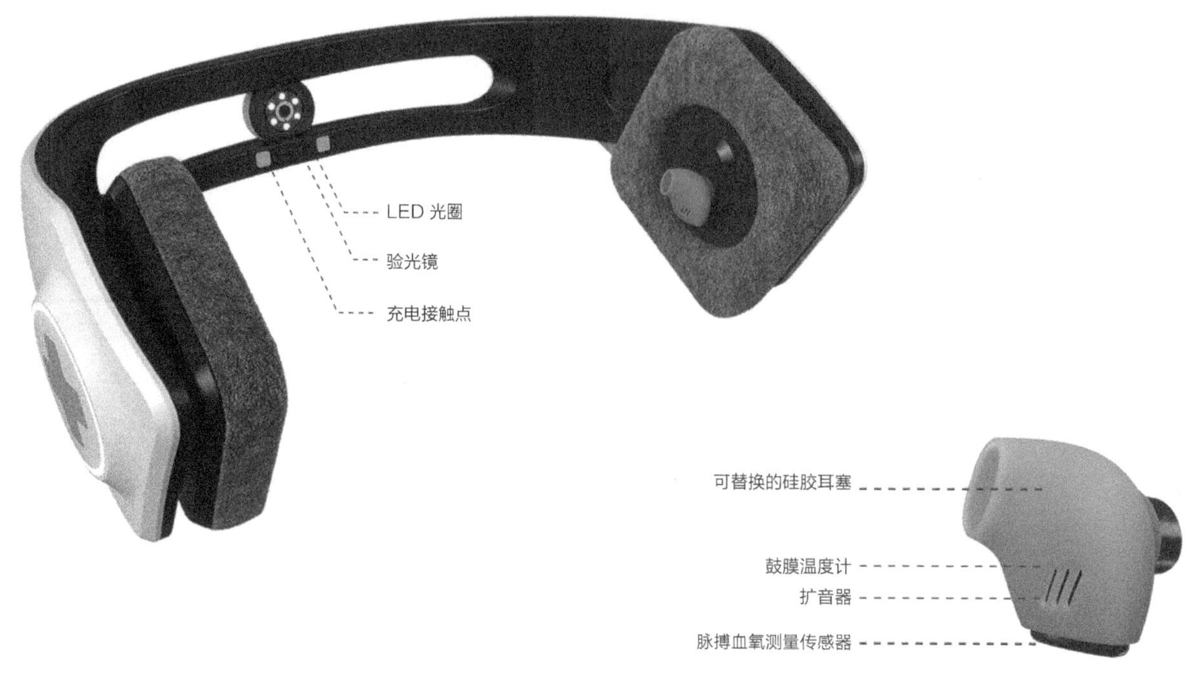

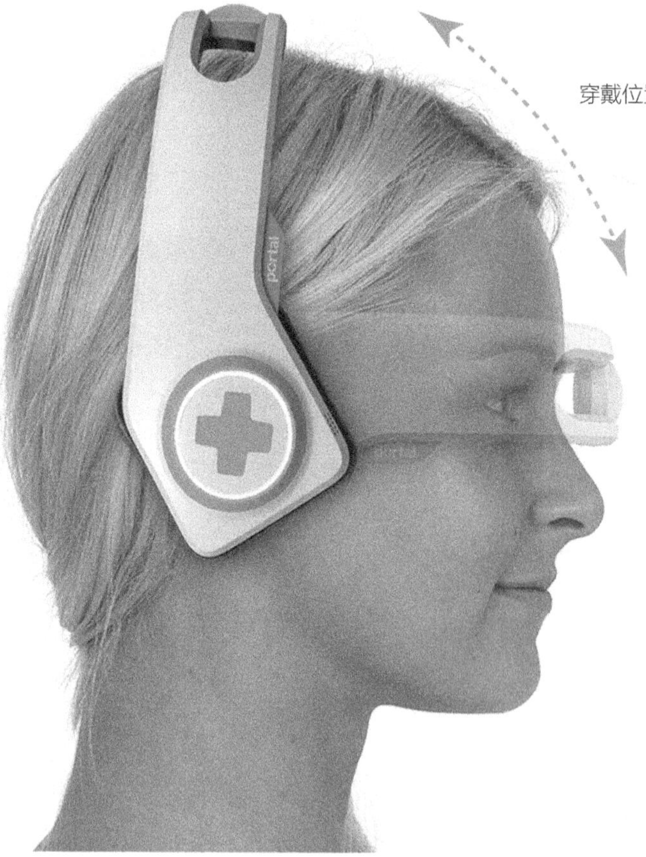

穿戴位置

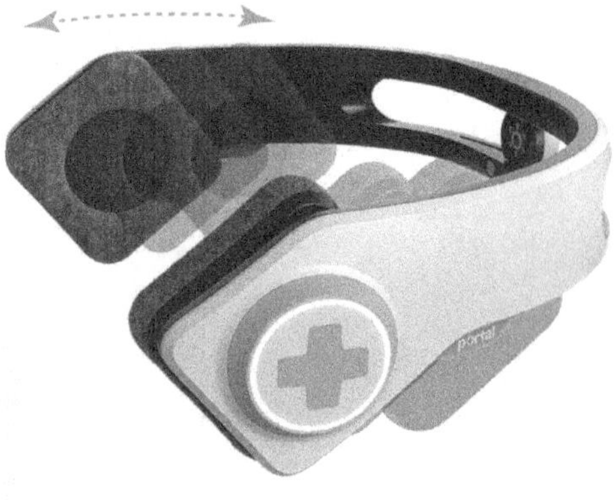

尺寸调节

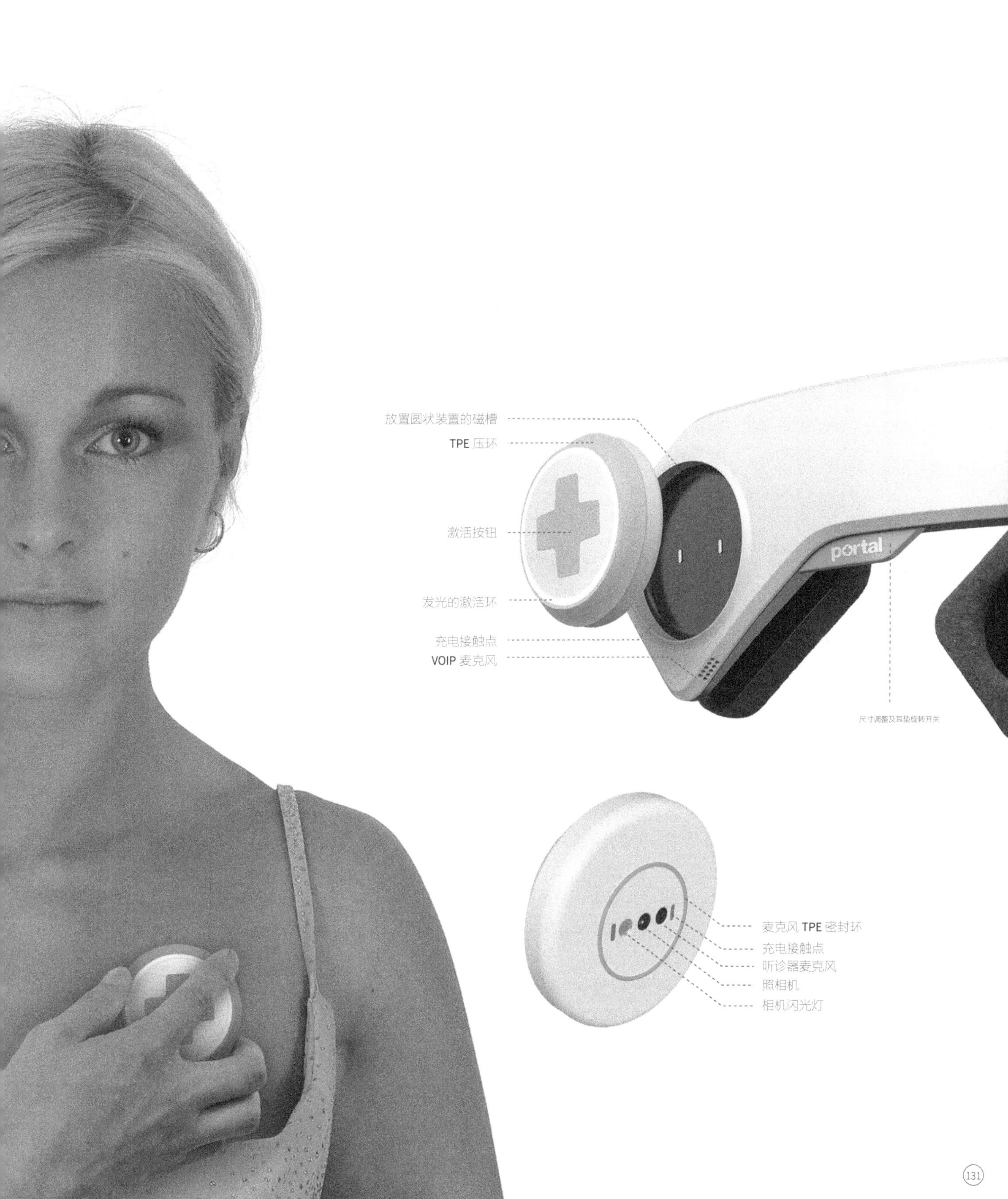

放置圆状装置的磁槽
TPE 压环
激活按钮
发光的激活环
充电接触点
VOIP 麦克风
portal
尺寸调整及耳垫旋转开关
麦克风 TPE 密封环
充电接触点
听诊器麦克风
照相机
相机闪光灯

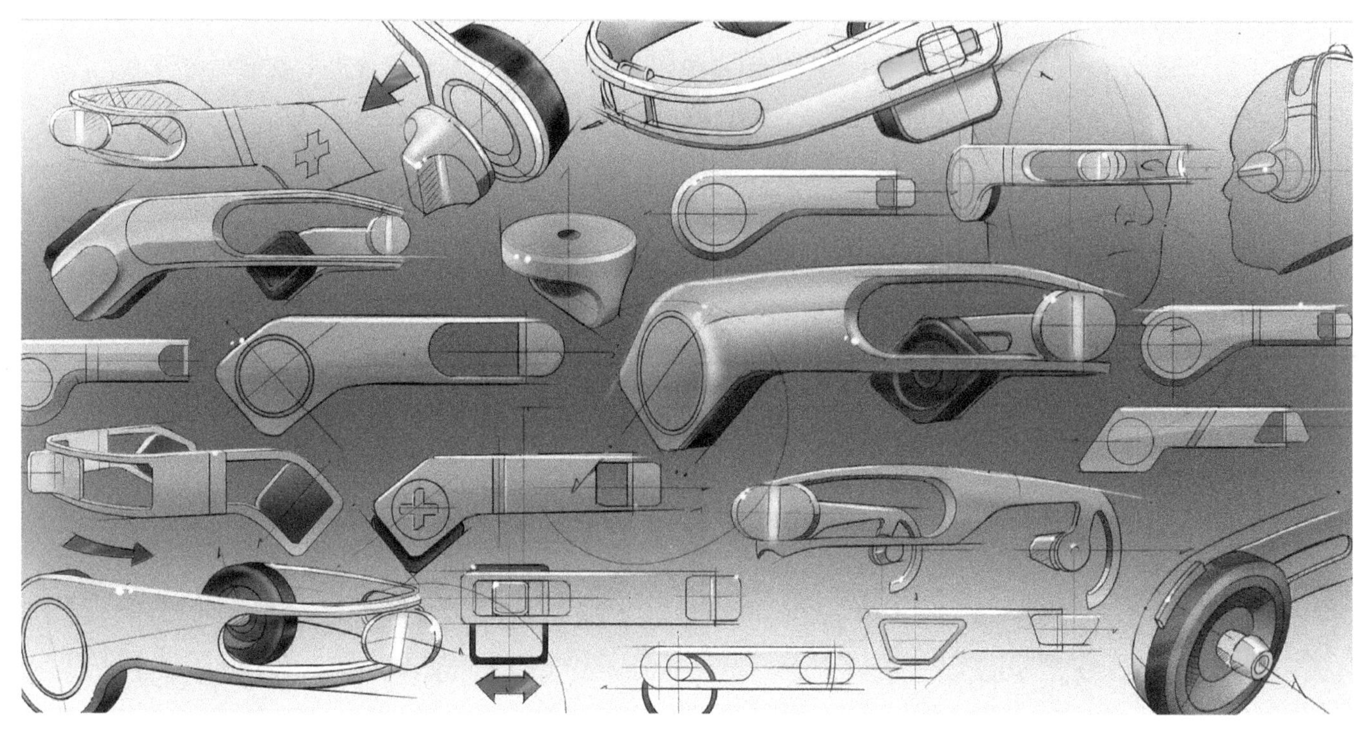

这个产品的设计灵感来源于何处？在设计理念的发展过程中，你最关心哪方面？

这个想法的诞生源于同我一个亲戚的交谈，当时她的第一个小孩正要出生；她对怀孕过程中通过 Skype 同他的医生会诊的经历感到很满意，因为这种方式既节省了时间，又节省了成本。不过，她还是需要到医院进行面对面的会诊来做身体健康检查。这让我想起了可穿戴运动设备市场，重要的身体数据通过实惠的可穿戴设备得到收集。将这种数据收集技术与 Skype 之类的线上交流应用程序结合使用看起来也挺合理，因此，我萌生了将当前服务于利基市场的技术推广至远程医疗的社会应用中的想法。在产品研发的过程中，我不仅关注例行身体检查中需要的主要数据，还包括眼睛的健康状况及胸腔的音频反馈等。此外，我还仔细考虑了产品的可用性，因为这个产品的用户将涵盖各个年龄层。

当谈到互联产品时，人们对隐私问题比较担忧。当你在研发这个耳麦时，有没有考虑这个问题呢？

远程医疗产品想要取得成功必须赢得用户的信任；因此隐私和个人安全问题在当今数据丰富的社会确实至关重要。我觉得隐私问题包含两方面，第一是直接环境，第二是线上环境。选择耳麦这种形式的主要原因是它方便让患者直接地和医生进行私人沟通。这个软件还必须具备先进的加密和使用眼科照相机和 / 或脸部扫描的生物登入测定系统。这从根源上保证了它的安全；因此我认为未来人们将日益关注系统服务器是否具备绝对安全的加密技术。

下一步你打算如何将这个耳塞向市场推广？

尽管这个设计理念在技术上可行，更艰巨的任务在于研发一个安全软件和数据库架构。下一步，医疗机构需要考虑在全系统内实施及制定合理的分销模式。为了让更多的患者能够负担得起这个技术，政府或私人医疗机构可以对这个耳麦的价格给予补贴或将其租给患者使用。

可以分享下你的设计理念吗？

产品的生命力在于设计师能否同用户产生功能或情感上的共鸣。我认为设计师应该像演员一样思考，用他们的想象力来在大脑中进行角色扮演，将思维转化成具体的问题和解决方案。在进行研究前提前搭建一个准备平台，以确定用户的需求和面临的挑战。我认为好的设计应是合乎情理的，力图化繁为简，并让产品的体验更加直观。产品也会在情感上与我们产生互动，合理的设计能自然地影响外观的风格，而量身定制的操作体验、产品的细节及颜色会强化与用户的情感联系，产品应当在我们与它互动之前，让我们产生一种亲切感。

可以挽救生命的智能腕带

产品研发：Pearl Studios

Embrace 智能腕带关键时刻可以挽救人的性命。它采用将传感器和算法相结合的创新设计，具备预测癫痫发作的功能。帮助癫痫患者提前做好准备，确保他们处于安全的环境，这大大减轻了癫痫患者的心理负担。

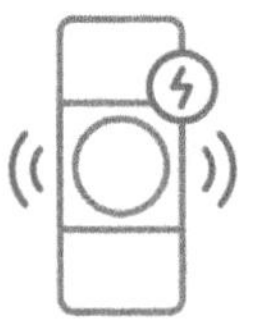

它的工作原理

Embrace 智能腕带会监测你的日常活动并收集你的生理数据。然后它会实时分析这些数据并给你发送反馈。Empatica 系统会对历史数据进行分析，并与你的 Embrace 智能腕带交互。未来它会帮助发现你的日常习惯和行为模式。

Embrace 的外观设计简约时尚，颇具吸引力。这款外形酷炫的智能腕带面向大众，无论男女老少皆适宜。人们不会将这款腕带与癫痫患者联系起来，患者佩戴它时也会感到舒适自然。

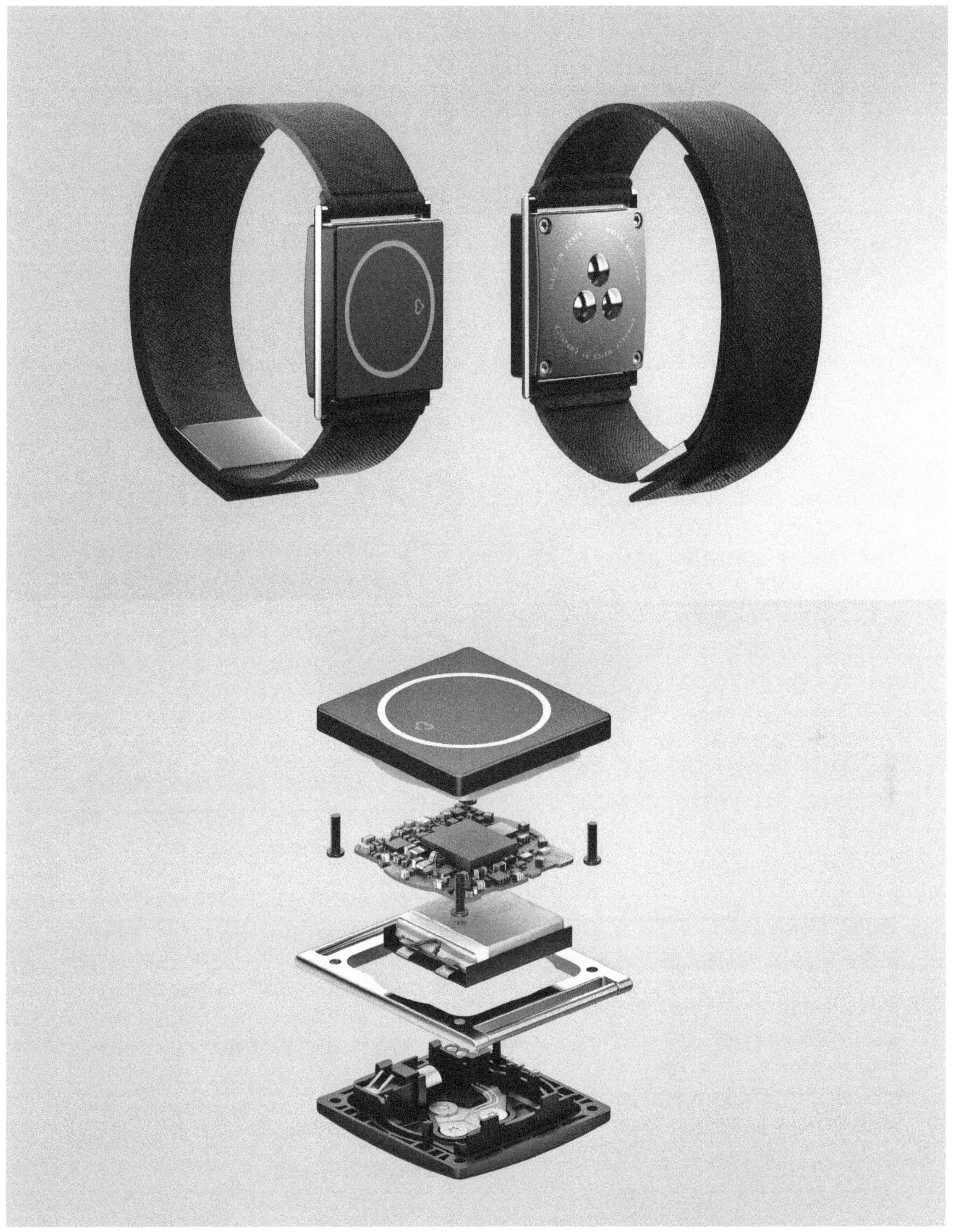

在 Embrace 智能腕带的研发过程中，你面临的最大困难是什么？

研发一种既能挽救生命，又能让佩戴者引以为傲的可穿戴产品是非常困难的。你会面临功能上、制造工艺上、人体工程学等挑战。这个过程极其艰难，要达到想要的结果非常不容易。在很多情况下，我们不得不推翻现有的制造过程重来，以确保生产出既美观又时尚的产品。Embrace 智能腕带需适合男女老少每个人佩戴的要求进一步增加了设计的难度。这意味着我们设计的产品必须在人体工程学和外观设计上同时考虑到 3 岁小女孩和 40 岁中年男人的需求。这款设计简约的智能腕带是我们长期以来创意思考的智慧结晶。我们高度重视产品的极简主义：摒弃不必要的元素。这种不断做减法的研发过程是我们研发出该智能腕带的关键。

最初你有没有考虑过市场需求？你是如何在产品理念的体现和市场需求上找到平衡点的？

Embrace 智能腕带专为提升癫痫患者的生活方式而设计。它并非面向大众消费群研发的技术，而是为解决一个真实存在的社会问题。因而它的需求是很大的。我们在市场上很少见到客户实际上真正非常需要的产品，我们抢先发布了这样一种产品。

对于用户来说，在白天取下可穿戴产品来充电是不方便的。有没有一些比较强大的解决方案，让可穿戴式技术自然地融入我们的生活呢？

我们认真思考了这个问题。所有可穿戴设备的研发成员都希望产品具备更好的电池和更先进的充电技术。然而事实是：它还不是那么完善。因此，我们必须认真考虑产品的功能特点和技术，根据产品的功能和产品的行为模式来设计充电方式。对于 Embrace 智能腕带而言，用户对于产品的迫切需求超过了充电带来的麻烦。我们需要很多“创意思维”来运行这个算法，但是因为它会挽救你的生命，因此充电带来的麻烦可以忽略不计。我们仍然在不断尝试优化充电方法，让你可以选择最优的充电时机，它不会在一天之内突然没电。对于 Misfit SHINE 手环而言，我们重新思考了充电方式。我们没有使用充电电池，而是使用纽扣电池，然后绞尽脑汁地设计产品，将电池寿命延长到 4 至 6 个月。这样，你永远都不用充电，而且我们会提醒你什么时候该换新电池。我们必须仔细考虑每个产品的用途，然后再有的放矢地选择充电方式。

对于智能设备而言，隐私和安全问题仍是人们关心的问题。这一方面将如何影响你的设计，你如何减少用户的担忧？

数字隐私问题一直是人们关注的问题。保护用户的数据安全是当前每个软件开发商的工作职责。无论是在固件层面、应用层面还是云层面，我们都在思考如何创建一个安全的系统架构。这应该成为业内软件开发商的一项工作标准。然而，什么事都是有风险的。保护数据安全并不意味着我们要停止创新，只是说我们需要研发更加成熟的技术，保护用户的信息安全并构建更加严格的系统架构，因为研发出重要的产品真的能够对我们的生活产生积极影响。因此，这是一个如何进步、如何将工作完成得更好的问题，而不是如何规避风险的问题。

智能产品是时下热门的理念，因此很多人争相让产品“智能化”。Embrace 智能腕带是一款很实用的产品。但并非市场上所有的智能产品都实用，它们很可能只是让我们的生活变得更加复杂。你是怎么看的？

每当一个新行业诞生时，人们总是蜂拥而至。确实，有很多人是抱着“其他人在做传感器和‘智能’产品，那我们也来做智能产品”这样的思维模式来跟风创造产品。但我们 Pearl 工作室不主张为了生产智能产品而生产智能产品的做法。每一天，新“工具”的发明让我们能够重新思考问题的解决方案。蓝牙、iOS、安卓、加速规和其他传感器是比较简单的工具。伟大产品的诞生始于一种需求或者一个契机，而借助新的工具我们可以更好地利用机会。我们会问自己“假设我们现在可以做 X，那么我们可以解决什么真实和有意义的问题？”不幸的是，有些人将技术加到产品里，然而再为产品的存在找理由。因此，市场上才会出现很多并不实用的产品。

你会如何向不了解你工作成果的人士描述你的设计方法？

我们觉得设计是寻找问题完美答案的不断探索的过程。而这个过程十分艰难困苦，这甚至可能让我们的生活变得更加艰难，因为没有人理解为了研发一个人们眼中简单的产品需要付出多少心血和努力。我们的设计方法很简单：即对工作倾注全部热爱和激情。我们关注如何简单优雅地解决问题，并且从不轻易言弃。

智能产品将如何影响我们的生活？

我们认为产品的潜力是无穷的。这取决于我们希望它们带来什么样的目的。因此，如果产品被当作是赚钱的工具，那它们也就沦为赚钱的工具。而如果它们是用来挽救人性命，那它们也就有了价值。我们当然希望所研发的产品能够对人们的生活产生积极的影响：带来更多的微笑，让生活变得更加舒适，让人们更加健康或者让我们人与人之间的关系变得更亲近。

Vitastiq 健康监测笔：维生素矿物质一点便知

设计 : Vitastiq

迪安 • 威尼克 (Dean Vranic) : Vitastiq 创始人

Vitastiq 是一款精致小巧的便携式设备，看起来就像是平板电脑的手写笔。它由钛金属制成，外观时尚前卫，并与主流智能手机和平板电脑兼容。Vitastiq 通过一根短短的数据线和接口与手机 App 连接。与 App 配对后，Vistastiq 将定期监测用户的维生素和矿物质含量，并给用户提供科学的营养平衡的膳食建议。另外，Vistastiq 健康监测笔还能保存并评估过往的人体维生素和矿物质含量记录，用户可追踪关注自身健康。

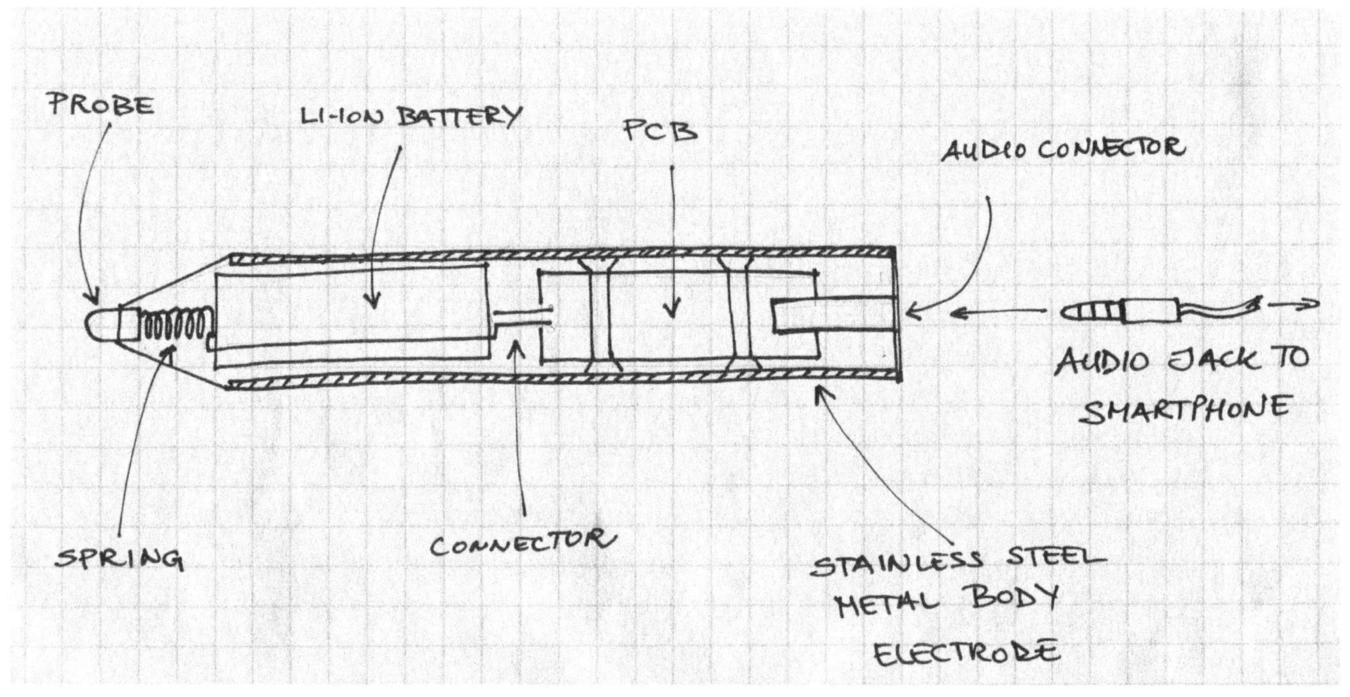

为什么产生研发 Vitastiq 的想法?

通过与朋友（也就是另外两位联合创始人）交谈，我们想到长期以来用来检查维生素和矿物质含量的设备（克罗地亚的药房和辅助医疗诊所均可找到此类设备）可以更加现代化。于是我们迫切想要运用相关经验和所学知识，致力于研发首款追踪个人营养状况的小设备。

在开始这个项目之前，你们有没有考虑过市场因素？如何在设计理念的体现和市场需求上找到平衡点呢？

当我们渐渐完善 Vitastiq 的产品理念时，我们认为它与当前追求健康生活方式的理念完美契合。坦白讲，我们做了一个全面的市场调研，但在项目开始之前并未花太多时间进行全面分析。在综合考虑和分析当前市场趋势和数据之后，我们确信 Vitastiq 会找到它的用户群体。

有关 Vitastiq 的外观设计和材料选择，你最关心的是哪些方面?

在项目初期，我们的想法是研发一个设备以及一个面向 iOS 的 App。因此，我们将产品设计风格调整为“苹果式的设计”。这对于我们来说并非陌生，原因是我们自己也倾向于极简风格的设计，摒弃冗余的细节。此外，我们是一家创业型公司，必须谨记的一点是切勿研发成本高昂的产品，以免超出我们的承受范围。另外，我们希望产品的生产在克罗地亚进行。因此，我们现有的技术很大程度上制约了产品的外观设计。最后的成果就是你们所看到的产品。作为一名专业设计师，我可以说对这个成果感到满意。

我了解到 Vitastiq 使用电针刺技术。你能简单谈谈这项技术吗?

电针刺技术是由莱因·哈德沃尔博士医疗研究团队提出的 EAV 方法论，这一理论已经持续应用了 20 年，并获得了业界肯定。当沃尔博士团队（和其他领域的专家）在做研究时，他们发现如果体内某部位出现了营养失衡，那么与该失衡部位相关的穴位电流会发生变化。Vitastiq 测量的便是具体穴位的电阻值。

请谈谈 Vitastiq 最让你引以为傲的一方面。

Vitastiq 所使用的工作原理鲜为人知，因此，我们需要花费大量时间和精力来设计用户界面，以及面向用户的指导说明。Vitastiq 的用户友好型界面设计是设计师和研发人员的共同成果。最后，我们的理念也受到了业界的国际认可。我们连续两年获得了中欧初创公司大赛 (CESA) 颁发的最佳用户体验奖，这让我们感到很自豪。

在研发 Vitastiq 的过程中，你面临的最大挑战是什么?

我们希望尽可能多的智能手机用户都可以使用我们研发的设备。因此，我们决定使用音频接口将 Vitastiq 与智能手机相连，因为所有的手机都具备音频接口（iPhone7 除外，它采用 3.5mm 接口适配器）。然而，很快我们便遇到了不曾预见的问题：一些安卓机的端口与我们的产品不够兼容。因此，我们需要对安卓应用做调整。由于需要在每款安卓机的模型上做测试，因而我们的工作难度大大增加。这也是我们决定增加蓝牙版的主要原因，虽然蓝牙版价格会更加昂贵，但是它可与所有智能手机兼容。

在物联网（IoT）的环境下，你认为研发智能交互产品所面临的主要挑战和优势分别是什么？

没有什么东西是独立存在的。我们都与周边的环境密不可分。事物的存在性体现在与环境的相互影响中。我们与周边环境联系得越紧密，存在性体现得就越强。因此，注重产品的交互设计将会是以后的发展方向。未遵循此方向的产品将不会引起人们的注意，终将慢慢被淘汰。

随着物联网的实施，在工业设计领域你有没有看到什么新趋势？

总体来说，随着科技进步，产品的设计和实施变得相对容易。如果要设计与 App 搭配使用的产品，则产品本身和 App 的设计都会受到影响。设计师要尽量让它们的设计相协调，因此工业设计的内容也将会囊括应用程序的视觉设计等。虚拟和现实将会联系得越来越紧密。

你认为智能产品及相关技术将如何影响我们的生活？

全世界的人们，包括我自己，都越来越依赖智能产品。人们总是容易习惯更好的条件及更先进的技术。然而，这对于我们是利大于弊吗？这不是一个容易回答的问题。我的想法是人在艰苦的环境中更能得到成长，而这增加了成功的机会。

毫无疑问，科技将不断进步。我们没有其他的选择。人类会活得更加舒适和轻松。而如果这最终引起了社会的巨大变革甚至人类文明的终结，我们也不会感到意外。

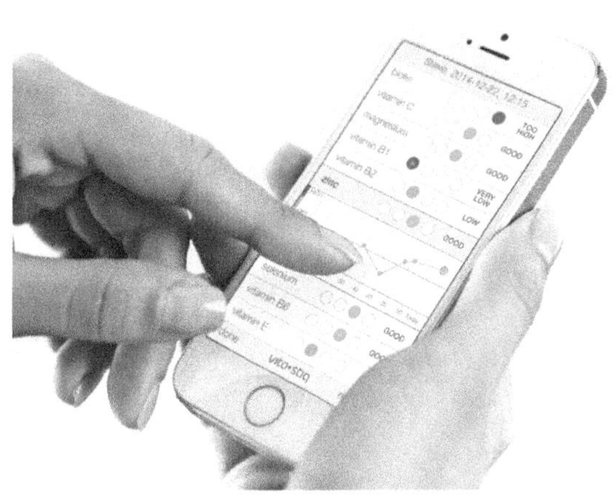

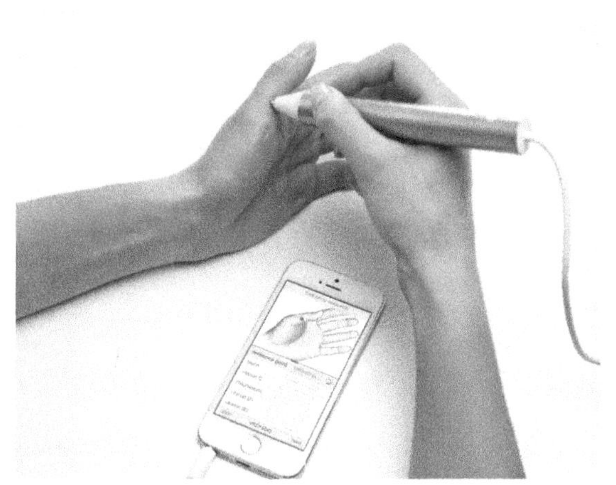

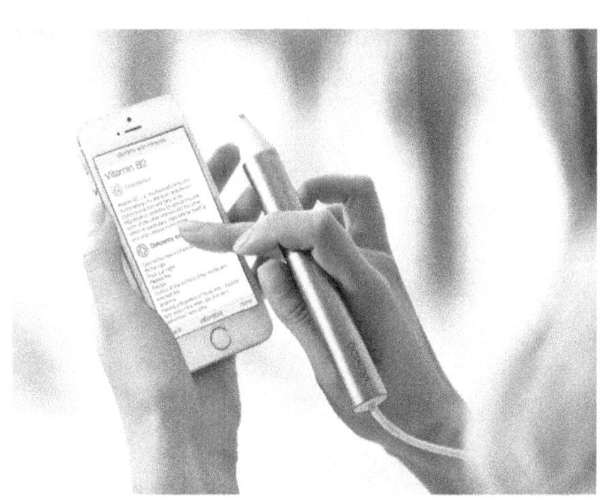

可穿戴设备 Dialog:
随时监测癫痫患者病情

设计 : Artefact

Dialog 可以帮助癫痫患者更好地监测病情和预测发作时间，并在患者发作时通知家人、护理人员和临床医生。Dialog 配备集成多种传感器的可穿戴设备，记录佩戴者的重要身体信息及周边环境信息。这些信息经蓝牙存储在智能手机应用程序上，用户将了解容易引起病情发作及降低发作阈值的信息。

Dialog 的工作原理是通过一个平台将癫痫患者和家属、护理人员及医生联系起来。该应用还可告知周边的人如何应对。佩戴者可方便快捷地记录重要信息，让患者更好地应对癫痫发作。目前，Dialog 还只是概念设计。

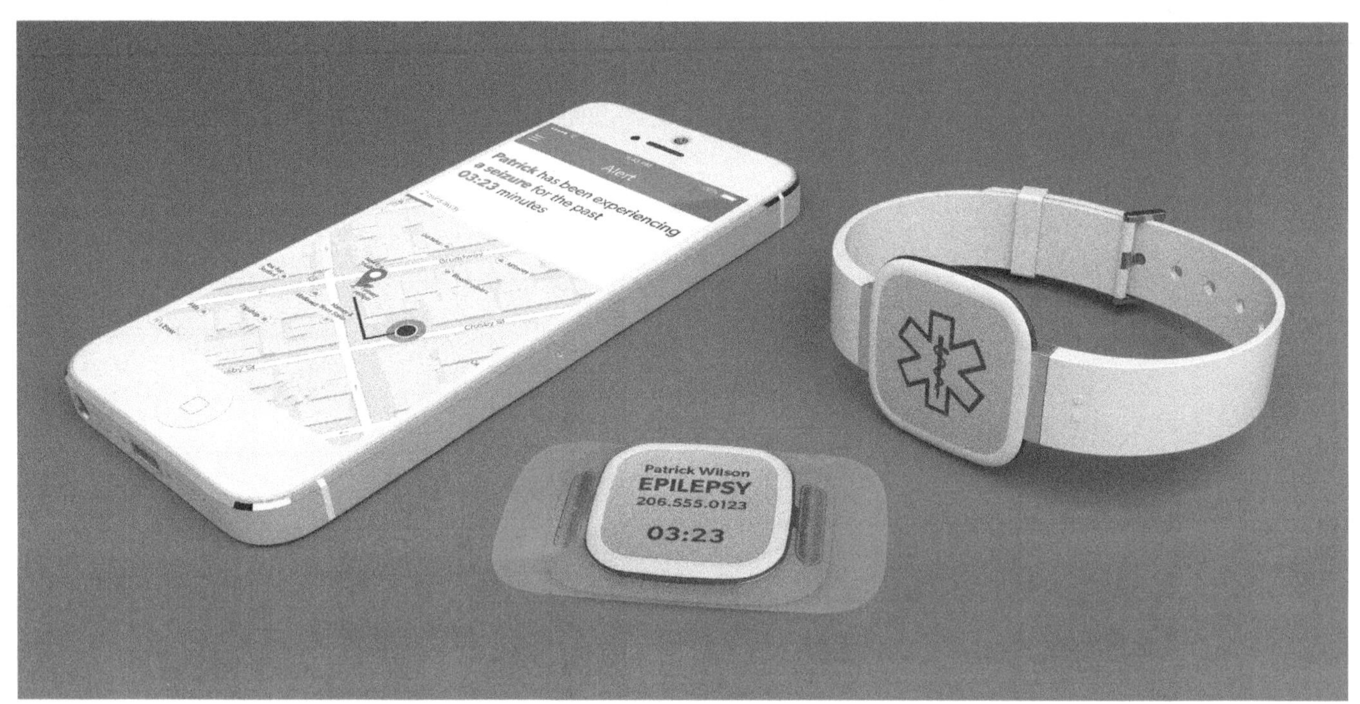

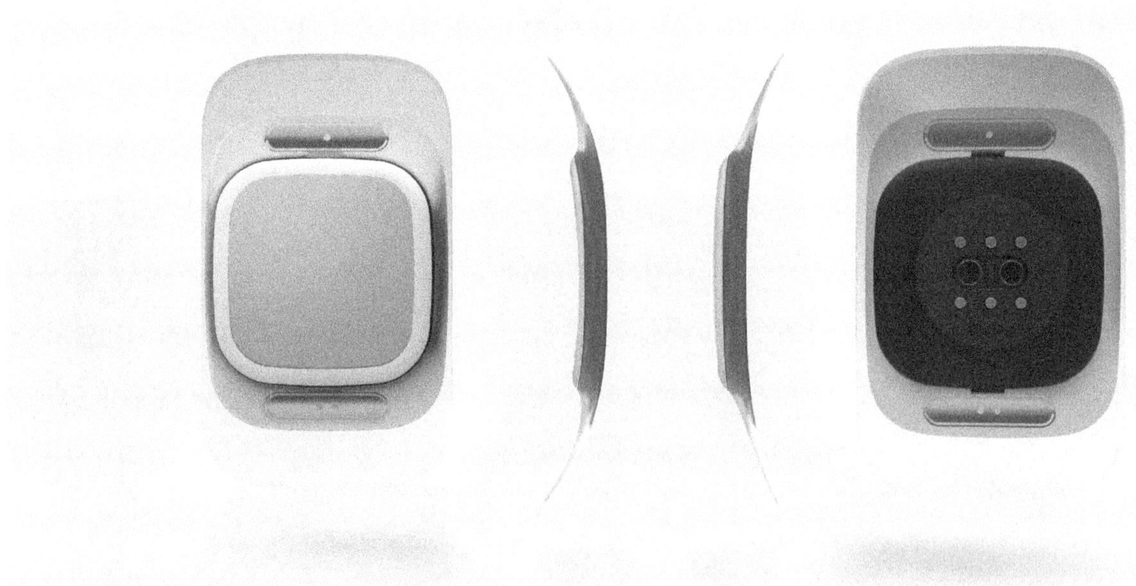

水合作用传感器
体温计
光学传感器
皮肤电反应传感器
压电通知
光发射器
（心电图、脉搏、血氧测量）
光传感器
压力传感器
麦克风
加速度计

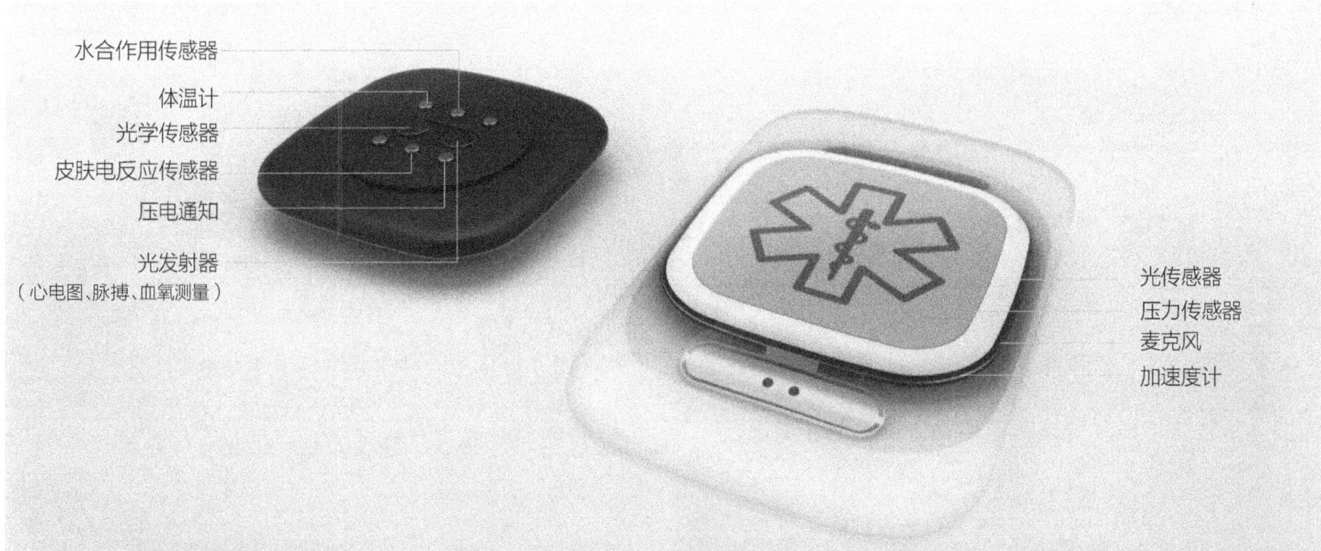

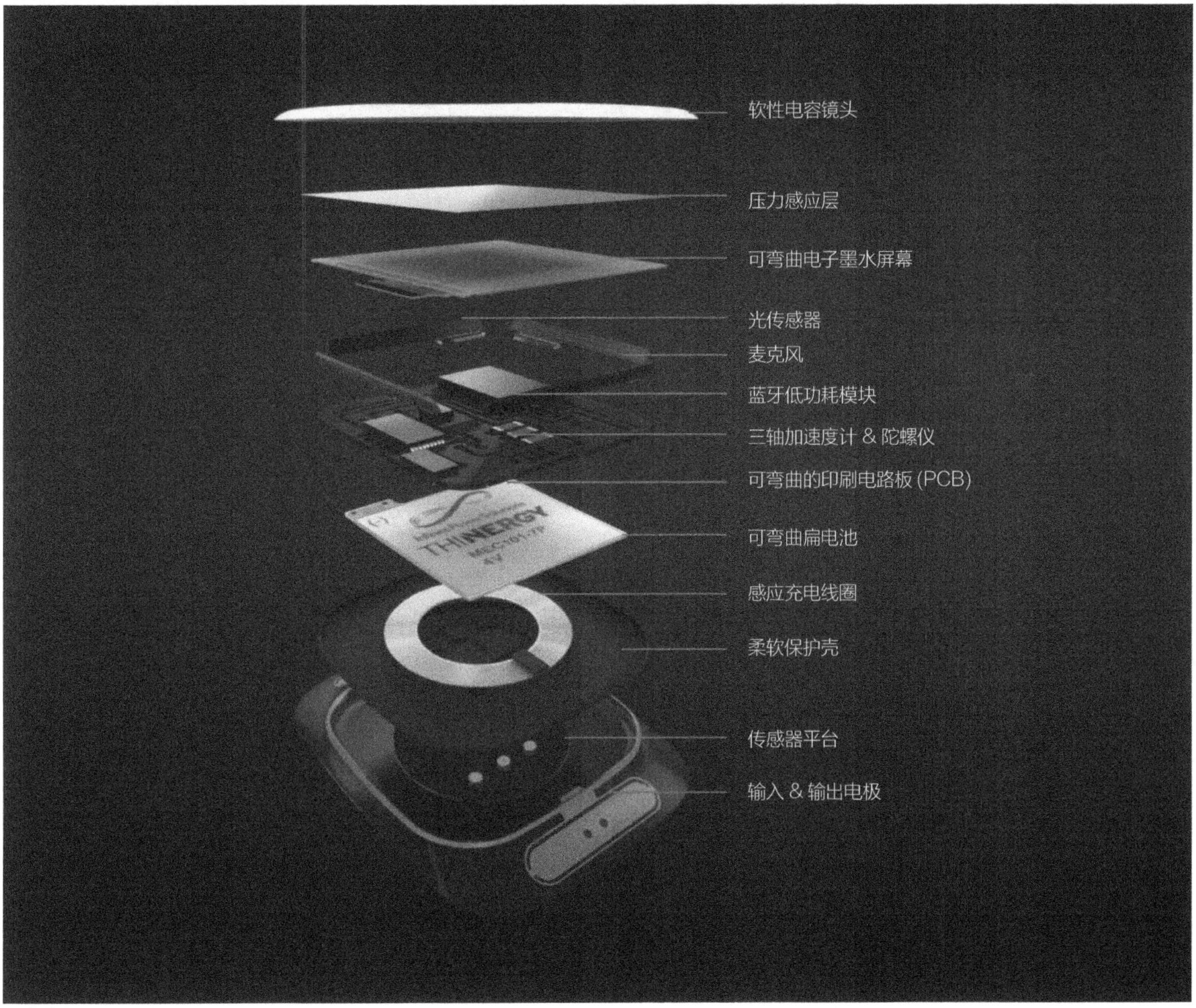

软性电容镜头
压力感应层
可弯曲电子墨水屏幕
光传感器
麦克风
蓝牙低功耗模块
三轴加速度计 & 陀螺仪
可弯曲的印刷电路板（PCB）
可弯曲扁电池
感应充电线圈
柔软保护壳
传感器平台
输入 & 输出电极

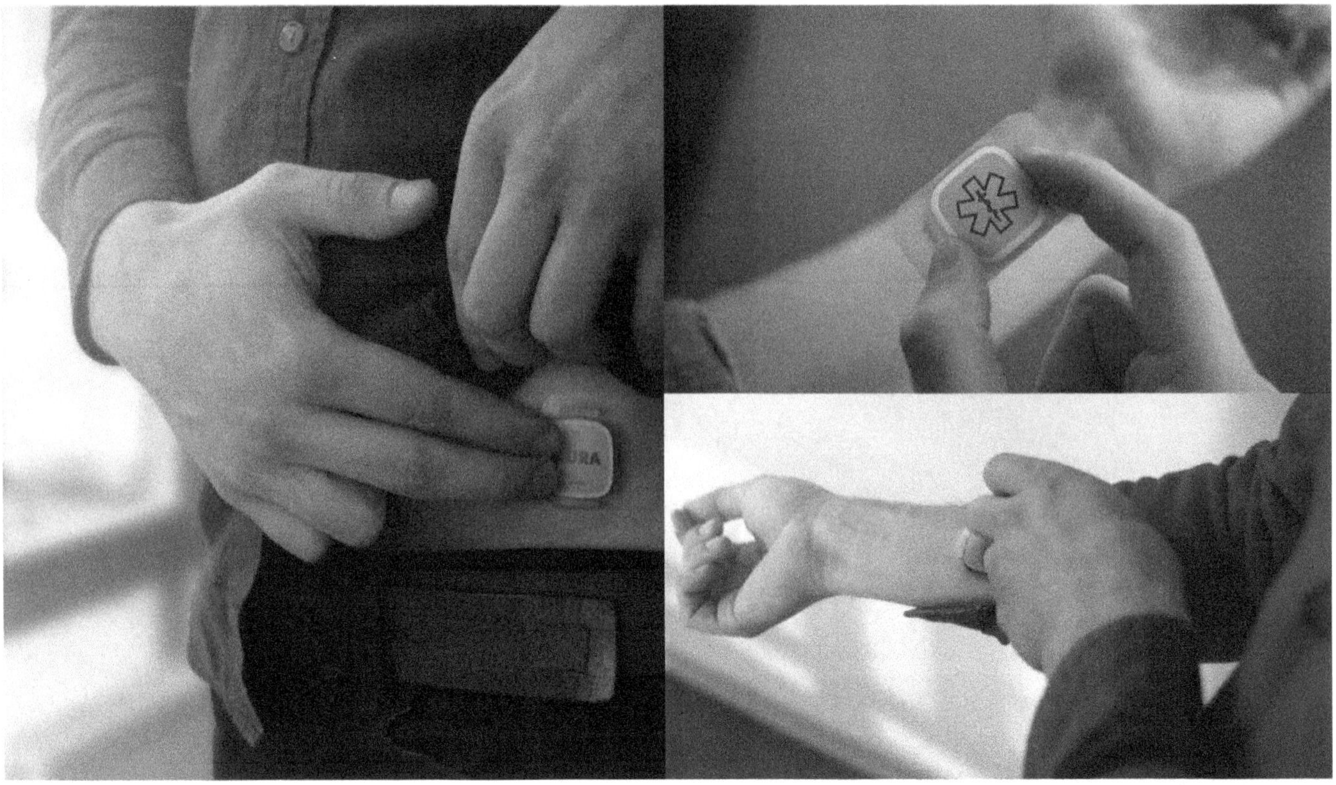

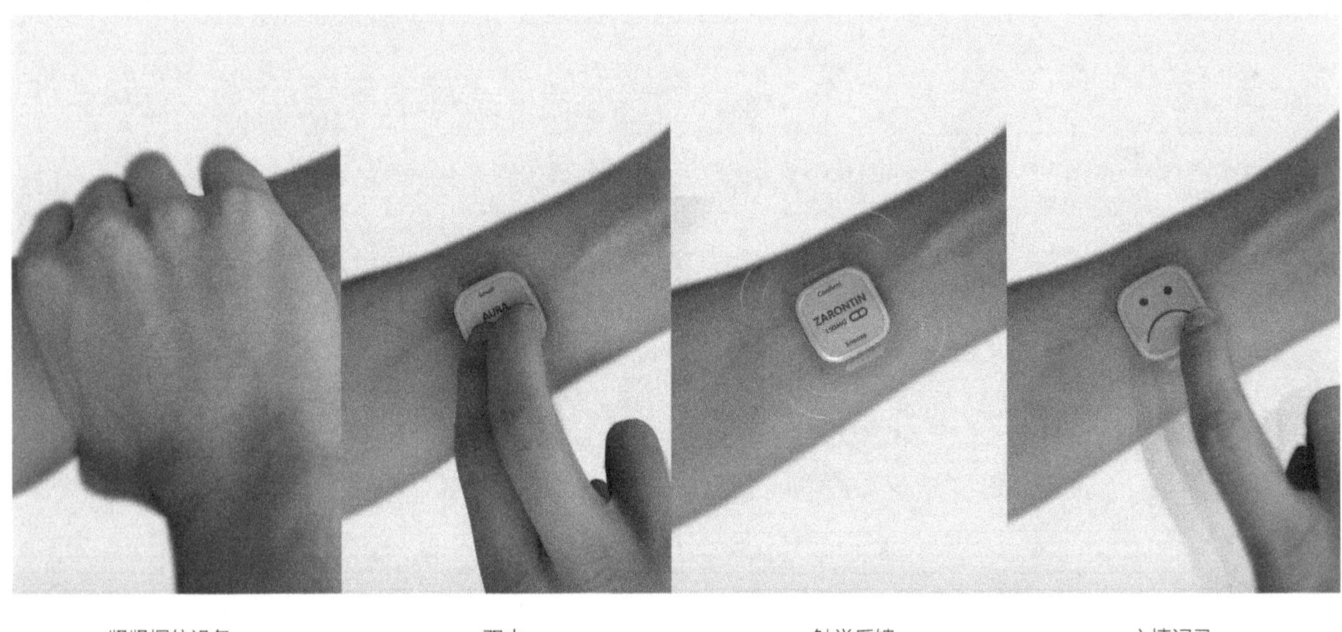

紧紧握住设备　　双击　　触觉反馈　　心情记录

可穿戴设备的交互设计十分出色，用户可用不同的手势来触发不同类型的输入和输出。当用户紧紧握住贴片时（几乎所有的癫痫患者在发作时均可做出此动作），将发出紧急求救的信号。在病情发作前，患者可以双击设备将先兆记录下来。触觉反馈将提醒患者服药，而向上或向下滑动设备可记录患者的心情。

系统概述

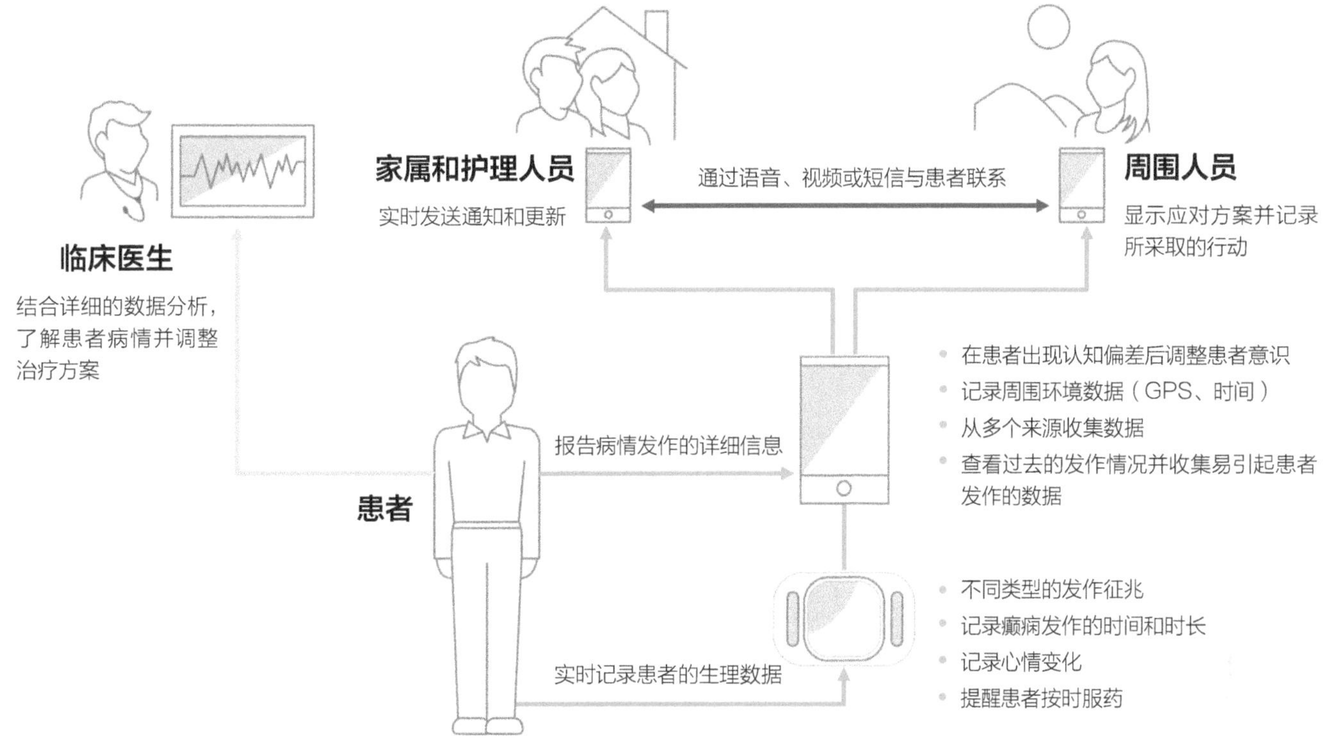

家属和护理人员
实时发送通知和更新
通过语音、视频或短信与患者联系
周围人员
显示应对方案并记录所采取的行动
临床医生
结合详细的数据分析，了解患者病情并调整治疗方案
患者
报告病情发作的详细信息
在患者出现认知偏差后调整患者意识
记录周围环境数据（GPS、时间）
从多个来源收集数据
查看过去的发作情况并收集易引起患者发作的数据
实时记录患者的生理数据
不同类型的发作征兆
记录癫痫发作的时间和时长
记录心情变化
提醒患者按时服药

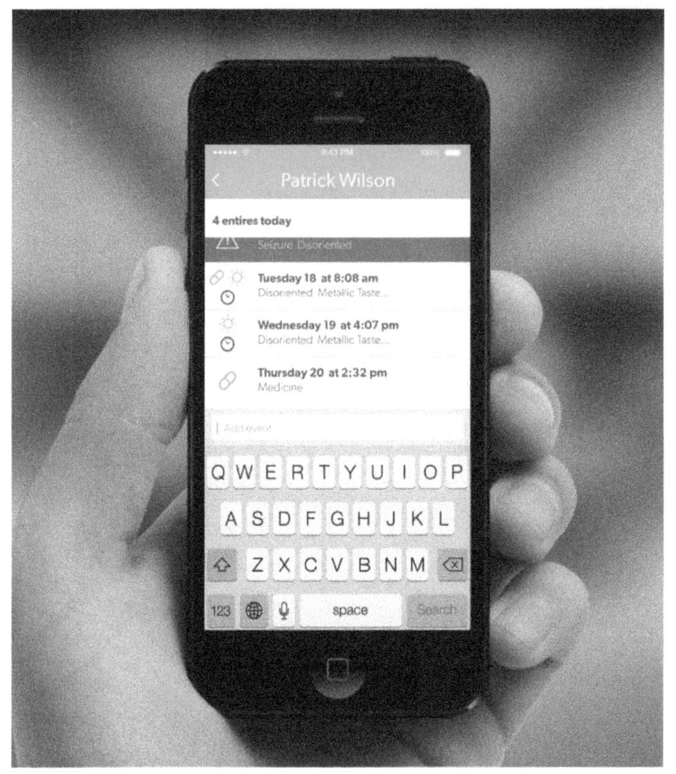

Patrick Wilson
4 entires today
Tuesday 18 at 8:08 am
Wednesday 19 at 4:07 pm
Thursday 20 at 2:32 pm
Medicine
space

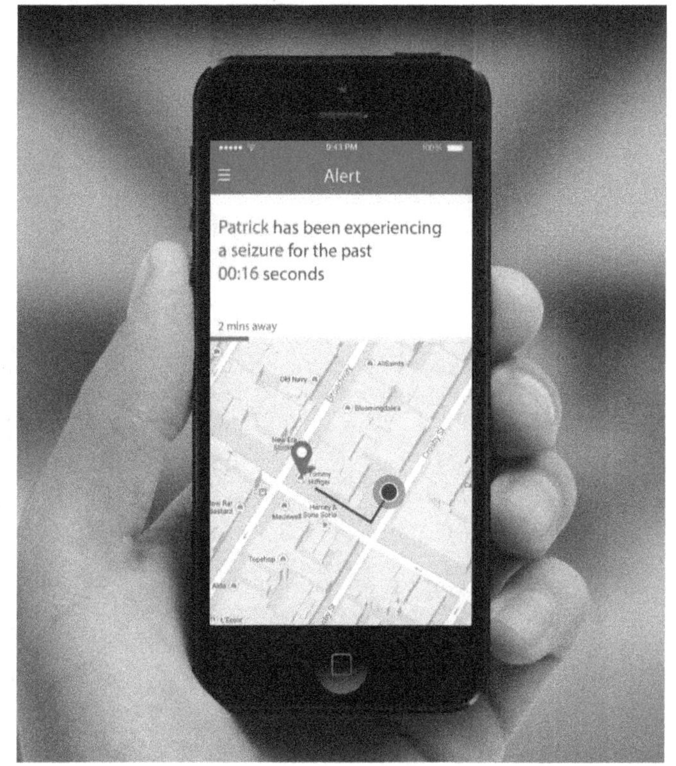

Alert
Patrick has been experiencing a seizure for the past 00:16 seconds
2 mins away

WELT 智能腰带

公司 : WELT Corp., Ltd.

WELT 智能腰带外观时尚大方，看起来就是一条普通的时髦皮带。用户可用这款智能腰带管理自己的身体健康。它会追踪用户的腰围（健康的重要指标之一）、步数、久坐时间及吃大餐的频率。智能腰带会对这些健康数据进行再处理，并为用户提供健康警告和可执行的建议。这款腰带专为关注健康生活方式的时髦人士设计。

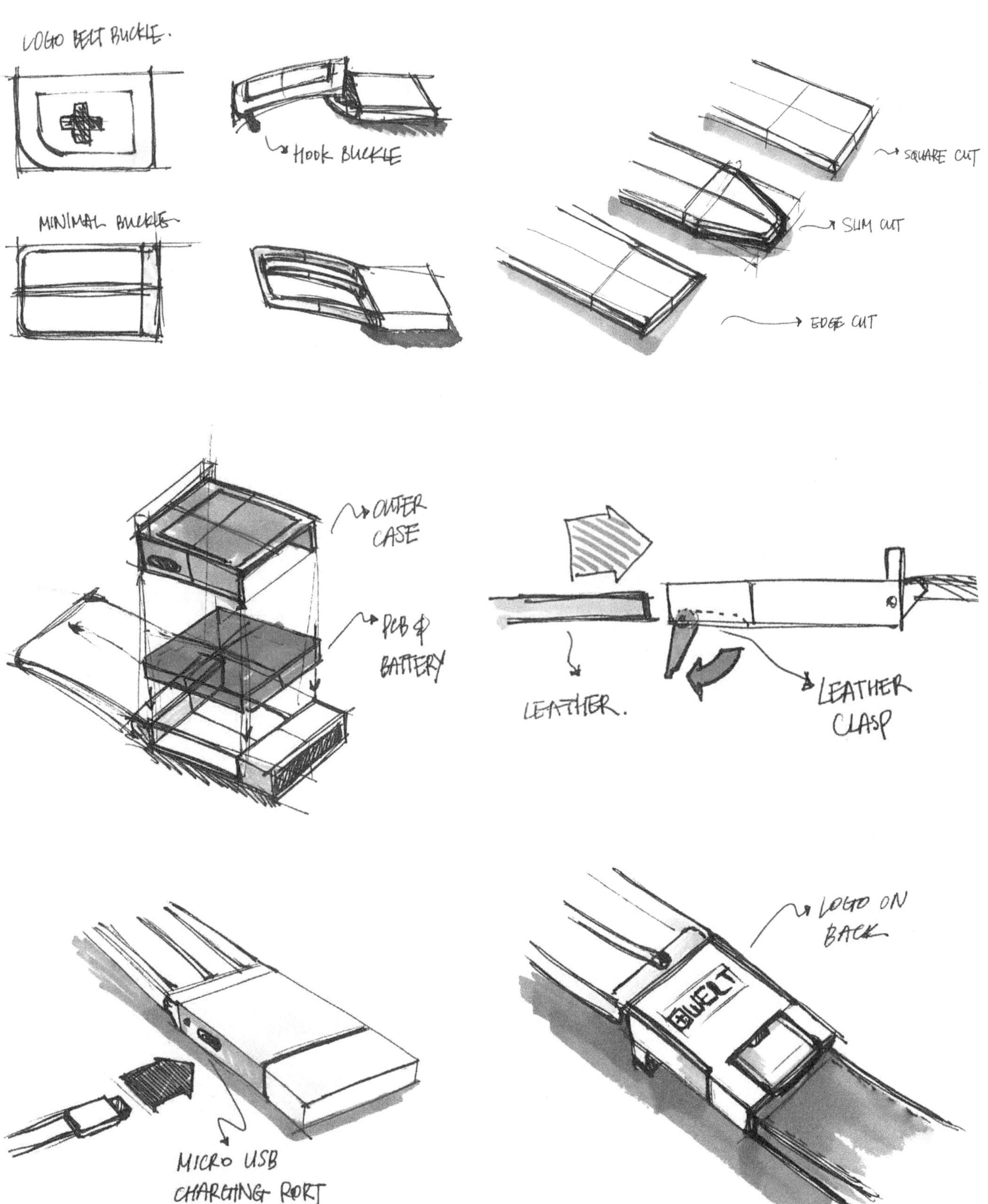
LOGO BELT BUCKLE.
HOOK BUCKLE
MINIMAL BUCKLE
SQUARE CUT
SLIM CUT
EDGE CUT
OUTER CASE
PCB & BATTERY
LEATHER.
LEATHER CLASP
LOGO ON BACK
MICRO USB CHARGING PORT

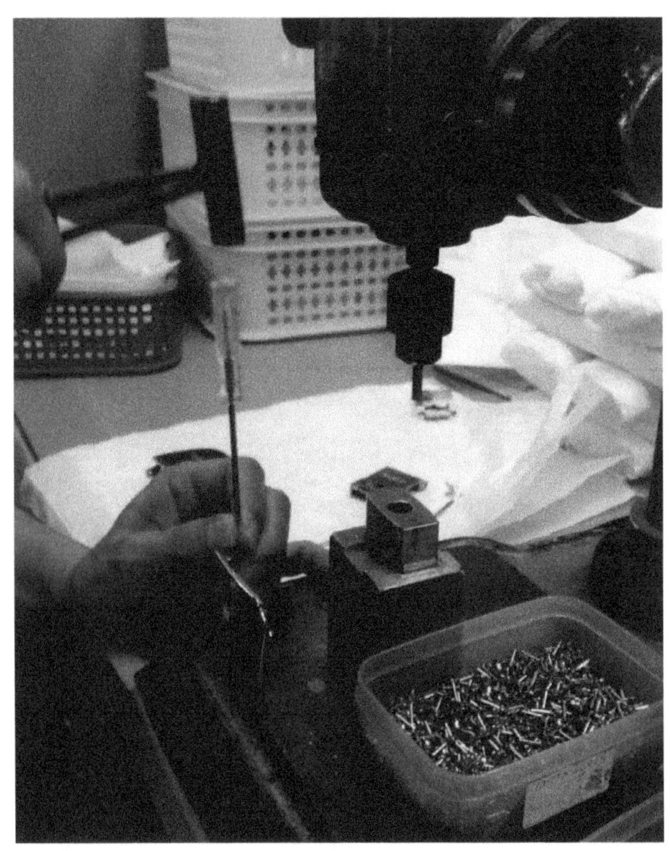

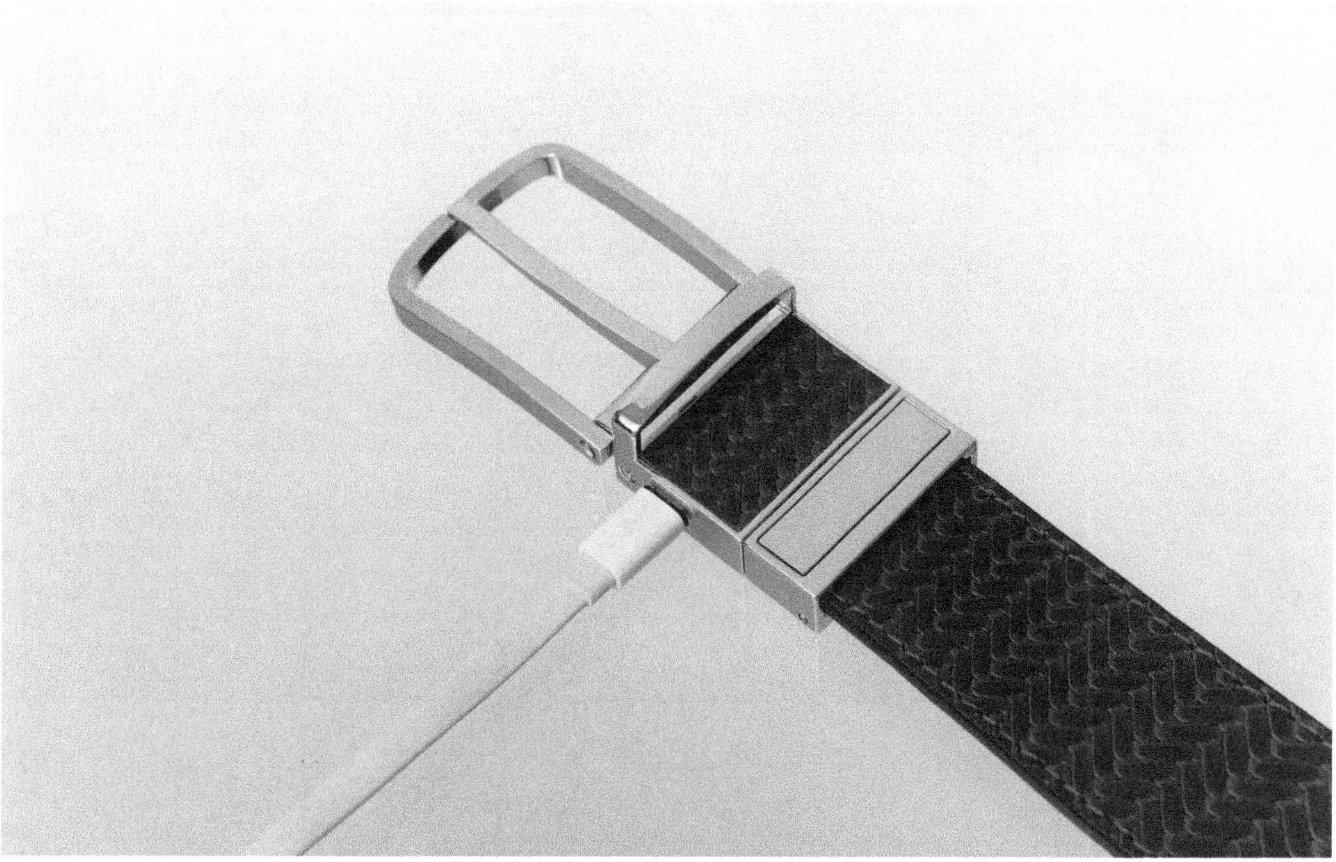

HEALTH SCORE
81%
BEST
TODAY
WEEK
WAIST
35
INCH
35
40
STEPS
6708
/18000
SITTING
9.5
/13HRS

HEALTH SCORE
81%
GOOD
TODAY
WAIST
37
INCH
35
40
STEPS
6708
/18000
SITTING
9.5
/13HRS

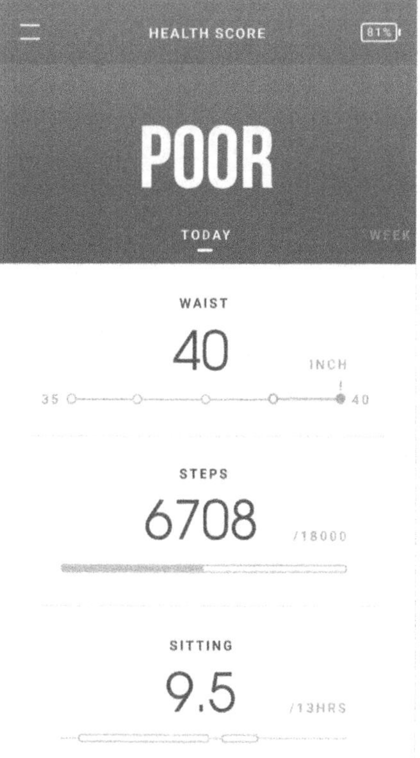
HEALTH SCORE
81%
POOR
TODAY
WEEK
WAIST
40
INCH
35
40
STEPS
6708
/18000
SITTING
9.5
/13HRS

Nima 便携式食物过敏源检测仪

公司 : Nima

Nima 食物检测仪器可快速检测食物中是否含有麸质，识别过敏源，帮助人们引领健康的生活方式。它由一个一次性试样管和相关传感器组成，设备非常小巧可随身携带。

用户将食物放在试样管中，然后把试样管放入 Nima；用户会很快知道食品的成分，避免摄入含麸质的食物。用户还可通过 Nima App 分享测试结果并查看餐厅的测试报告，找到提供健康食物的餐厅。Nima 可帮助预防过敏，让用户吃得更加放心。

将 NIMA 配对

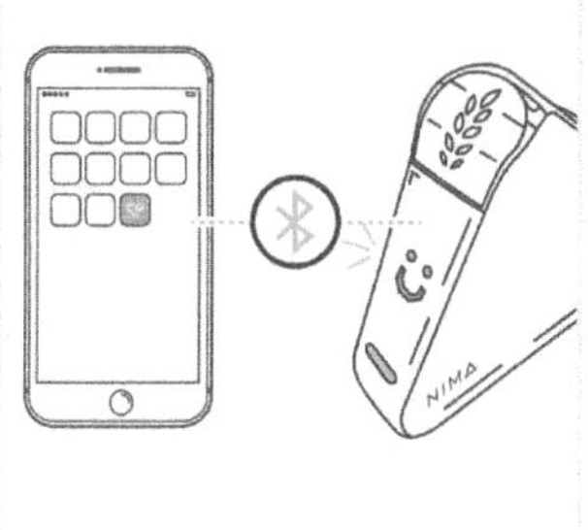

在 Android 或 iOS 设备下载 Nima 应用程序，并与 Nima 检测仪配对。
在首次运行测试前，请检查固件是否更新。

如何运行测试

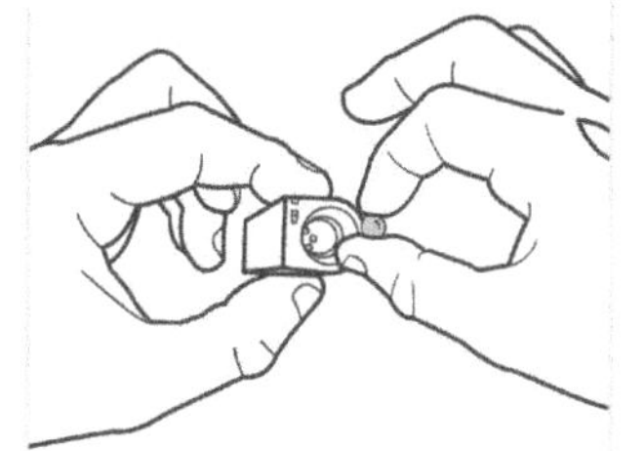

第一步：打开一支新的试样管，取出底部的干燥剂。旋开盖子，并将一粒豌豆大小的液态或固态食物放入到一次性试样管中。

第二步：将试样管直立并将盖子拧紧，盖紧后你会听到响声，此时继续旋转盖子，直到看不到绿色的环。别担心，它不会被你拧碎。

第三步：将 Nima 检测仪平稳放好。并将一次性试样管放入仪器内。

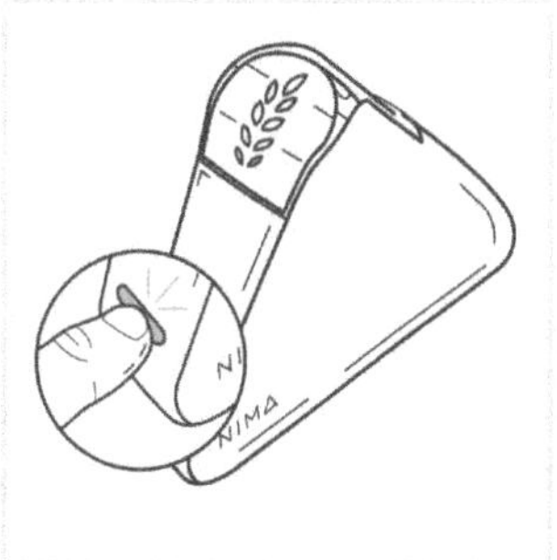

第四步：按住 Nima 的电源键 2 秒钟，开启 Nima。当出现提示时，再次快速按下按钮来运行测试。屏幕上将会显示一个图标表示测试已经开始。如果你认真听，可以听到 Nima 运行的声音。

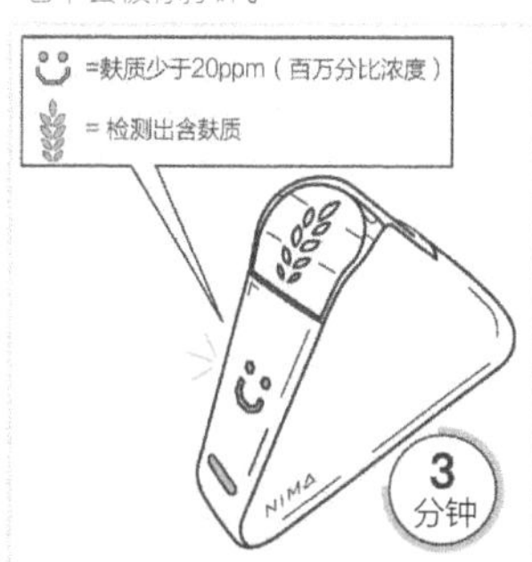

第五步：等待三分钟，结果将会显示在屏幕上。请把用过的试样管丢在垃圾箱，不要再次打开已经用过的试样管。

智能闹钟 ZZZAM

设计：李宪澈 (HyeonCheol Lee)

ZZZAM 智能互联闹钟运用纳米吸附技术，可以牢固地挂在墙上或放在床头。它的底板可以翻转，底板的反面含纳米吸附垫，可以吸附在任何平坦表面。它会记录你睡觉时的声音、动作和温度。根据你的睡眠数据，它会智能地设置闹铃时间，并给你提供睡眠建议。

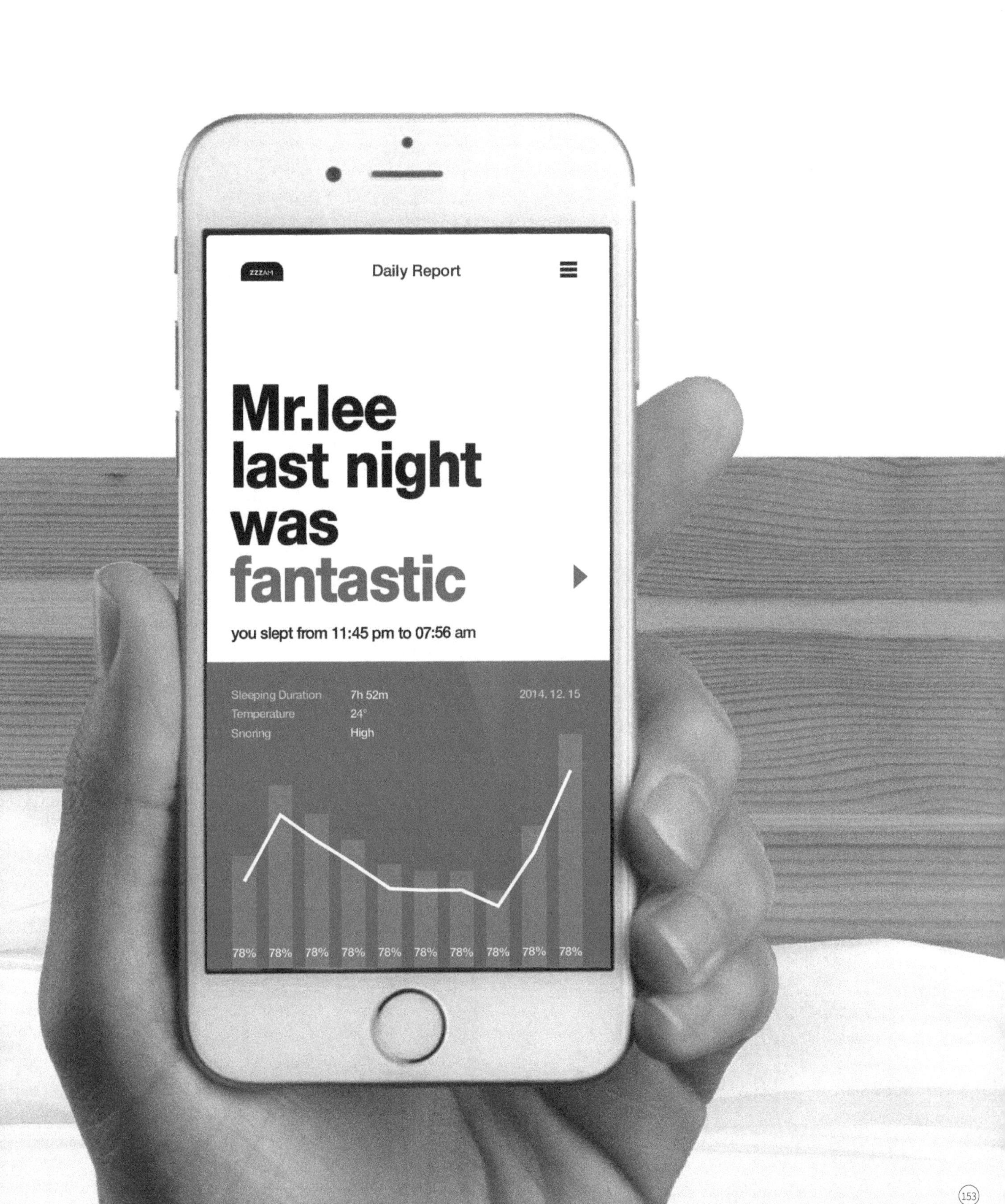
ZZZAM
Daily Report
Mr.lee
last night
was
fantastic
you slept from 11:45 pm to 07:56 am
Sleeping Duration
7h 52m
2014. 12. 15
Temperature
24°
Snoring
High
78% 78% 78% 78% 78% 78% 78% 78% 78% 78%

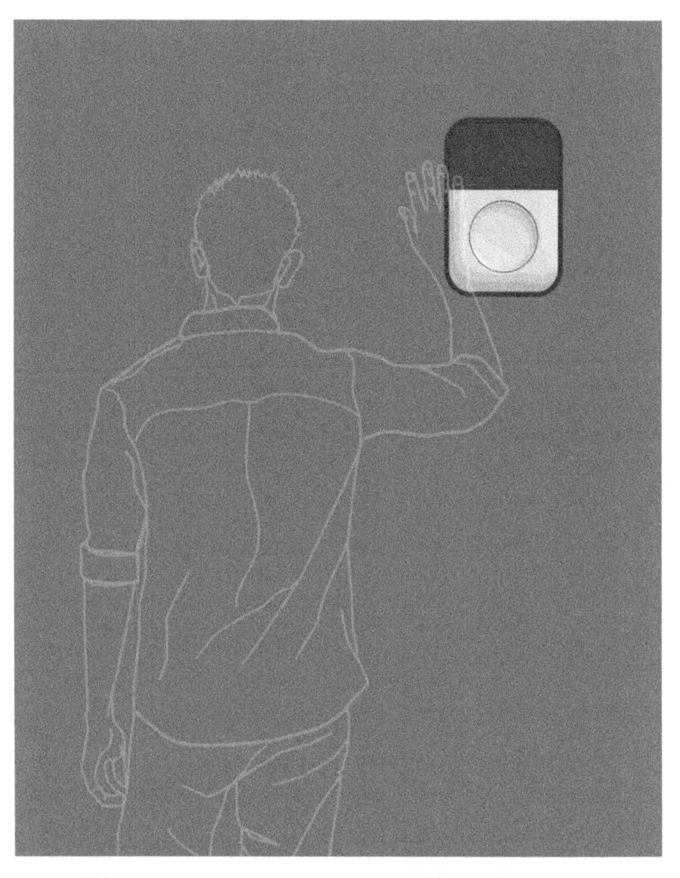

07:23

07:23

06:45

07:23

07:23

感应型 LED

LED 会感应光、声音和动作的变化，达到省电的效果

翻转式底盘

底盘可以翻转至含红色纳米吸附垫的一面

微型吸盘

数百万个纳米级的吸盘提供极强的吸附力

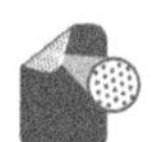

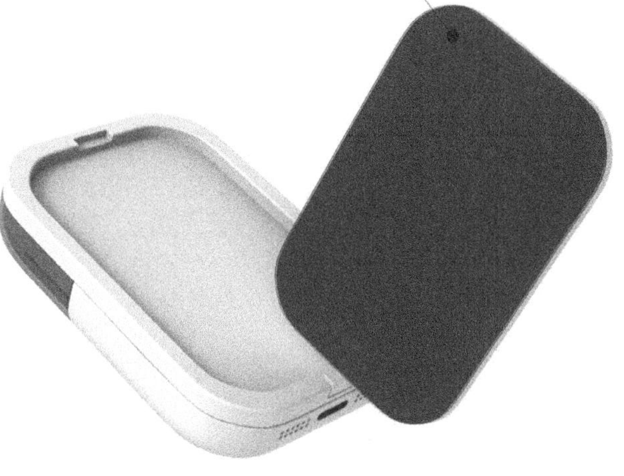

360° 翻转盘

翻转至红色纳米吸附垫的一面

睡眠追踪器

ZZZAM 智能闹钟将在你睡着时记录你的声音、动作和温度。

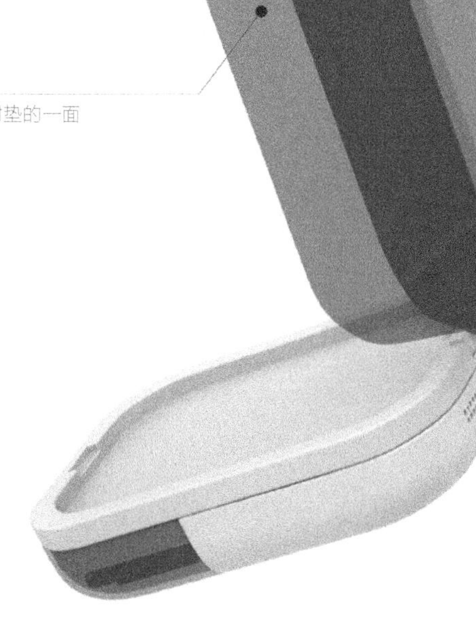

圆形按钮

这款智能闹钟和睡眠追踪器仅在圆钮按下时才开始运行。如欲更改闹钟设置，仅需轻按圆钮弹出。旋转按钮来设置你的起床时间；按下按钮来完成设置及开启睡眠追踪器。

Hibu 无线健康报警器

设计 : 弗朗索瓦 • 哈德 (Francois Hurtaud)

Hibu 是一款支持蓝牙的可穿戴式报警器。在紧急情况下，用户只需轻轻按下按钮，报警器便会将信号和地点传送至看护人员或指定的服务中心（如执业医生、消防站和护林员处）。

Hibu 的按钮十分小巧，用户的穿戴方式也多种多样。它采用防水设计，电池续航能力可达两周，通过无线的充电设备可方便地进行充电。

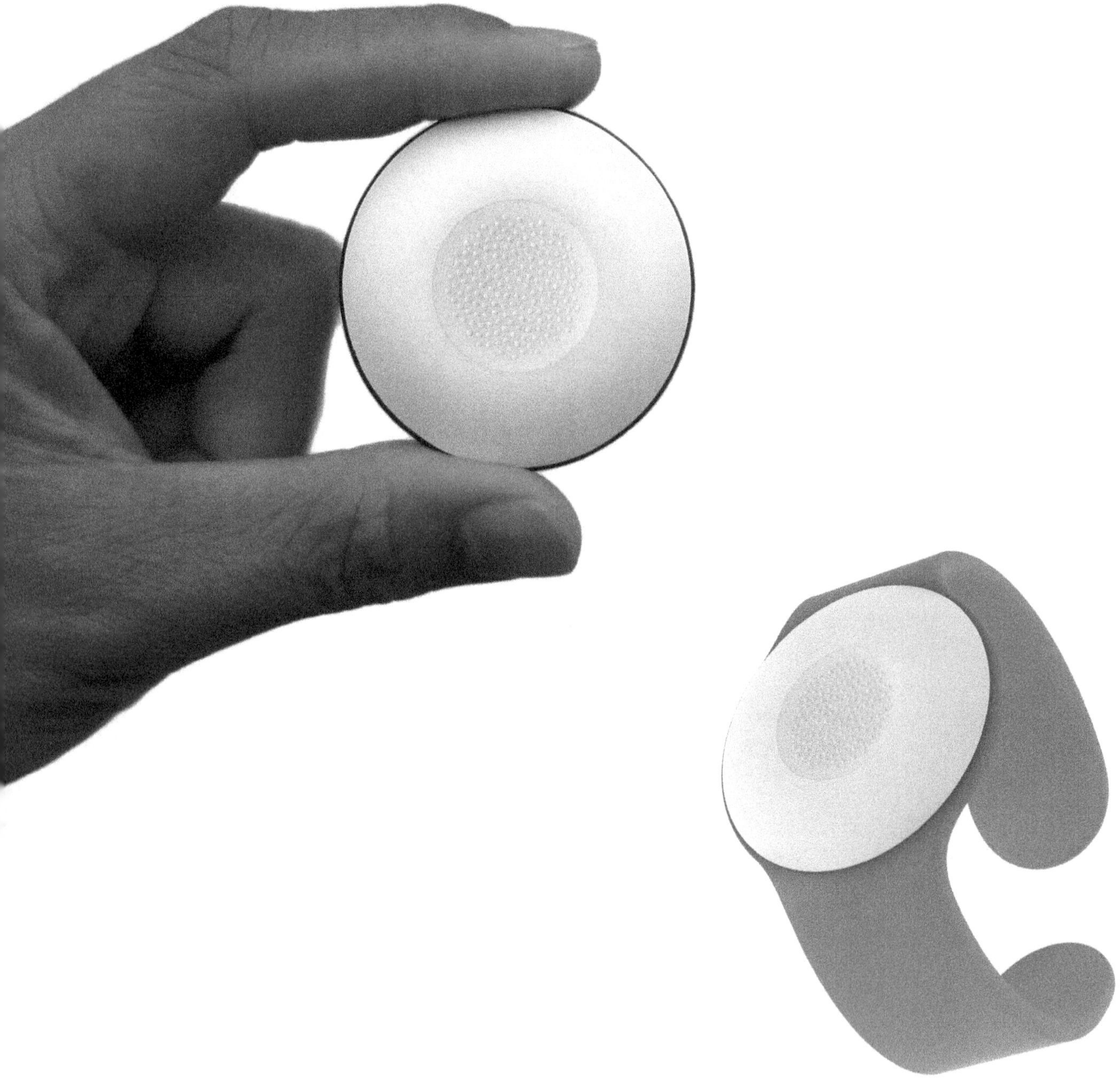

情境模拟

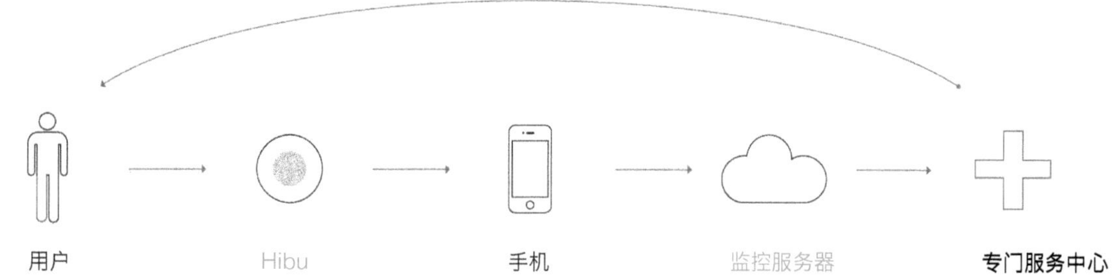

用户	Hibu	手机	监控服务器	专门服务中心
用户在紧急情况下按下“Hibu”	“Hibu”通过蓝牙将信息转播至手机	手机通过网络或 GPRS 将信息转播至监控服务器处	监控服务器分析该信息并将请求发送至专门服务中心	**服务中心收到求助者的身份和地点信息，然后做出相应处理**

灵感来源

1. 松软的鸡蛋仔

2. 衣服纽扣

3. 单键报警器

4. 好玩的溜溜球

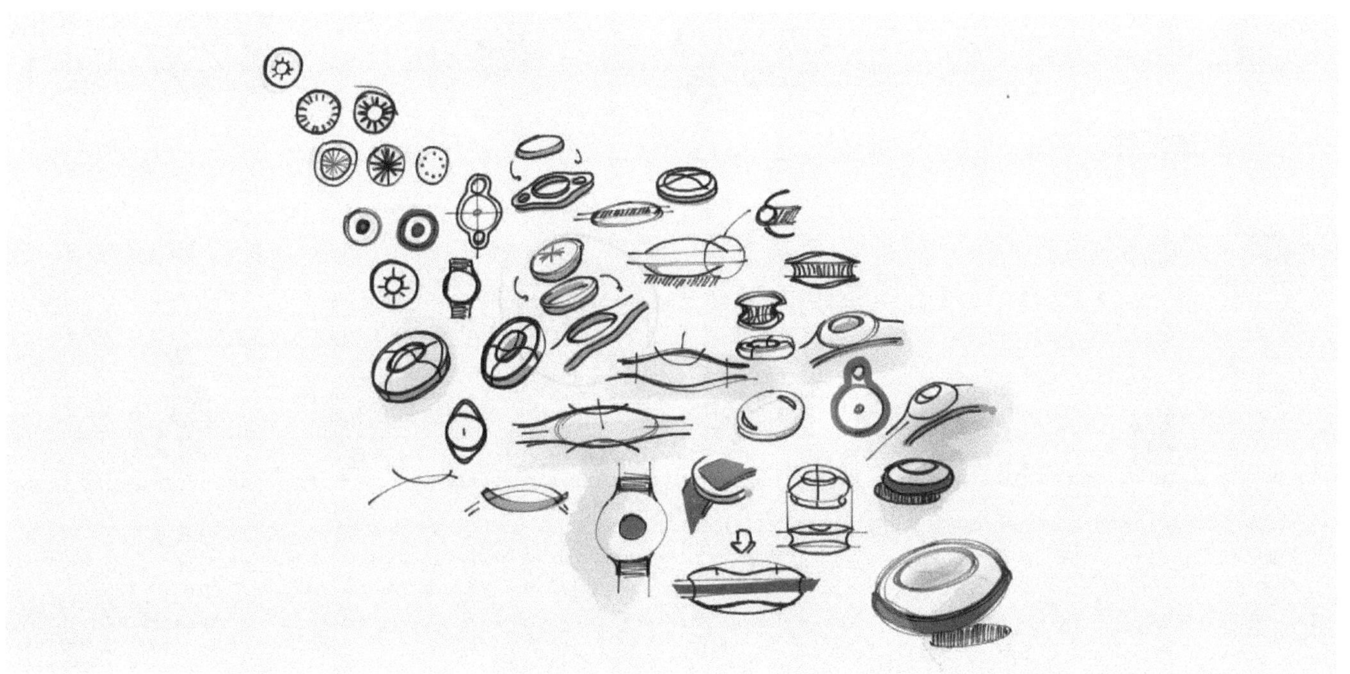

交互

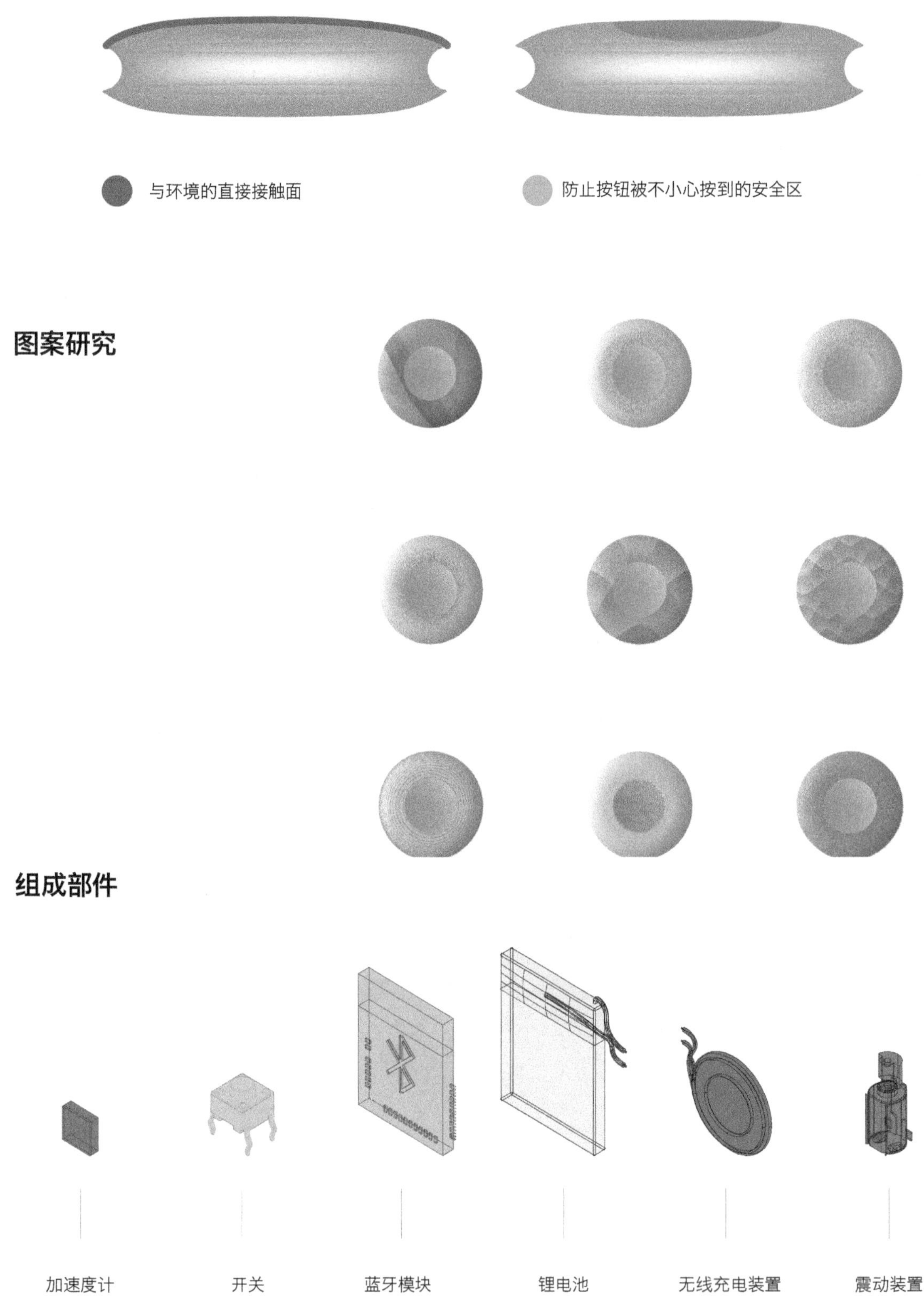

与环境的直接接触面
防止按钮被不小心按到的安全区
图案研究
组成部件
加速度计
开关
蓝牙模块
锂电池
无线充电装置
震动装置

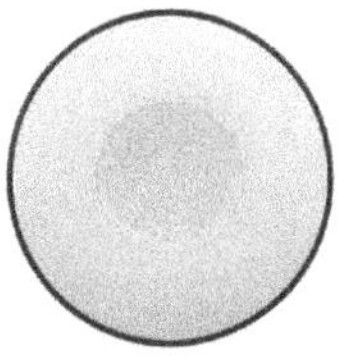

保护环

钥匙扣

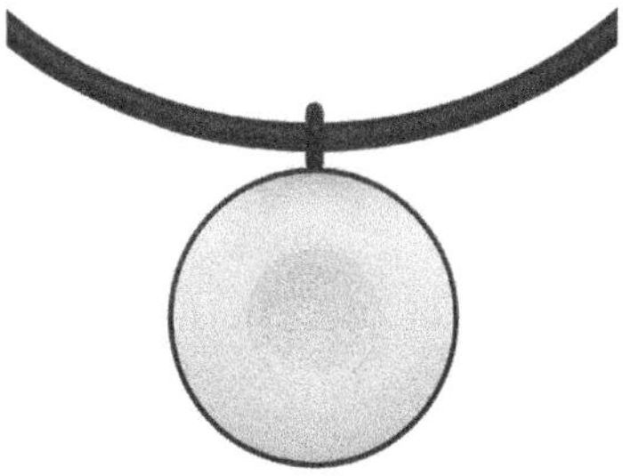

项链

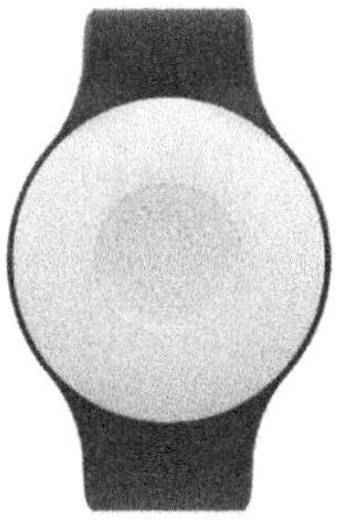

腕带

hibu
monitorlinq

Admin
LOG IN

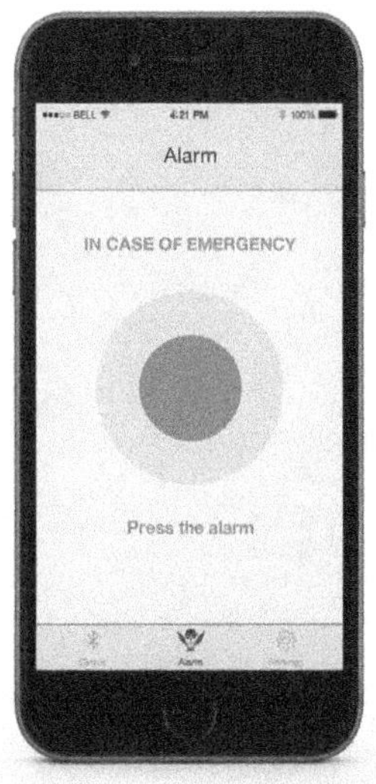
Alarm
IN CASE OF EMERGENCY
Press the alarm

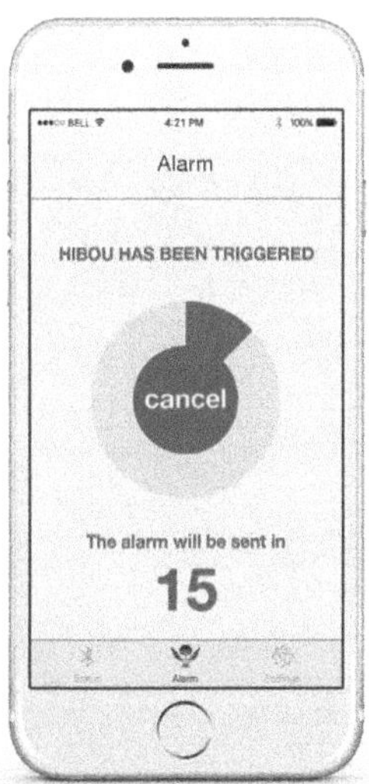
Alarm
HIBOU HAS BEEN TRIGGERED
cancel
The alarm will be sent in
15

FitSLeep 健康助眠仪

设计：iFutureLab Inc.

FitSleep 健康助眠仪使用 α 波帮助你快速进入梦乡。它会在你浅睡时发出 0-13 赫兹的波段，让你快速进入深睡阶段，提高睡眠效率。它还会记录你的心率、呼吸率、身体动作及睡眠模式。从你身上习得的所有信息将会被存储并汇集在云中。FitSleep 在分析过你的睡眠模式和生命特征后，会生成量身定制的睡眠报告，并为你提供改善睡眠质量的建议。该设备十分精致小巧，放在枕头下面时不会有任何异物感。

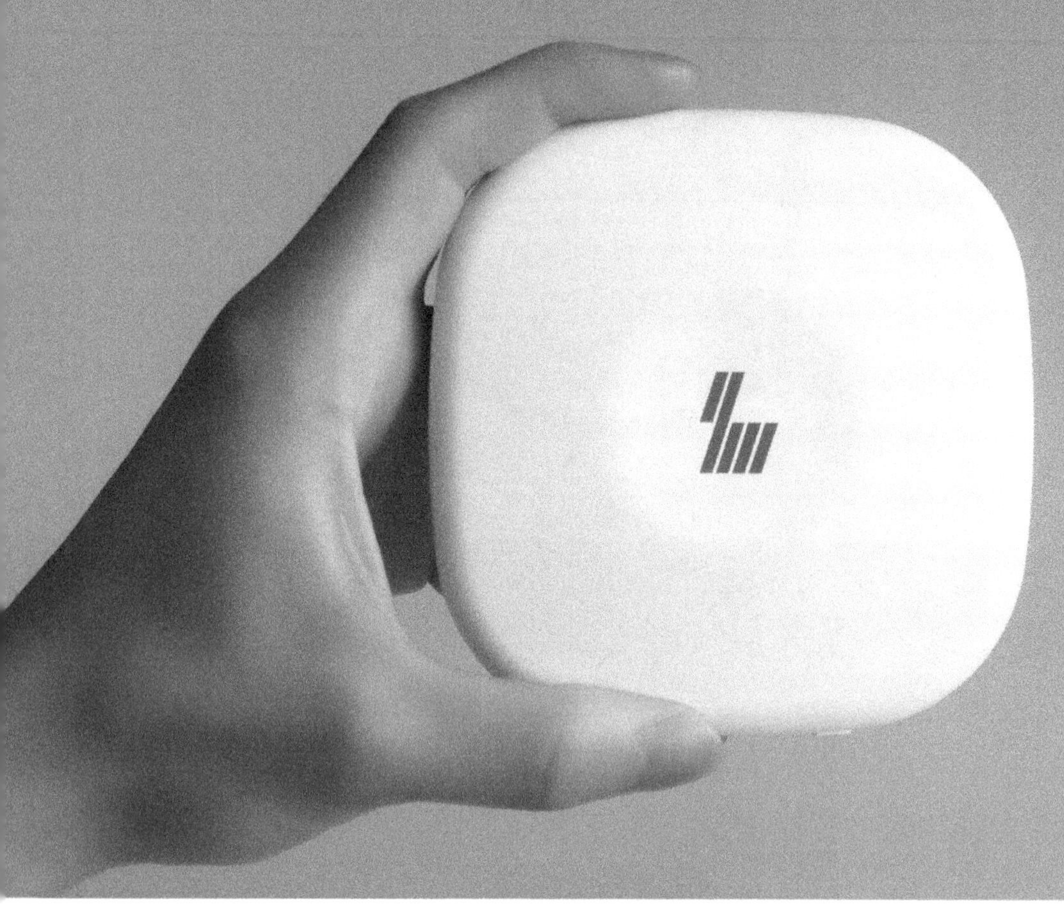

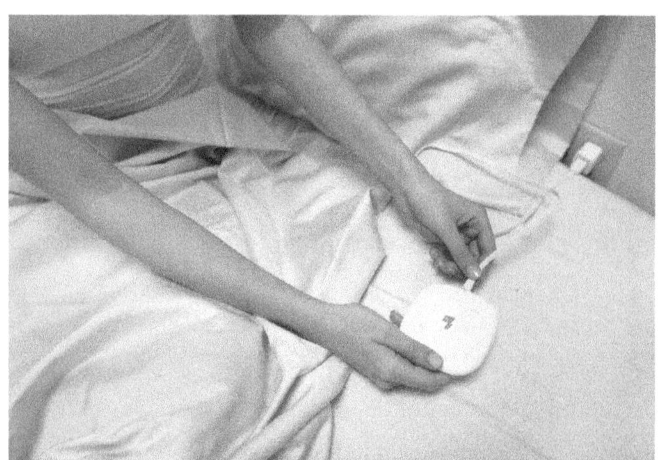

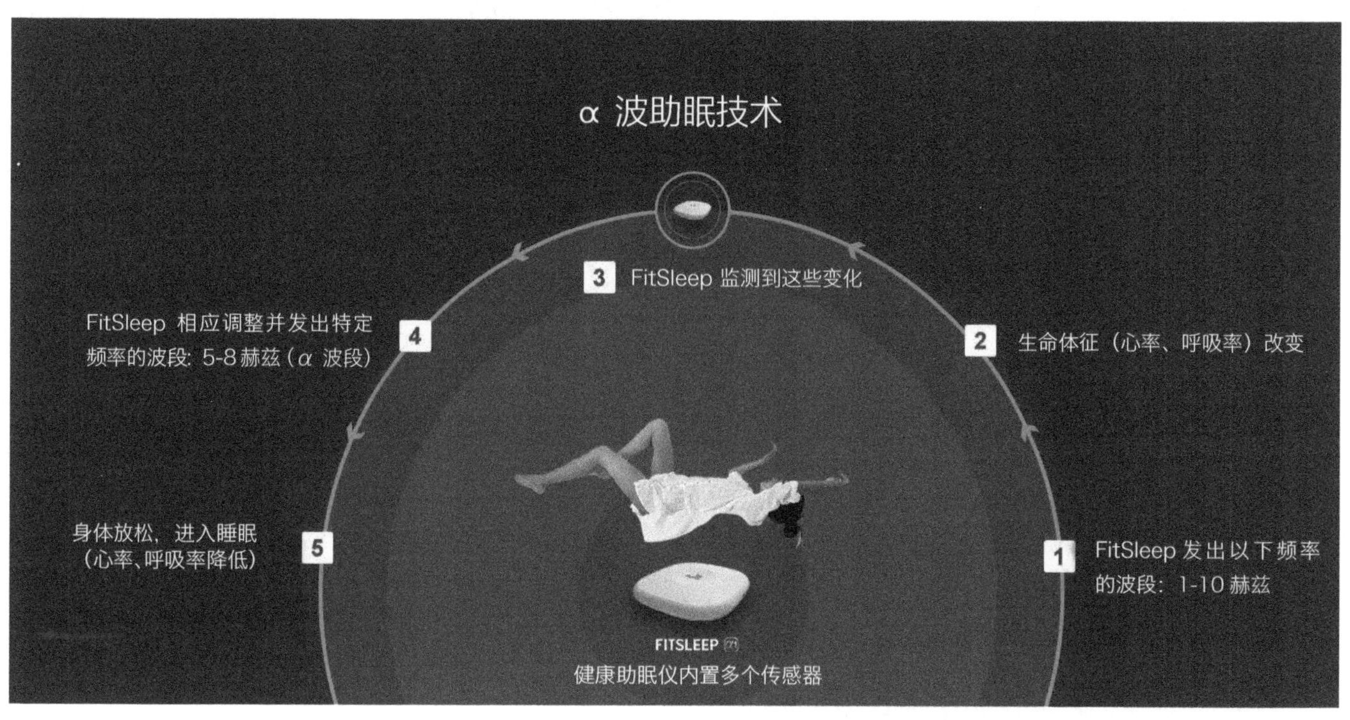

α 波助眠技术
3 FitSleep 监测到这些变化
FitSleep 相应调整并发出特定
频率的波段: 5-8 赫兹（α 波段）
4
2 生命体征（心率、呼吸率）改变
身体放松，进入睡眠
（心率、呼吸率降低）
5
1 FitSleep 发出以下频率
的波段：1-10 赫兹
FITSLEEP
健康助眠仪内置多个传感器

智能唤醒
07 18
08 19
09 20
开启智能唤醒

Feb 19th
Excercise will help you sleep better.
56 18
bpm
Daily
37score
Alarm
00:00 am
Home

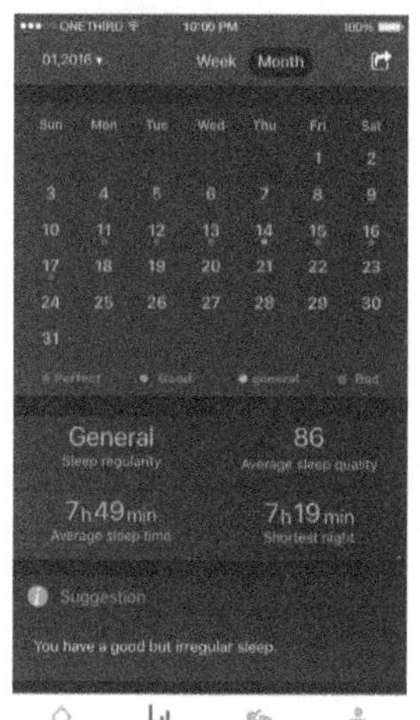

Week Month
General
Sleep regularity
86
Average sleep quality
7h49min
Average sleep time
7h19min
Shortest night
Suggestion
You have a good but irregular sleep.
Report

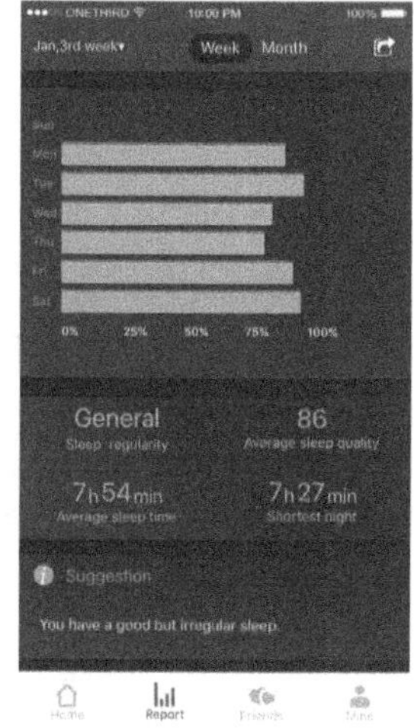

Week Month
General
Sleep regularity
86
Average sleep quality
7h54min
Average sleep time
7h27min
Shortest night
Suggestion
You have a good but irregular sleep.
Report

Ava 女性智能手环

公司：Ava Science Inc.

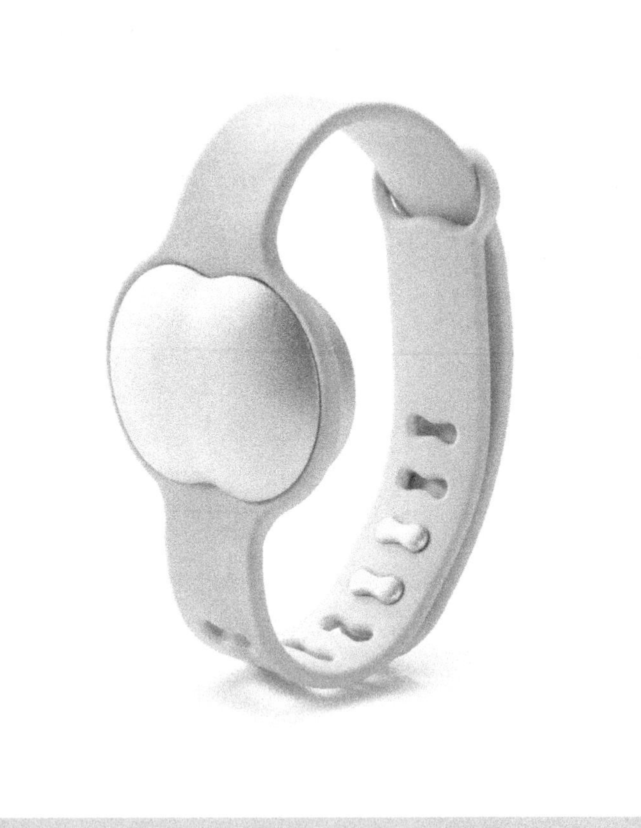

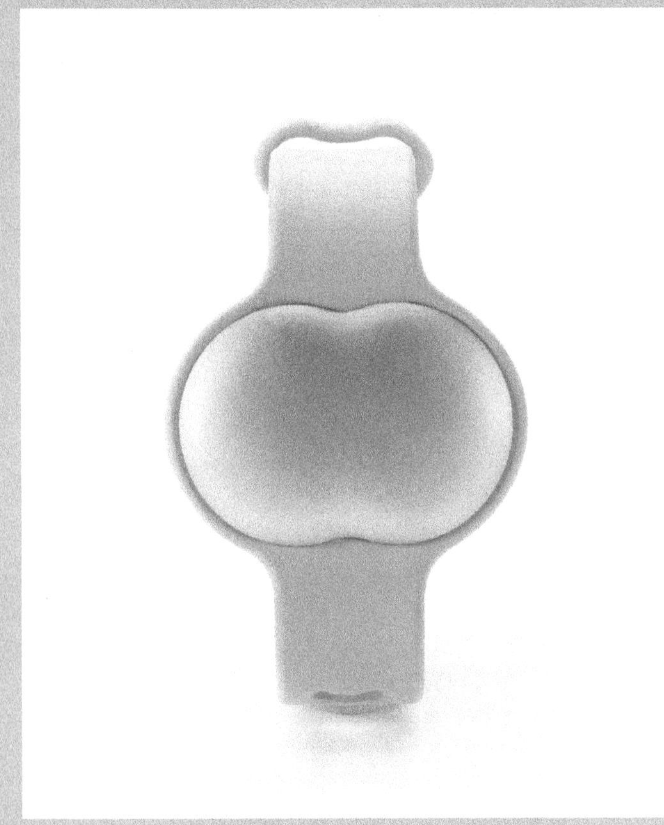

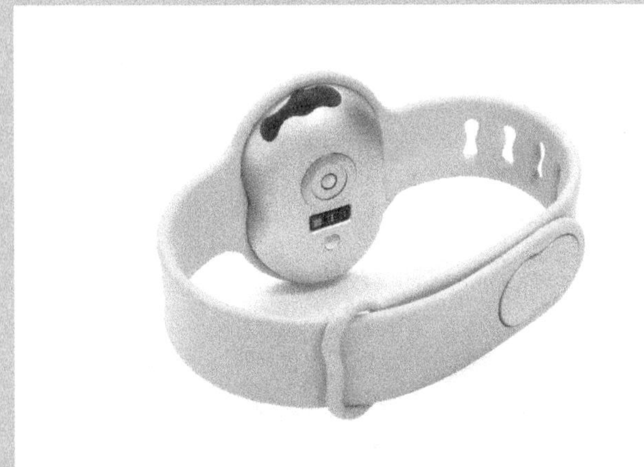

Ava 女性智能手环是一款追踪女性怀孕的手环，它可以帮助女性确定每个生理周期中平均 5 天的受孕期，增加你的怀孕概率。你无须再猜测备孕时机，也无须记录排卵日。同时，Ava 智能手环还会在备孕及怀孕期间监控你的身体健康状况。同样你还可以使用它来深入了解你的月经周期情况。

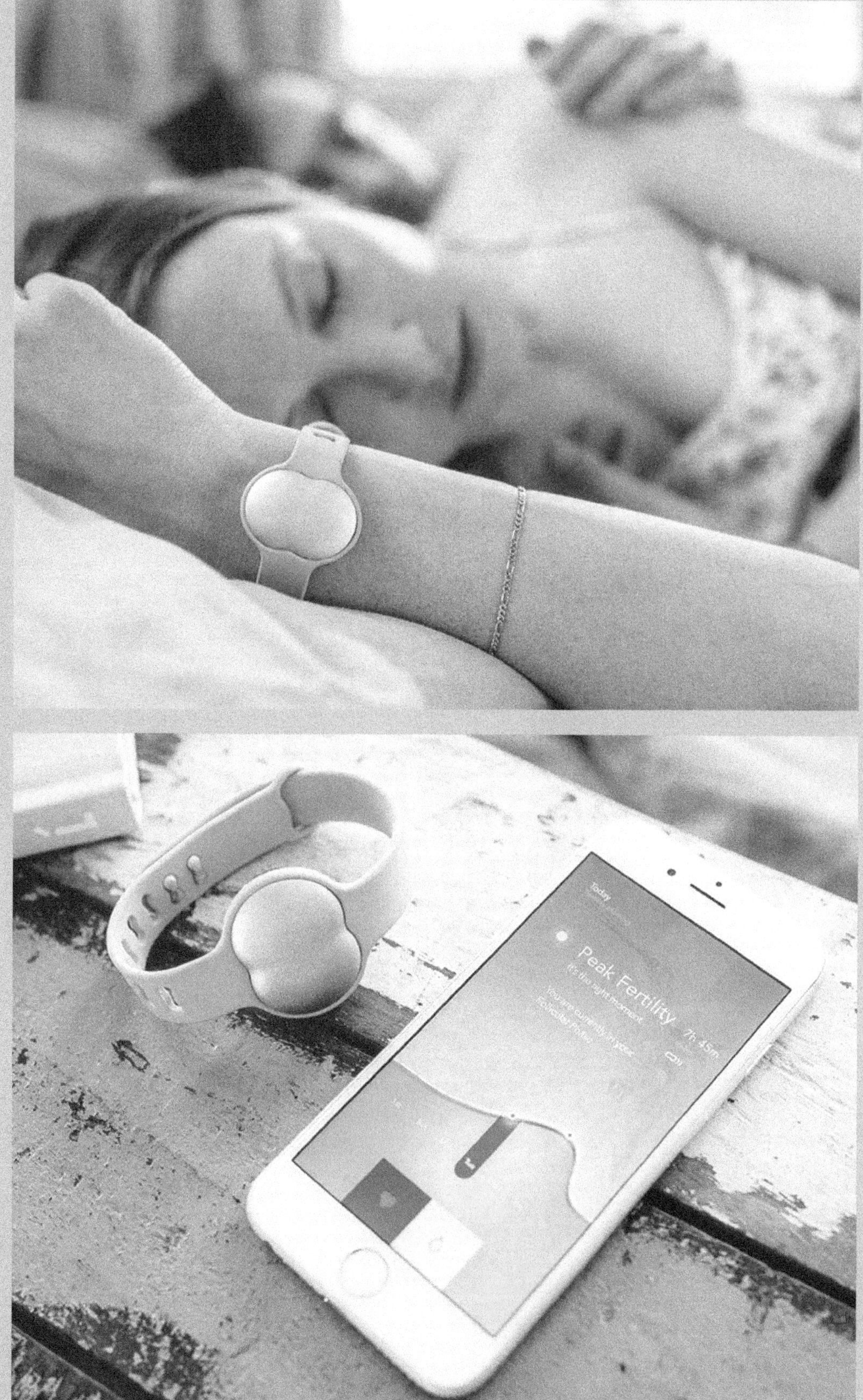
Today
Peak Fertility
7h 45m

LEAF 智能首饰

公司 : Bellabeat

LEAF 是一款外形时尚的智能首饰，功能类似于健康追踪设备。它可以跟踪睡眠、记录日常活动及监测女性的生殖健康。它外形酷似一片树叶，设计灵感来源于自然，凭借其出色的外形在同类产品中脱颖而出。LEAF 强有力地证明健康追踪设备也可以做到既实用又美观。

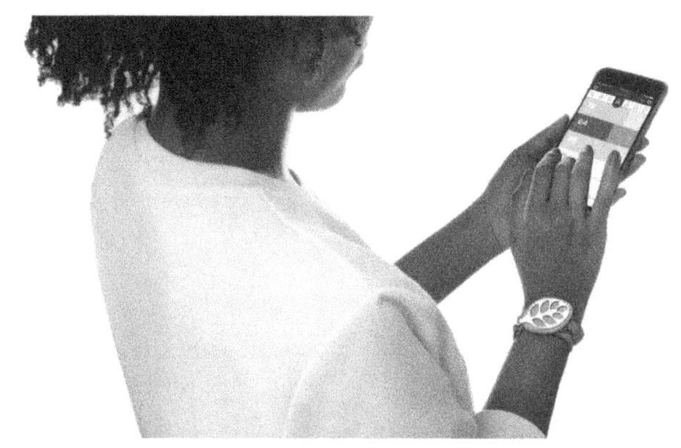

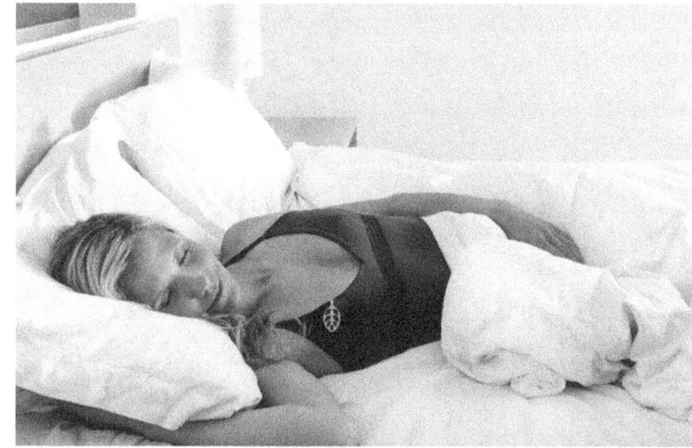
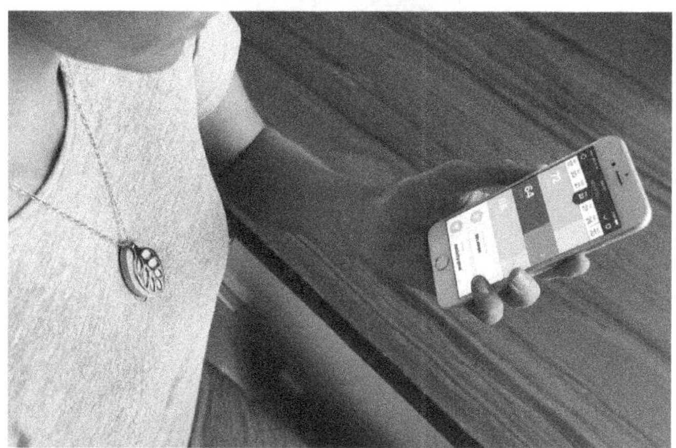

Neuroon 智能眼罩

公司 : Inteliclinic Inc.

Neuroon 智能眼罩的设计新颖独特，它将先进的脑电波和脉冲测量技术与航空旅行中常用的舒适眼罩完美结合。Neuroon 系统内置生物计量传感器，用于分析用户的睡眠结构，计算睡眠效率分数，并为用户提供优化睡眠的建议。此外，Neuroon 智能眼罩还运用光照疗法技术，缓解用户的飞行时差反应，提升睡眠质量，并帮助用户快速入睡。它还模拟“渐变式的黎明光线”来唤醒用户，帮助减轻用户早晨醒来时的睡眠惰性反应。

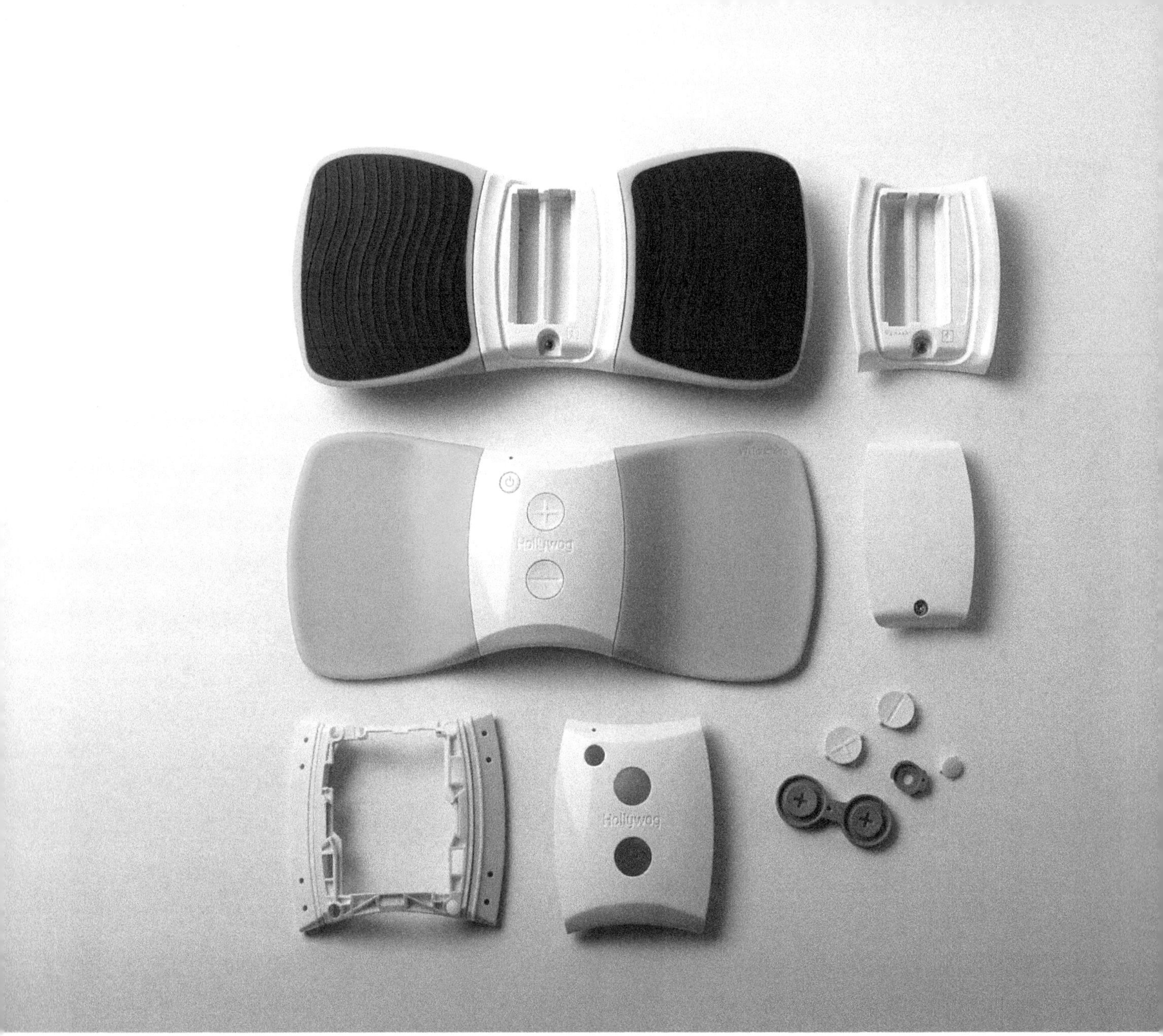

WiTouch 无线遥控电疗止痛仪

设计：Katapult Design Pty Ltd

WiTouch 无线遥控电疗止痛仪机身超薄，可轻松地穿在衣服里面，舒缓背部疼痛。它机身轻盈灵活，可长久贴附在后腰部的腰椎区域。用户可使用迷你钥匙扣远程遥控器来开启时长 30 分钟的特效治疗方案。

其设计的核心在于将技术与制造工艺的完美结合。该款设备十分小巧，它采用经皮神经电刺激 (TENS) 技术来缓解背部疼痛。研发人员研制了复杂的双模压制工艺，使机身既能灵活地贴合人体曲线，又能完好地保护其内部电子部件。

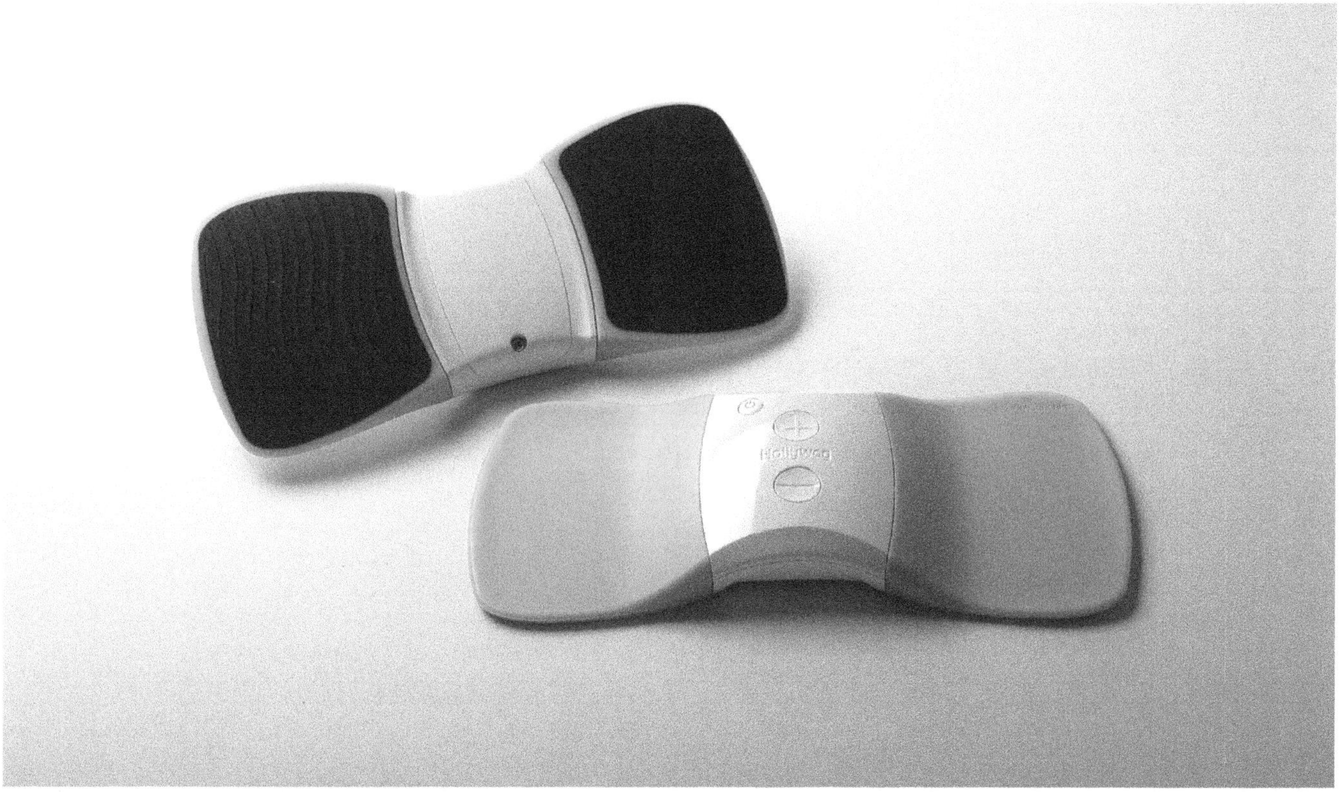

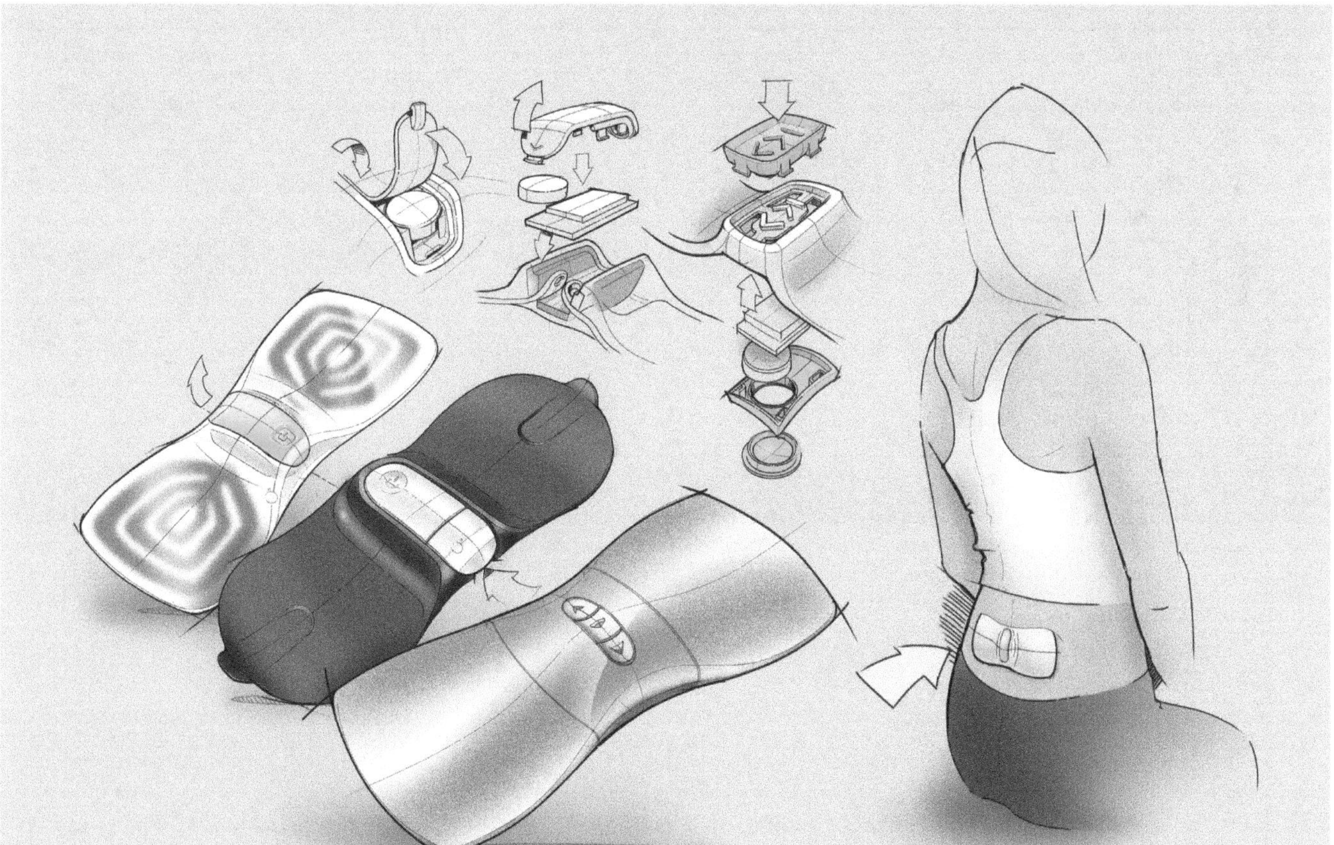

ALEX 智能姿势矫正器

公司 : NAMU Inc.

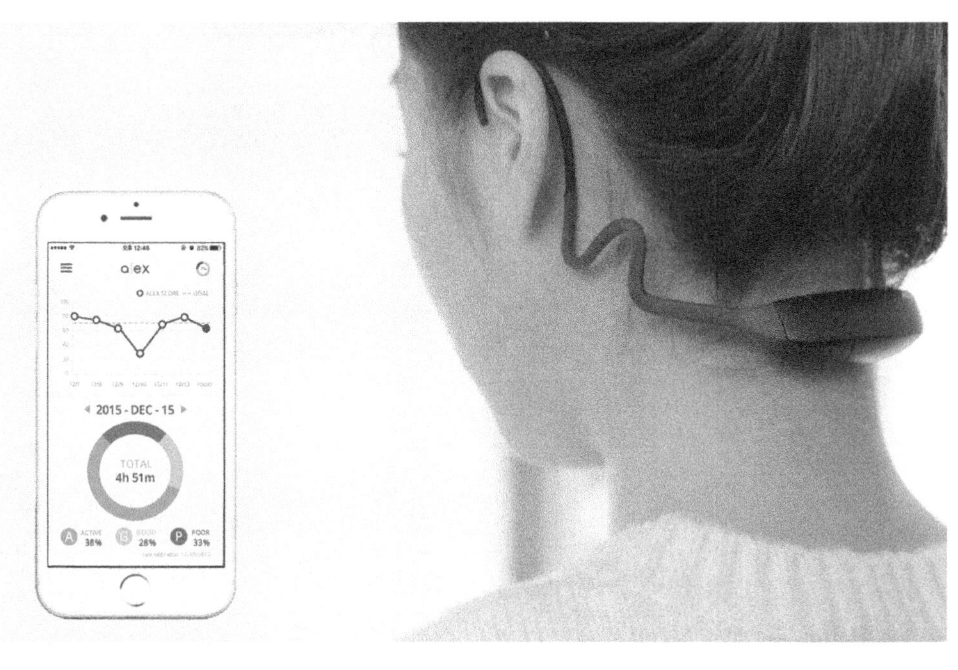

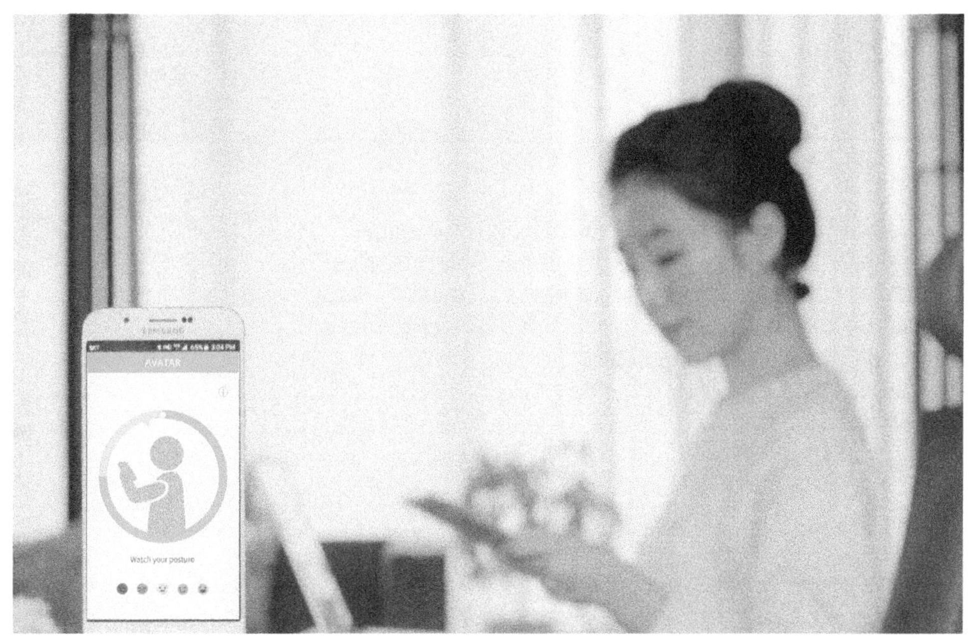

ALEX 是穿戴式的姿势追踪设备和教练，帮助矫正低头族或“短信颈”的不当姿势。ALEX 并不会治疗你的疼痛，而是在你姿势不当时，温柔地提示你改善姿势。当你偏离正确的姿势持续超过几分钟后，ALEX 会轻轻地震动，提醒你改善姿势。与之搭配的教练 App 将帮助你最大程度地利用 ALEX。它提供多种帮你持续追踪姿势和改善姿势的专有功能。例如，Avatar 模式让你实时查看并管理姿势变化。App 软件还会自动生成图表，记录你使用ALEX后姿势取得的改善。

Snuza 便携式婴儿腹部运动监视器

公司 : Snuza International Pty Ltd

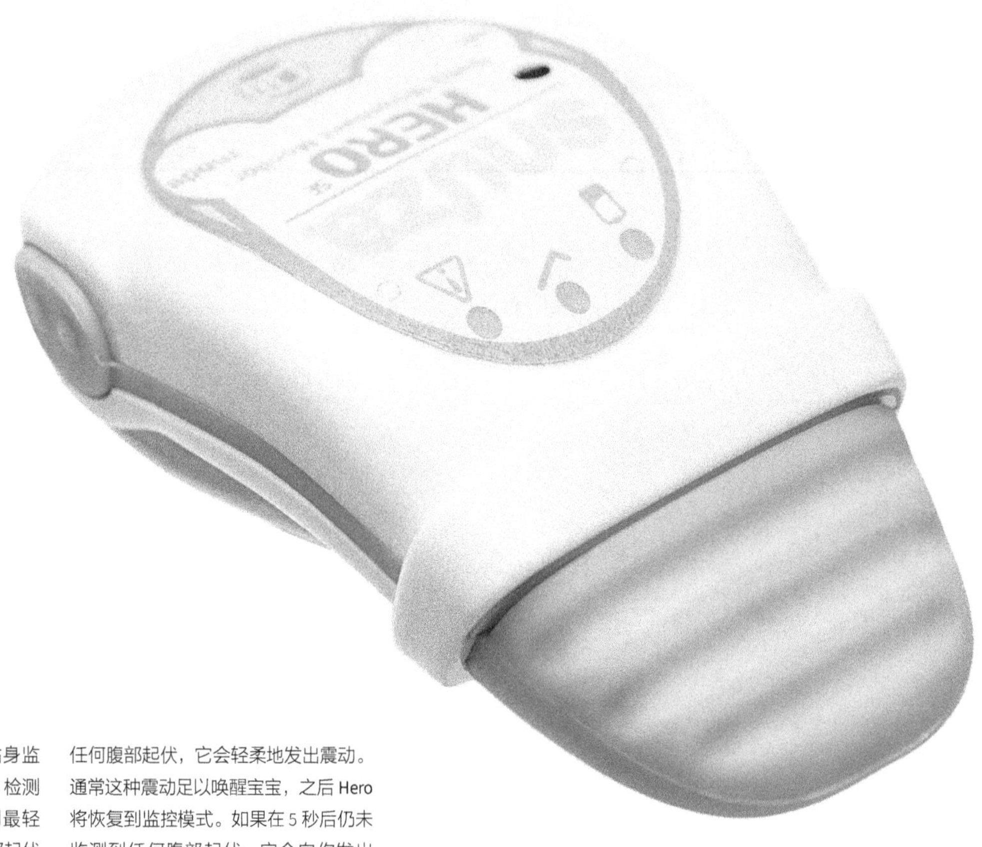

Snuza Hero® 是便携易用的婴儿贴身监护器，可以夹装在宝宝的尿片上，检测宝宝的腹部起伏。Hero 能检测到最轻微的腹部起伏。如果你的宝宝腹部起伏非常弱或下降到每分钟少于 8 次，它会向你发送提醒。如果在 15 秒未检测到任何腹部起伏，它会轻柔地发出震动。通常这种震动足以唤醒宝宝，之后 Hero 将恢复到监控模式。如果在 5 秒后仍未监测到任何腹部起伏，它会向你发出警报。

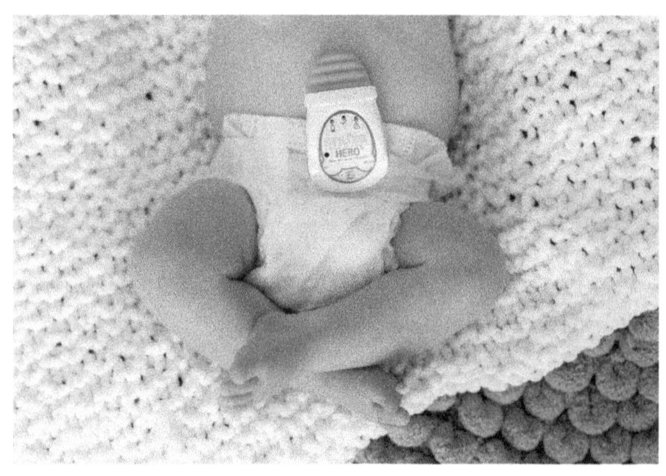

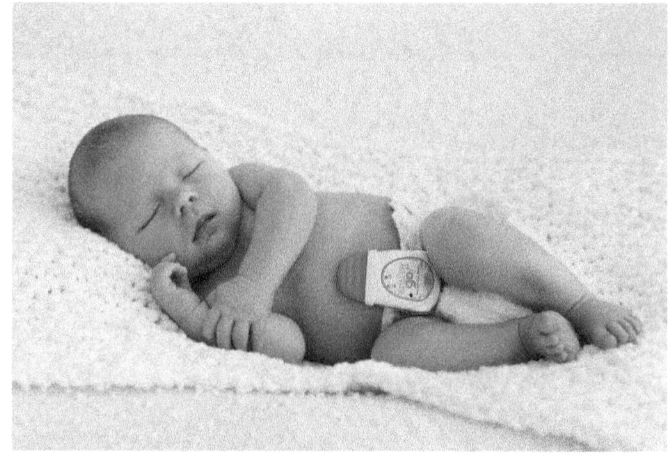

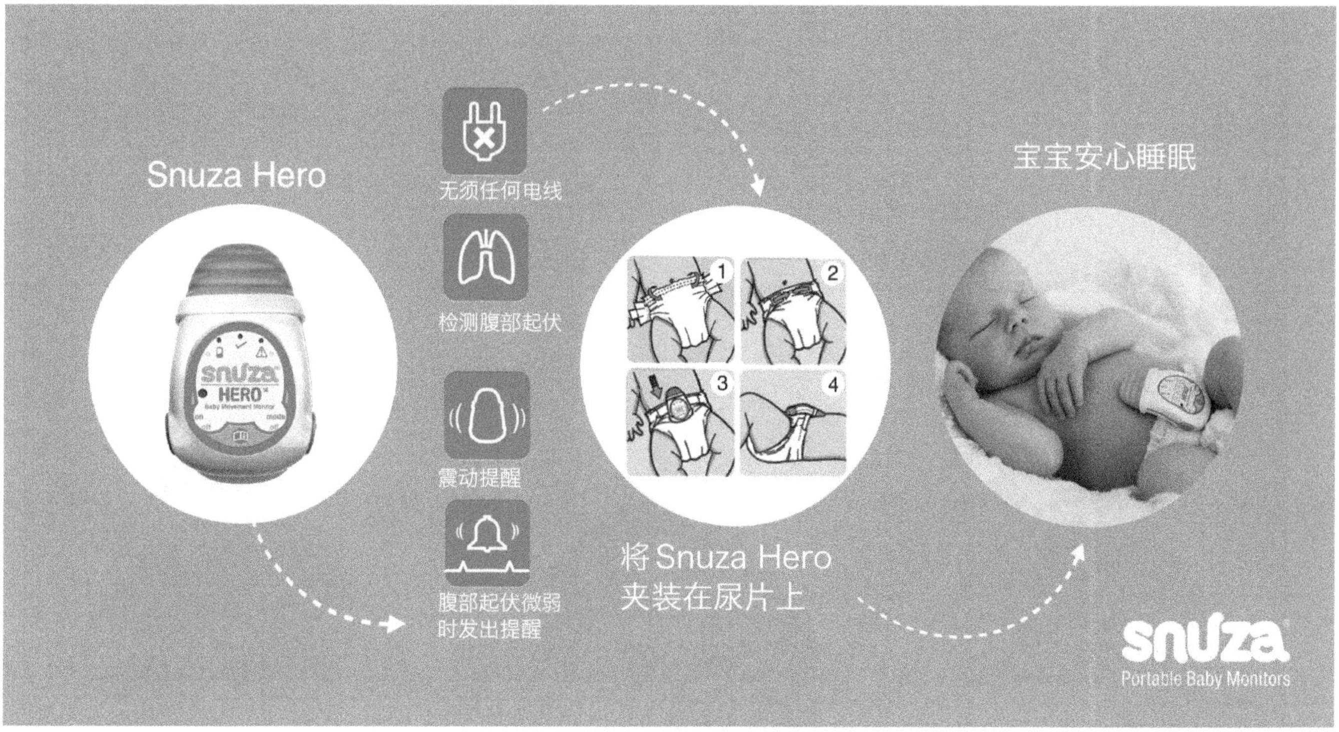

Snuza Hero
无须任何电线
检测腹部起伏
震动提醒
腹部起伏微弱时发出提醒
将Snuza Hero夹装在尿片上
宝宝安心睡眠
snuza
Portable Baby Monitors

腹部起伏感应器
腹部起伏指示灯
电源指示灯
警报指示灯
扬声器孔
开 / 关按钮
模式 / 关闭按钮
尿片夹
电池盖
电池盖弹簧夹
弹簧夹防护圈

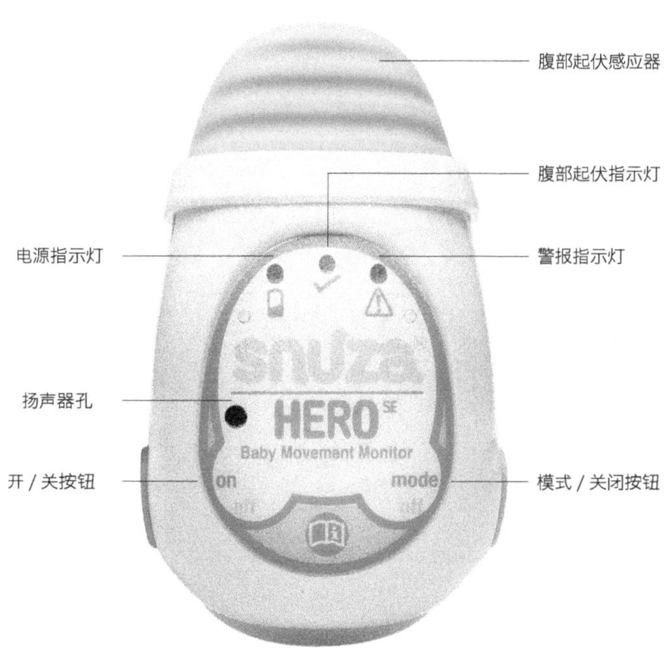

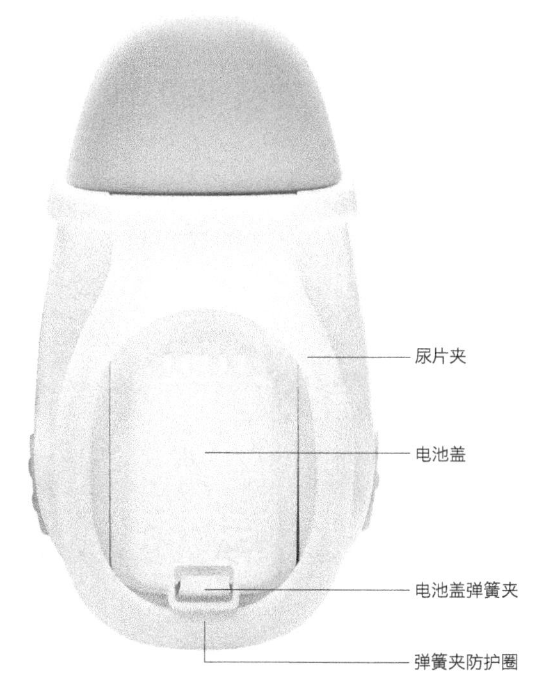

Genesis Horizon 智能呼叫器

设计：亚瑟·肯卓 (Arthur•Kenzo)

Genesis Horizon 是一款设计小巧，操作简单的紧急呼叫器，老少皆宜。它内置无线功能，可随时随地与家人互联，从而减轻了护理和监护人员的压力。它仅有两个按钮，长按住主键按钮，你可以立即启动 24 小时急救中心的呼叫。内置的 GPS 追踪，方便家人和急救中心随时定位。当超出安全区域时，家人会收到提醒。同时，它还具备药物提醒的功能。

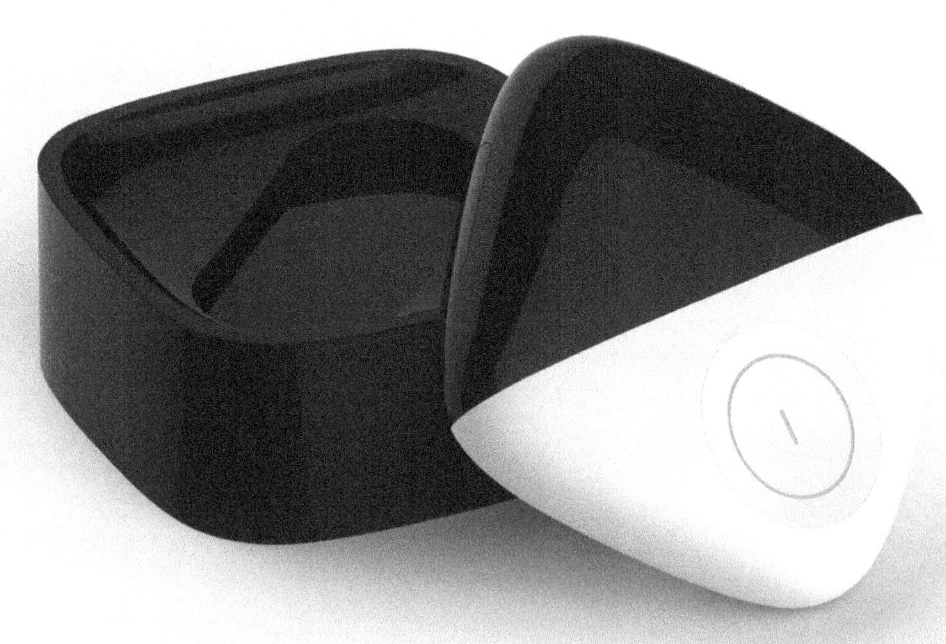

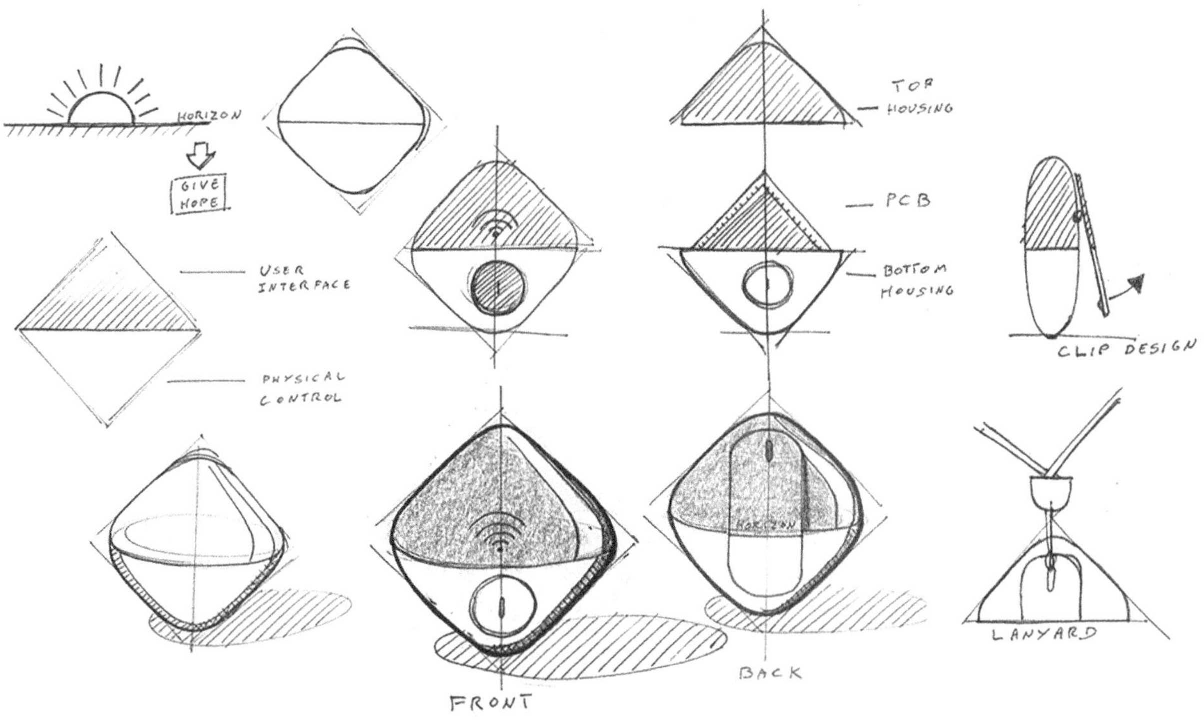
HORIZON
GIVE HOPE
USER INTERFACE
PHYSICAL CONTROL
TOP HOUSING
PCB
BOTTOM HOUSING
CLIP DESIGN
LANYARD
FRONT
BACK

AirWaves 智能口罩

公司 : frog

AirWaves 智能口罩的设计理念独树一帜，它内置粒子传感器和蓝牙。可以实时监控空气质量，并经蓝牙将数据传输至用户的手机应用上。随后，用户的亲朋好友也可以看到这些数据。人们可以根据这些数据来决定去哪里外出，还是干脆待在家里。

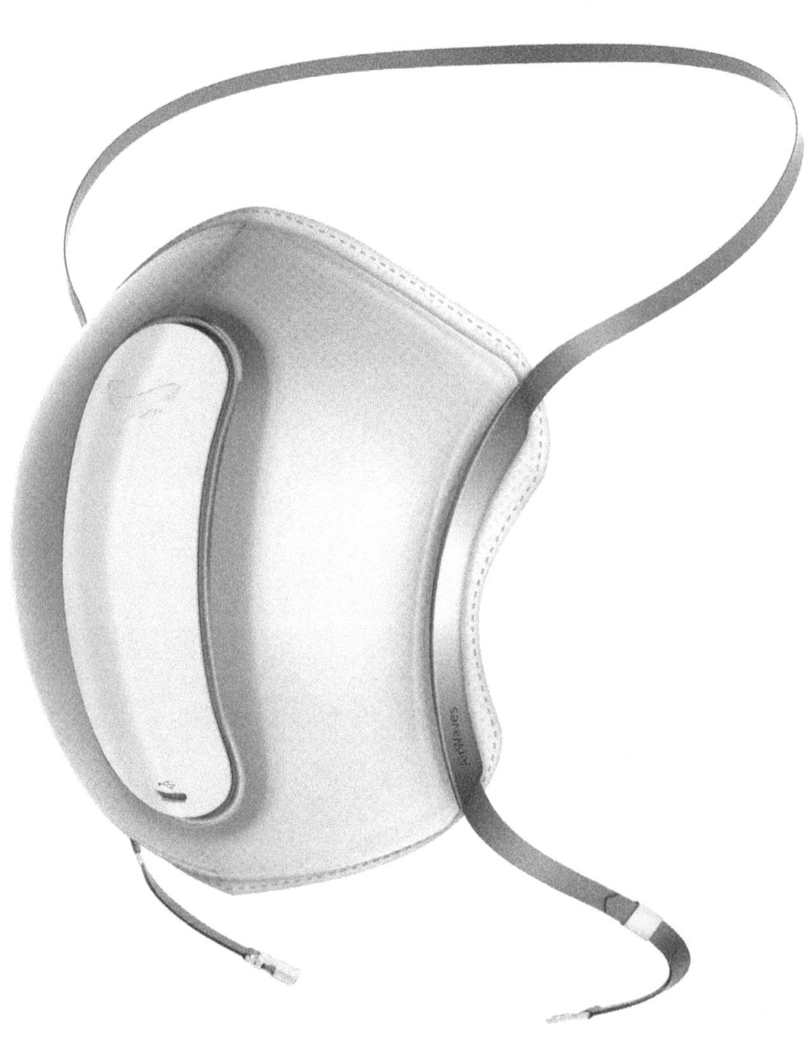

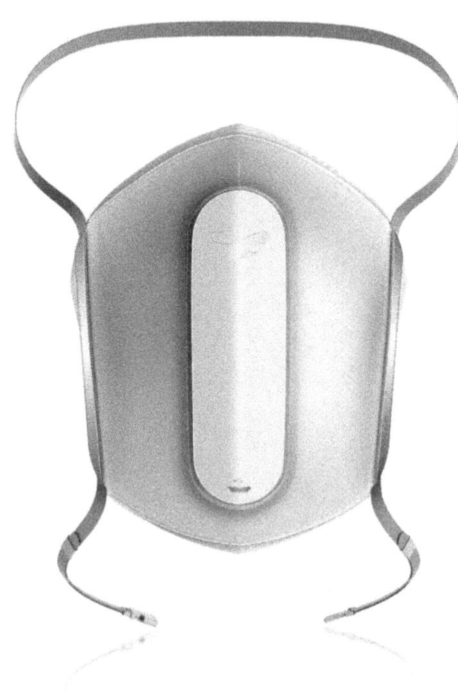

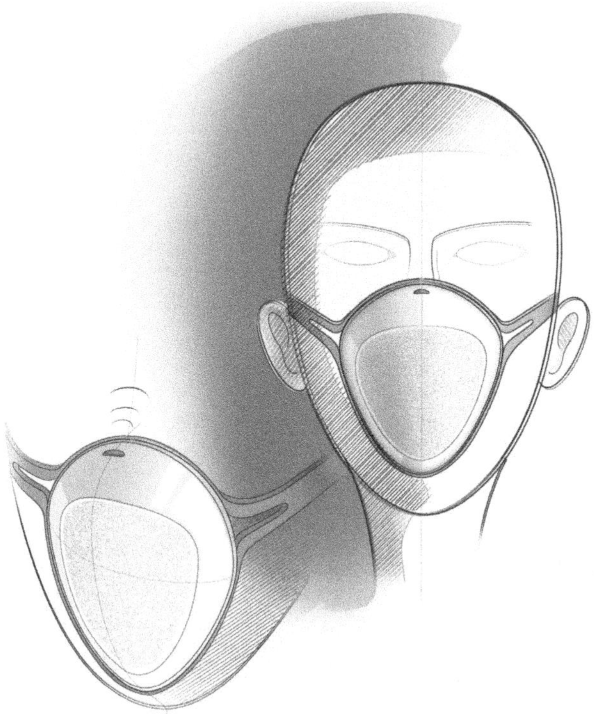

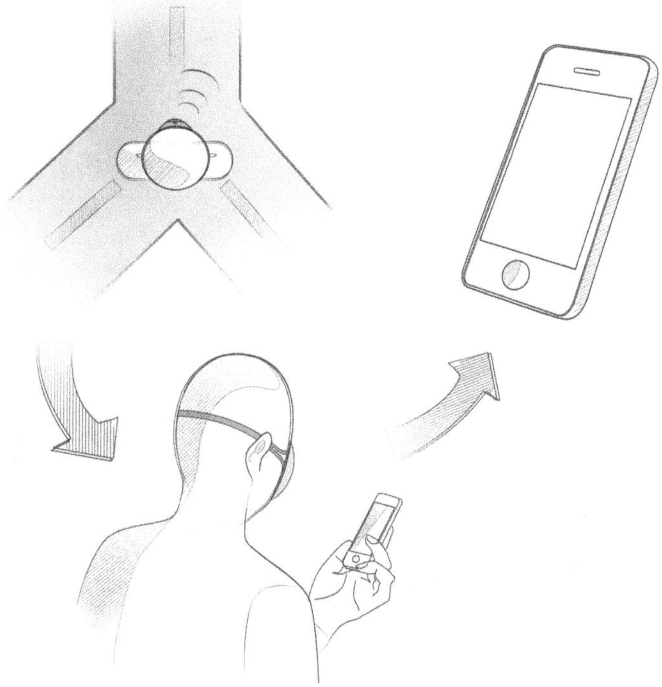

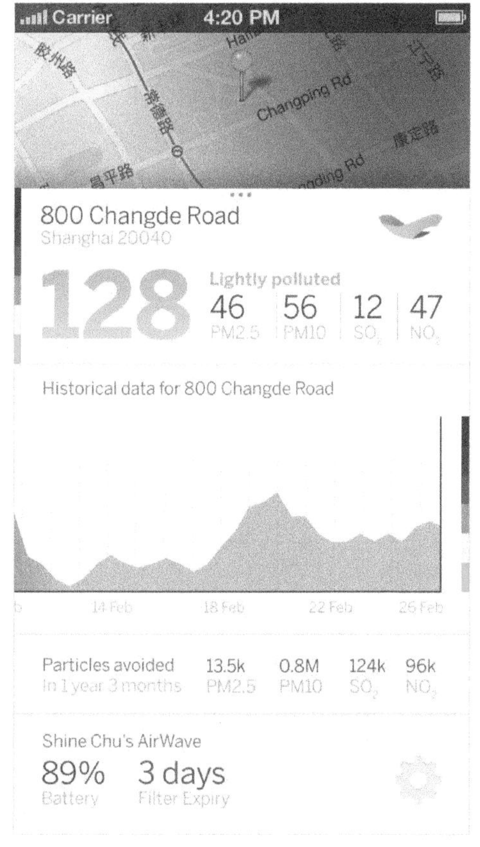

Carrier
4:20 PM
Changping Rd
800 Changde Road
Shanghai 20040
128
Lightly polluted
46 PM2.5
56 PM10
12 SO2
47 NO2
Historical data for 800 Changde Road
14 Feb
18 Feb
22 Feb
26 Feb
Particles avoided
in 1 year 3 months
13.5k PM2.5
0.8M PM10
124k SO2
96k NO2
Shine Chu's AirWave
89% Battery
3 days Filter Expiry

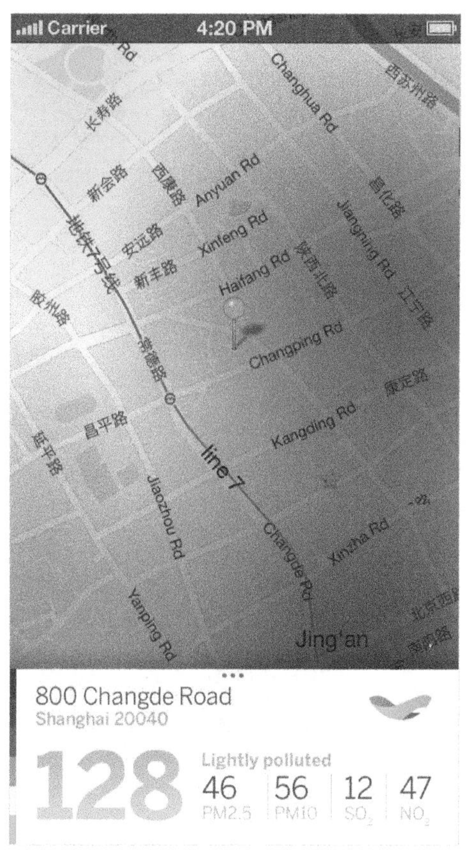

Carrier
4:20 PM
Changhua Rd
Anyuan Rd
Xinfeng Rd
Haifang Rd
Jiangning Rd
Changping Rd
Kangding Rd
line 7
Jiaozhou Rd
Changde Rd
Xinzha Rd
Yanping Rd
Jing'an
800 Changde Road
Shanghai 20040
128
Lightly polluted
46 PM2.5
56 PM10
12 SO2
47 NO2

SCiO 微型光谱仪

公司：Consumer Physics

SCiO 是能够读取物品分子成分的微型光谱仪。它内置的非侵入性及非接触性的光学传感器可分析食品、植物、药品、石油和燃料等各种物品的分子构成。SCiO 的应用十分广泛，它可以告诉用户色拉酱调料中含多少脂肪、水果中含多少糖分及石油的纯净度等。通过 SCiO 的轻轻一扫，我们会更加了解周围的世界。

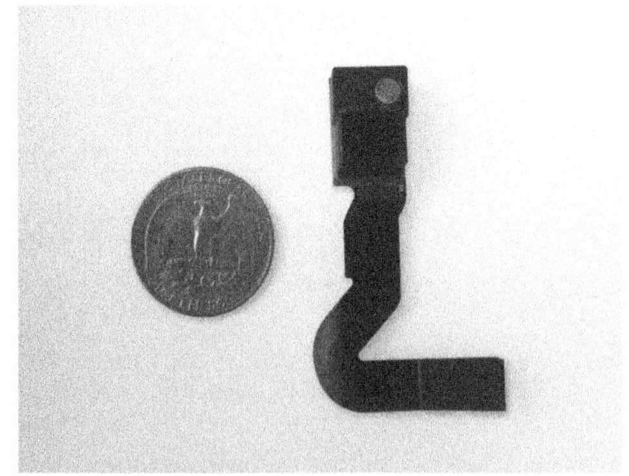

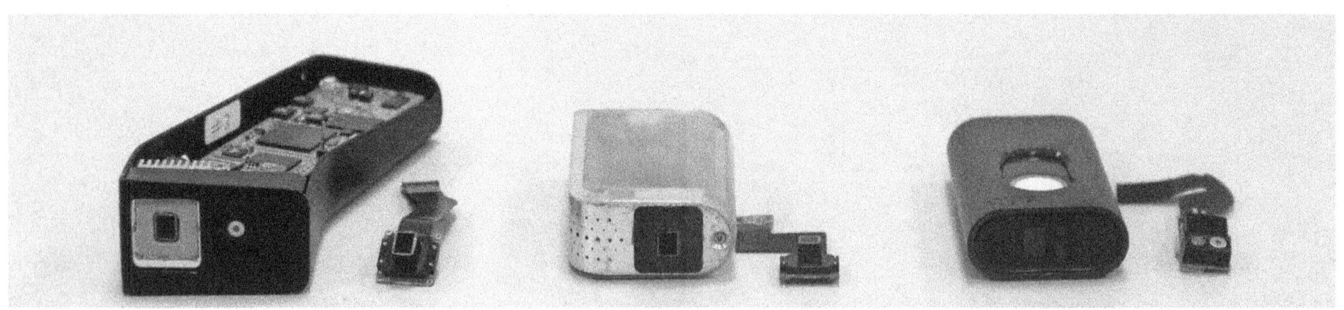

第一代原型　　第二代原型　　SCiO 微型光谱仪

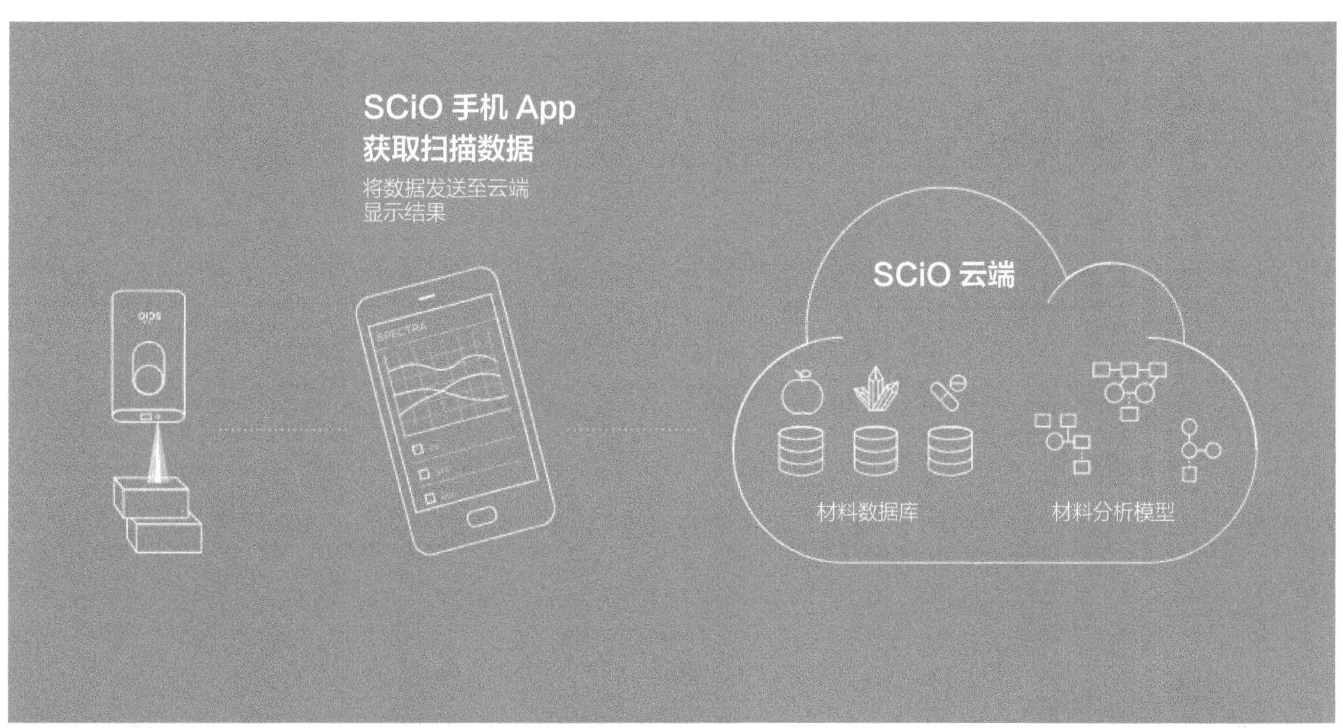
SCiO 手机 App
获取扫描数据
将数据发送至云端
显示结果
SCiO 云端
材料数据库
材料分析模型

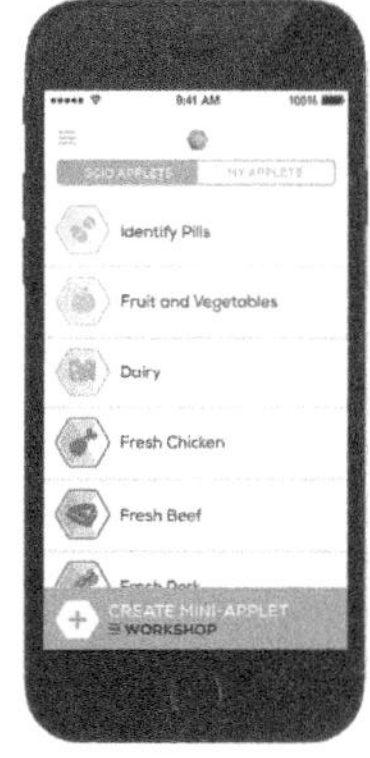
Identify Pills
Fruit and Vegetables
Dairy
Fresh Chicken
Fresh Beef
CREATE MINI APPLET

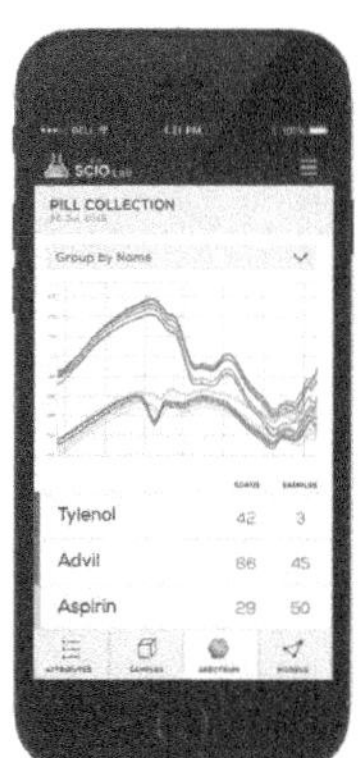
PILL COLLECTION
Tylenol
Advil
Aspirin

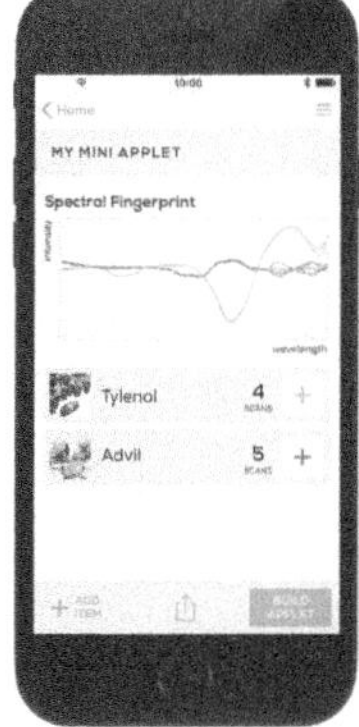
MY MINI APPLET
Spectral Fingerprint
Tylenol
Advil

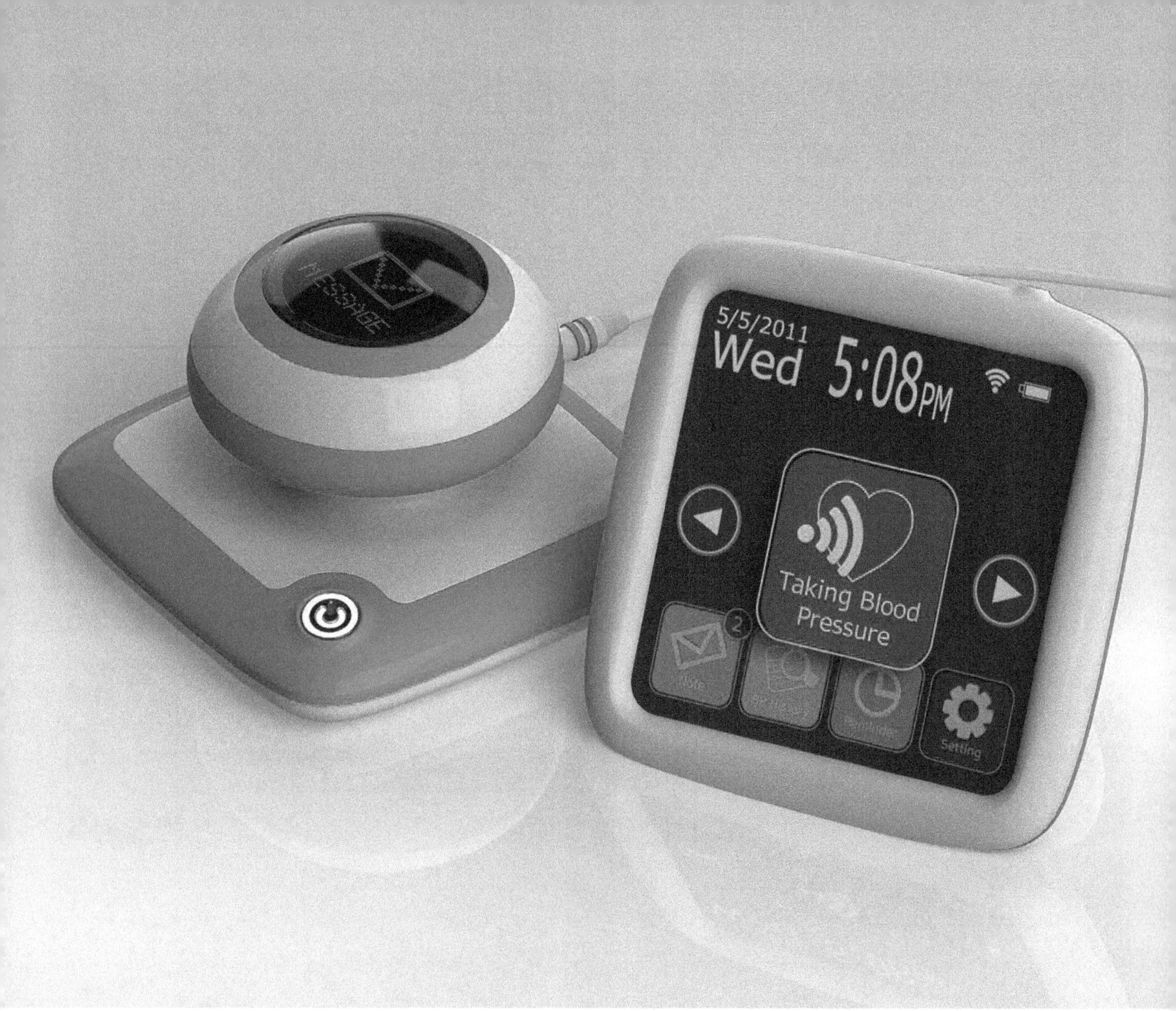

Bridge 智能血压计

设计：林哲平

Bridge 项目的设计理念旨在将设备与老年医疗保健系统相整合。它是一款无须使用袖带气囊来测血压的智能血压计，所测得的数据可通过最新的超宽带 (UWB) 无线通信技术分享给执业医师。用户将它持在手中便可完成医疗诊断信息和其他重要健康数据的收集。此外，它还可以将患者信息远程传输至执业医生处，实现不同设备之间的实时沟通。

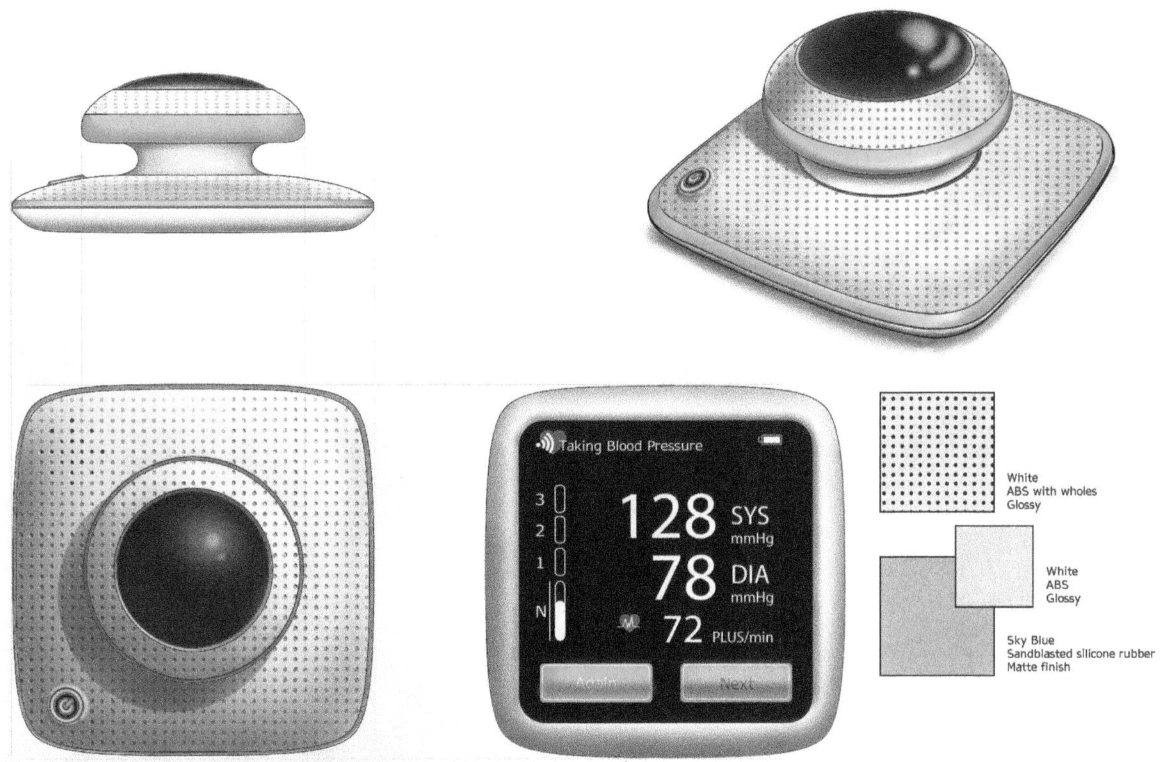
Taking Blood Pressure
3
2
1
N
128 SYS
mmHg
78 DIA
mmHg
72 PLUS/min
Again
Next
White
ABS with wholes
Glossy
White
ABS
Glossy
Sky Blue
Sandblasted silicone rubber
Matte finish

9:30AM
MASSAGE

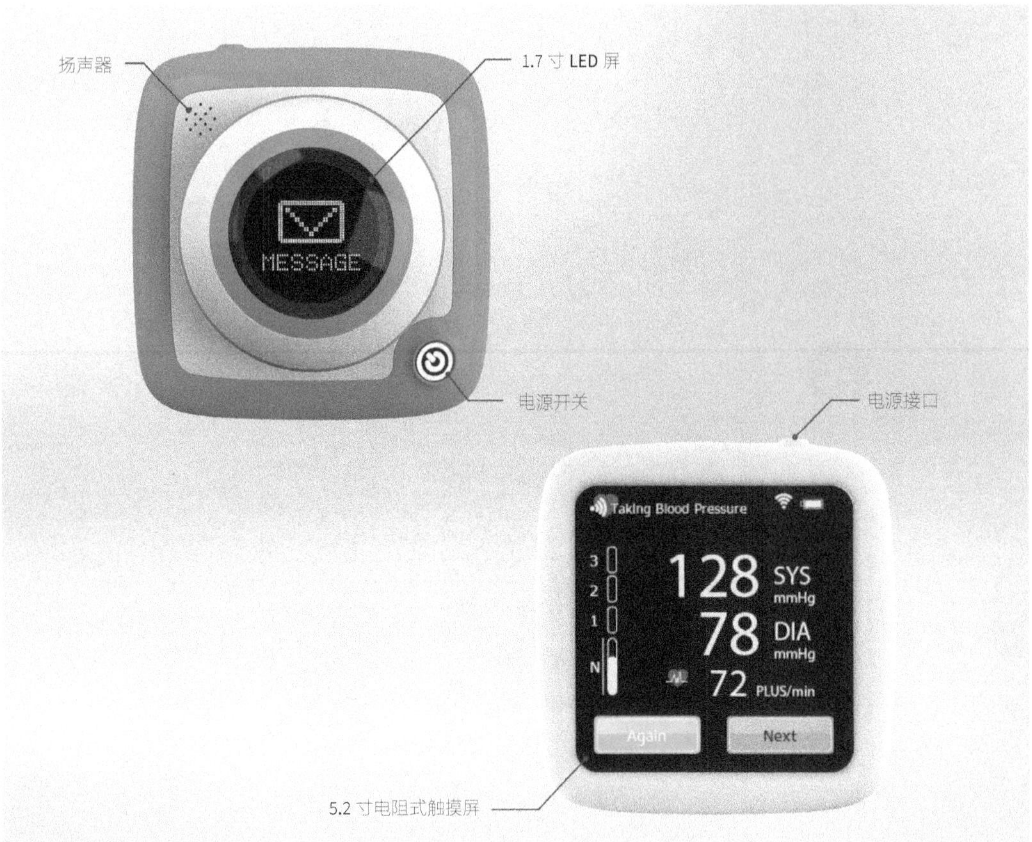
扬声器
1.7 寸 LED 屏
MESSAGE
电源开关
电源接口
Taking Blood Pressure
3
2
1
N
128 SYS mmHg
78 DIA mmHg
72 PLUS/min
Again
Next
5.2 寸电阻式触摸屏

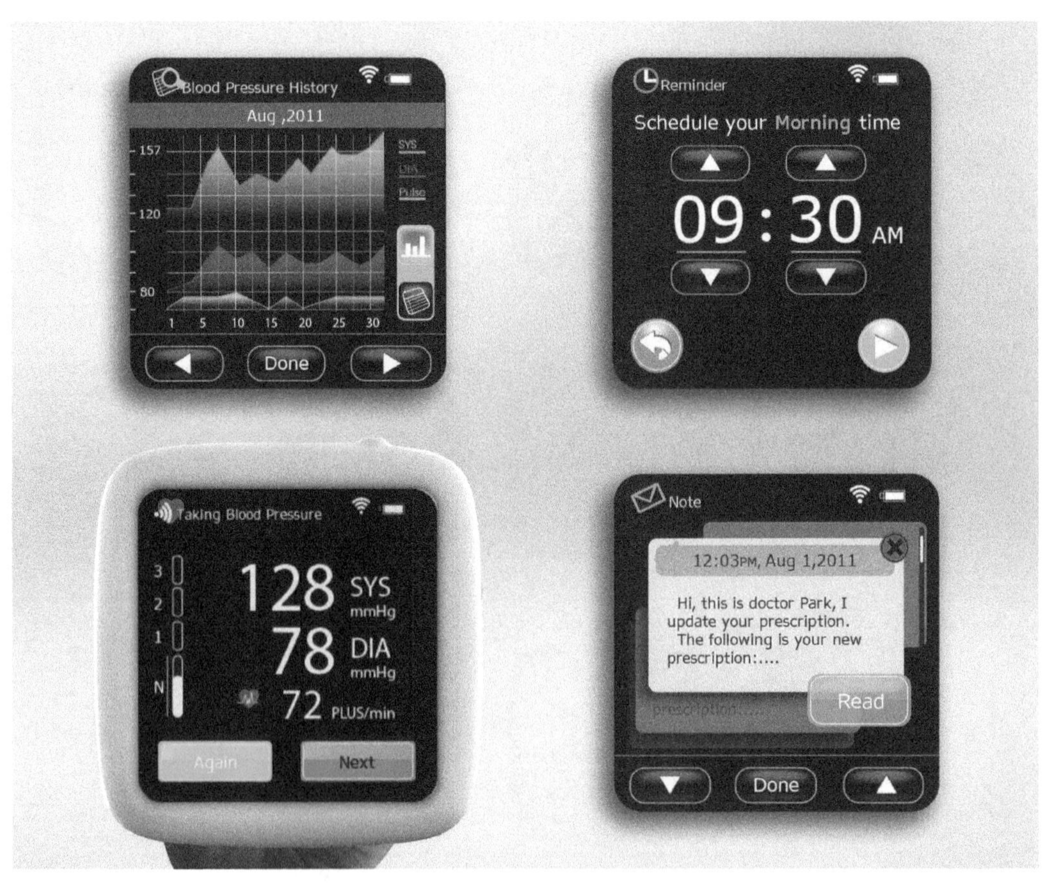
Blood Pressure History
Aug ,2011
157
120
80
1 5 10 15 20 25 30
SYS
Pulse
Done
Reminder
Schedule your Morning time
09 : 30 AM
Taking Blood Pressure
128 SYS mmHg
78 DIA mmHg
72 PLUS/min
Again
Next
Note
12:03PM, Aug 1,2011
Hi, this is doctor Park, I update your prescription. The following is your new prescription:....
Read
Done

#	部件名称
1.	环
2.	镜头
3.	LED 屏
4.	LED 屏基座
5.	LED 屏架
6.	手持外壳 #1
7.	UWB 模块
8.	防滑盖
9.	手持外壳 #2
10.	屏幕外壳 #1
11.	屏幕外壳 #2
12.	扬声器
13.	锂离子电池
14.	底部外壳
15.	电阻式触摸屏
16.	PCB
17.	电源开关底座
18.	电源开关
19.	插头
20.	防滑环
21.	数据传输线 #1
22.	电源适配器
23.	数据传输线 #2
24.	震动发动机支架
25.	震动发动机
26.	震动发动机盖

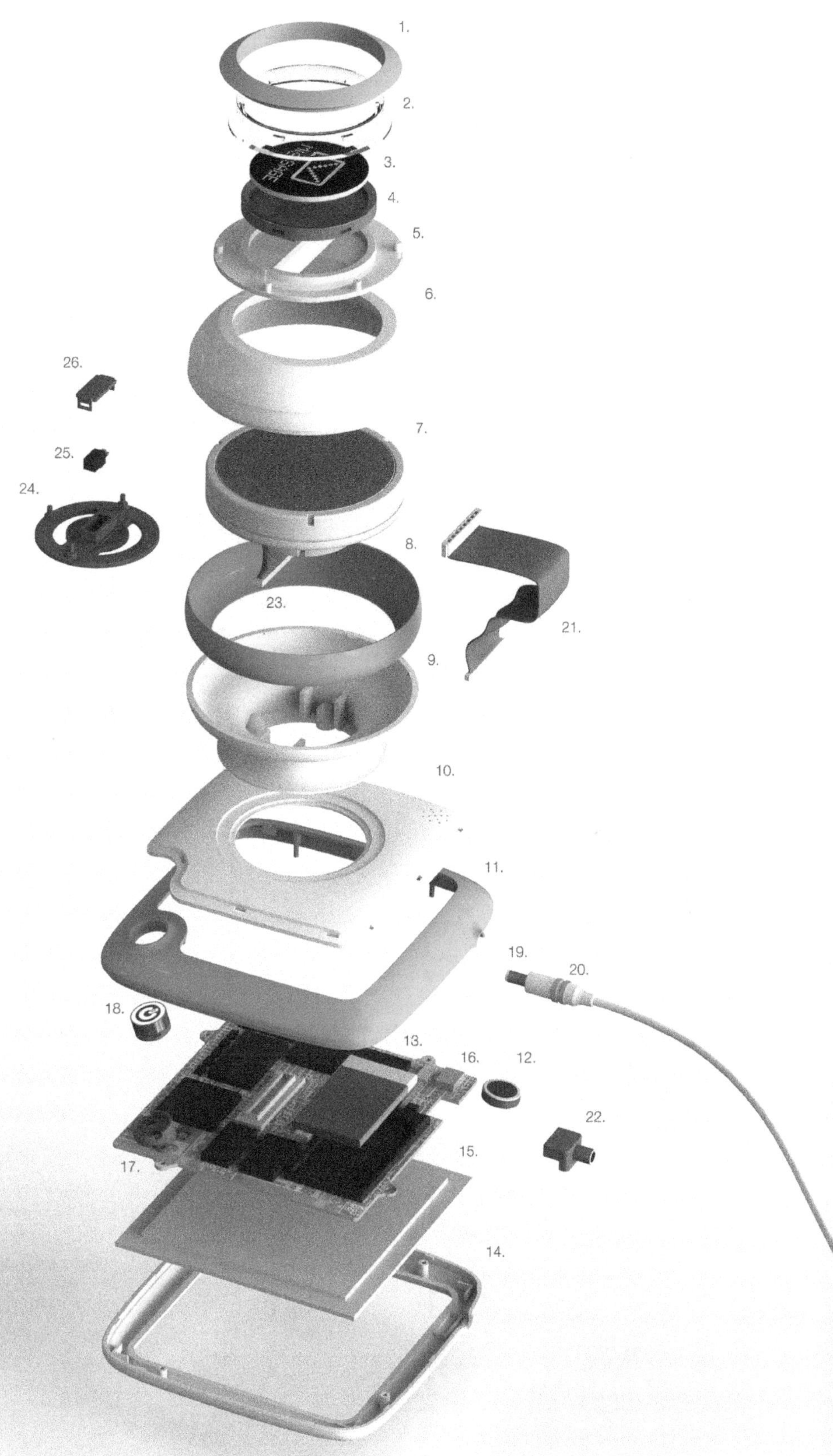

智能咨询服务帮手

设计 : 亚瑟 • 肯卓 (Arthur Kenzo)

智能咨询服务帮手的设计旨在缓解中国紧张的医患关系，每一年，中国的医院要接待三十亿患者，每名医生通常需要接待多名患者，患者在这种情况下很难信任医生。这个智能咨询服务帮手放在医院的大门入口处，患者在看医生之前，先在服务台完成注册及初步咨询。除了提供建议和指导外，该人形虚拟助手将在整个初步咨询的过程中为患者提供建议和指导，帮助患者完善个人信息并提供健康方面的建议。它的触摸屏、微型计算机和摄像技术将检测患者的疾病并判断他们的生命体征。在完成初步诊断后，服务台会指导患者预约医生就诊。智能咨询服务帮手将会把患者的健康信息和第一手的诊断发送至指定的医生，从而让诊症过程变得更加高效和令人愉快。

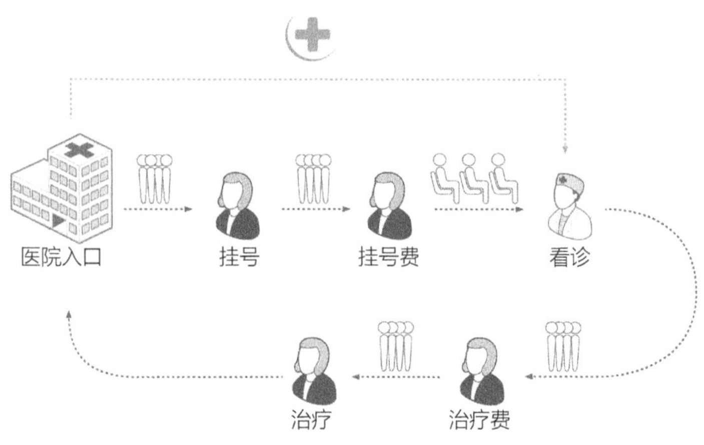

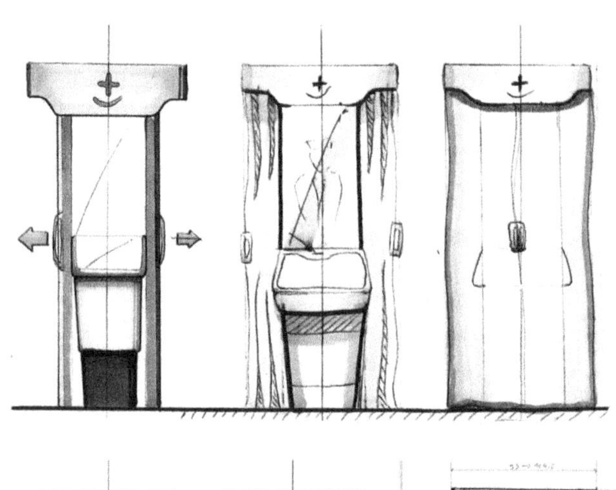

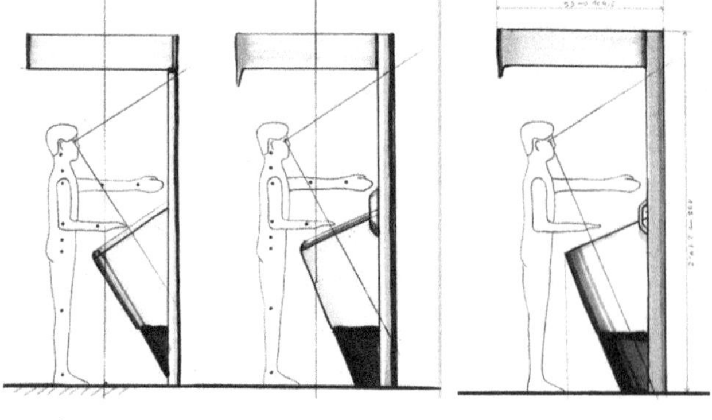

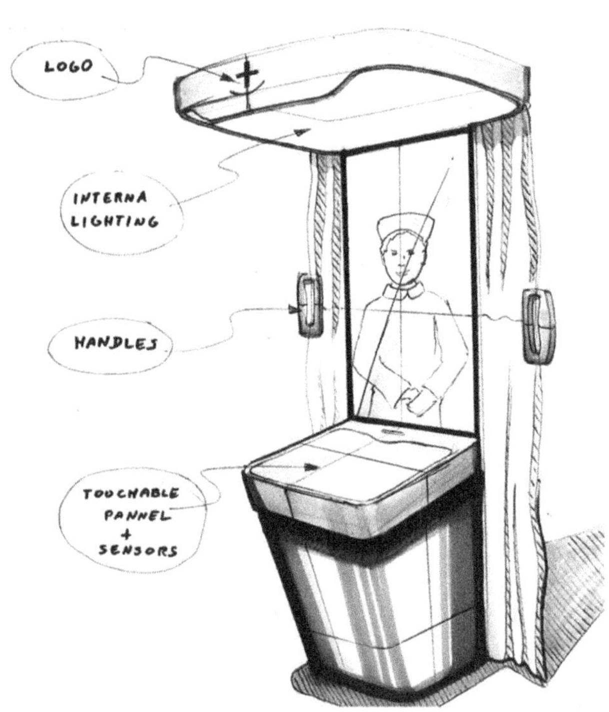

Welcome to
Smart Consulting Service

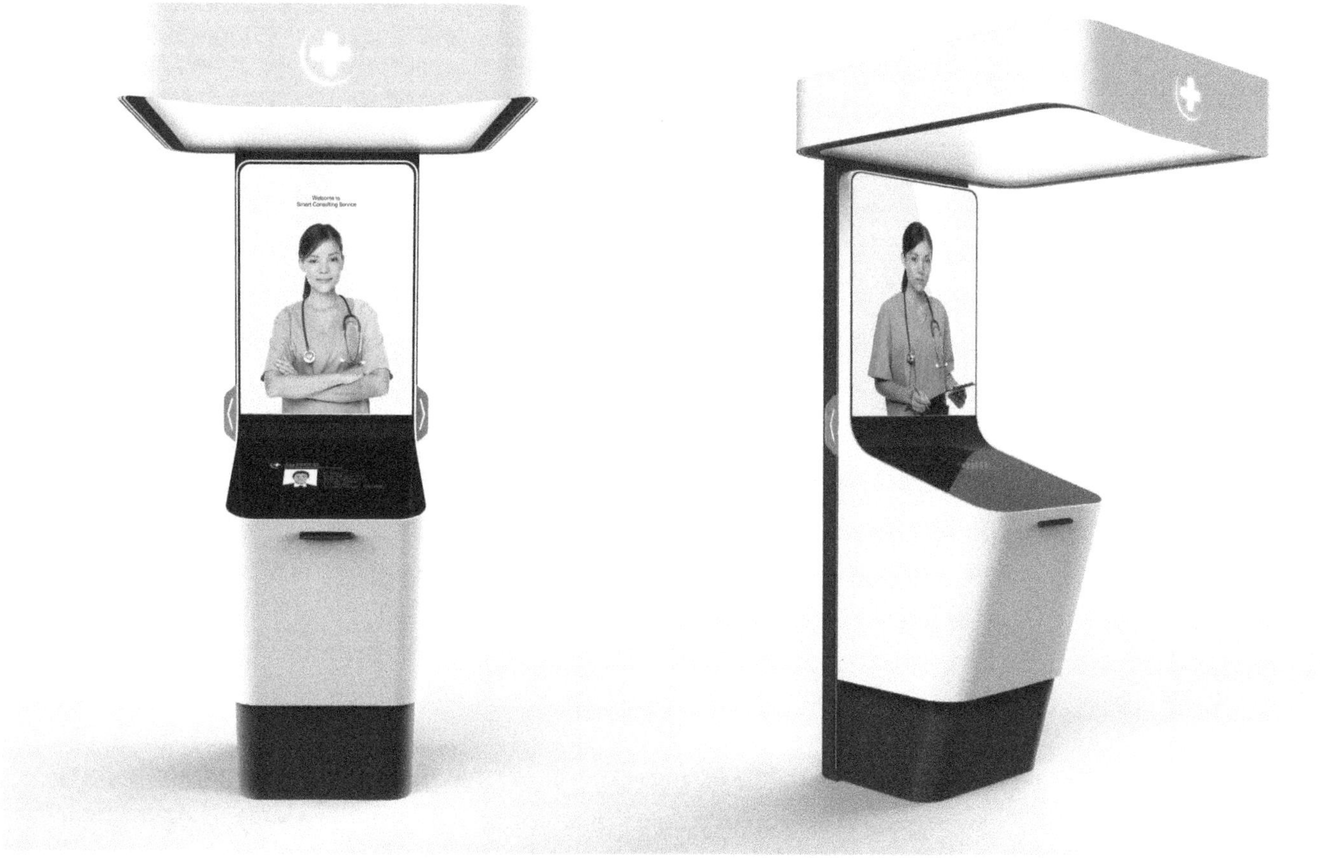

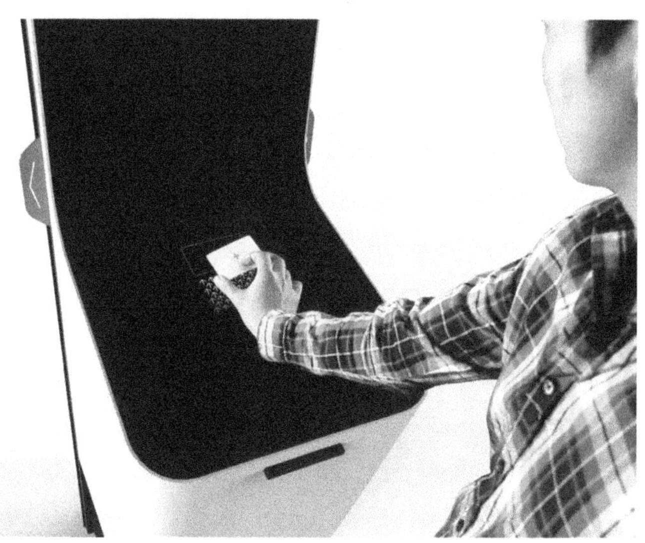

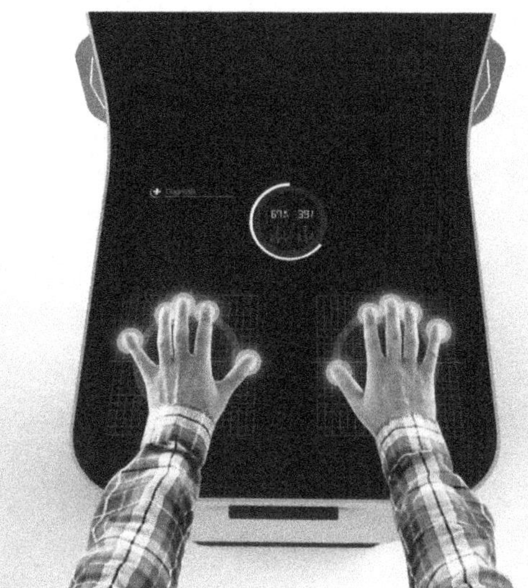

YONO 智能耳塞

公司 : YONO Health Inc.

YONO 智能耳塞专为测量基础体温 (BBT) 而设计，它将整夜持续不断地测量身体体温。当用户在夜间佩戴时，YONO 智能耳塞在耳道内产生封闭的受控环境，YONO 传感器将捕捉到不受室温影响的最准确的数据，每隔 5 分钟它便会测量并记录一次体温。早晨，当用户取出 YONO 智能耳塞并将其放在充电座上时，它会通过蓝牙向 YONO 配套的应用程序传输数据。根据体温循环曲线和峰值（基础体温通常在排卵期上升），用户可以确定她们的排卵日，从而帮助她们备孕或避孕。

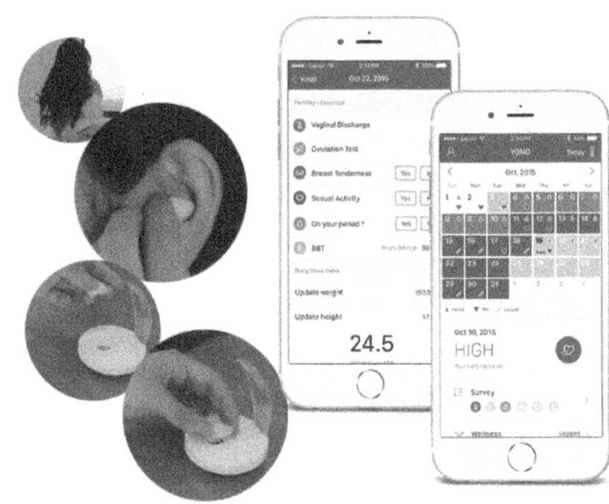

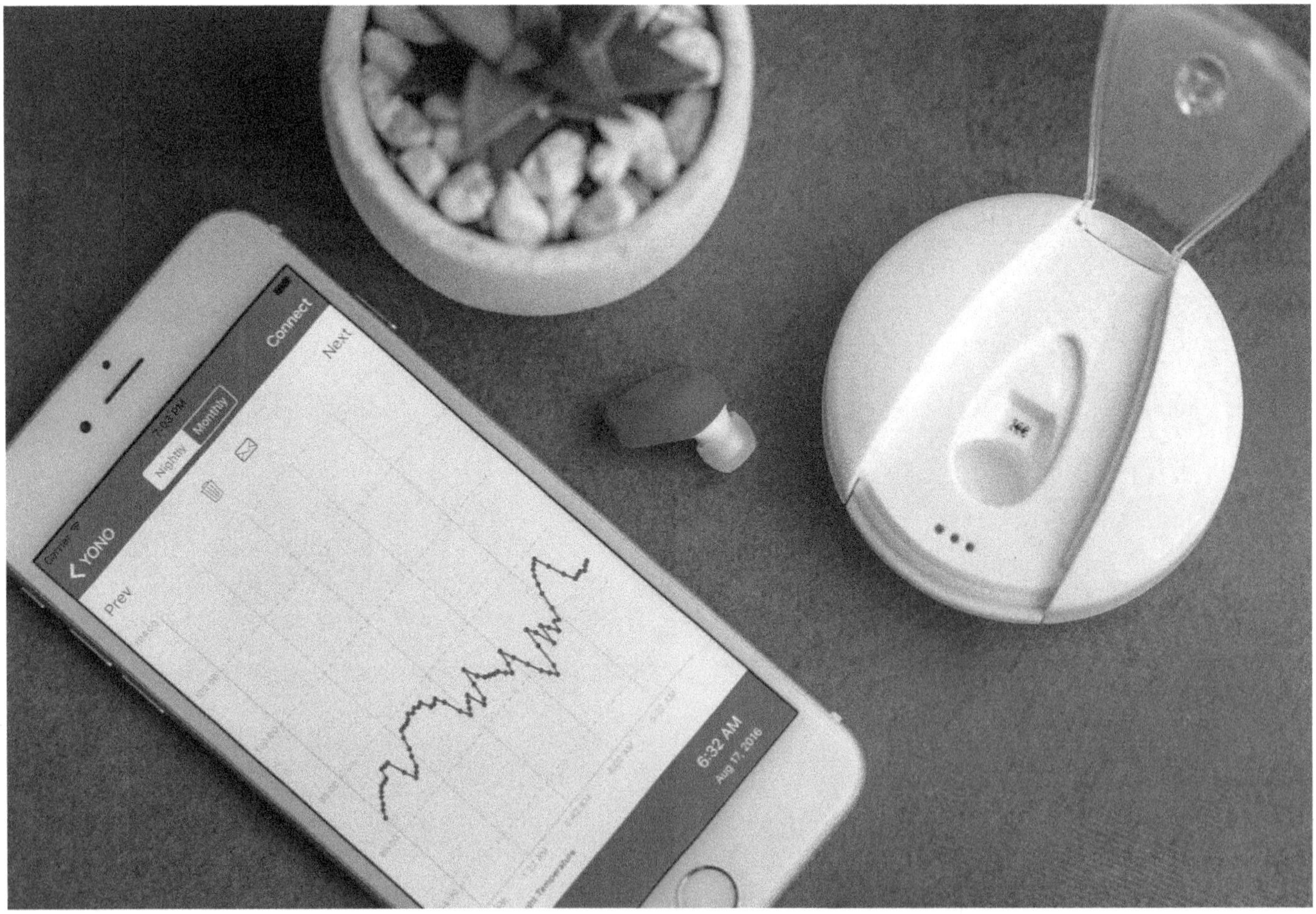

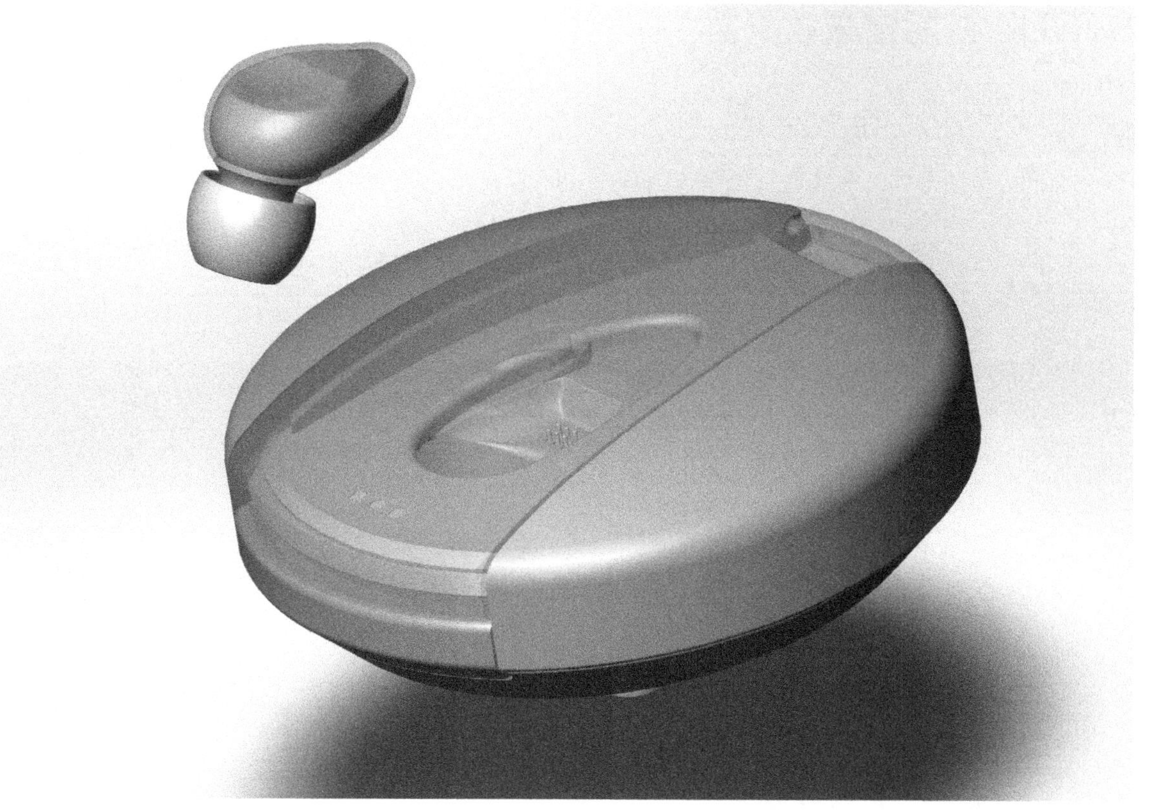

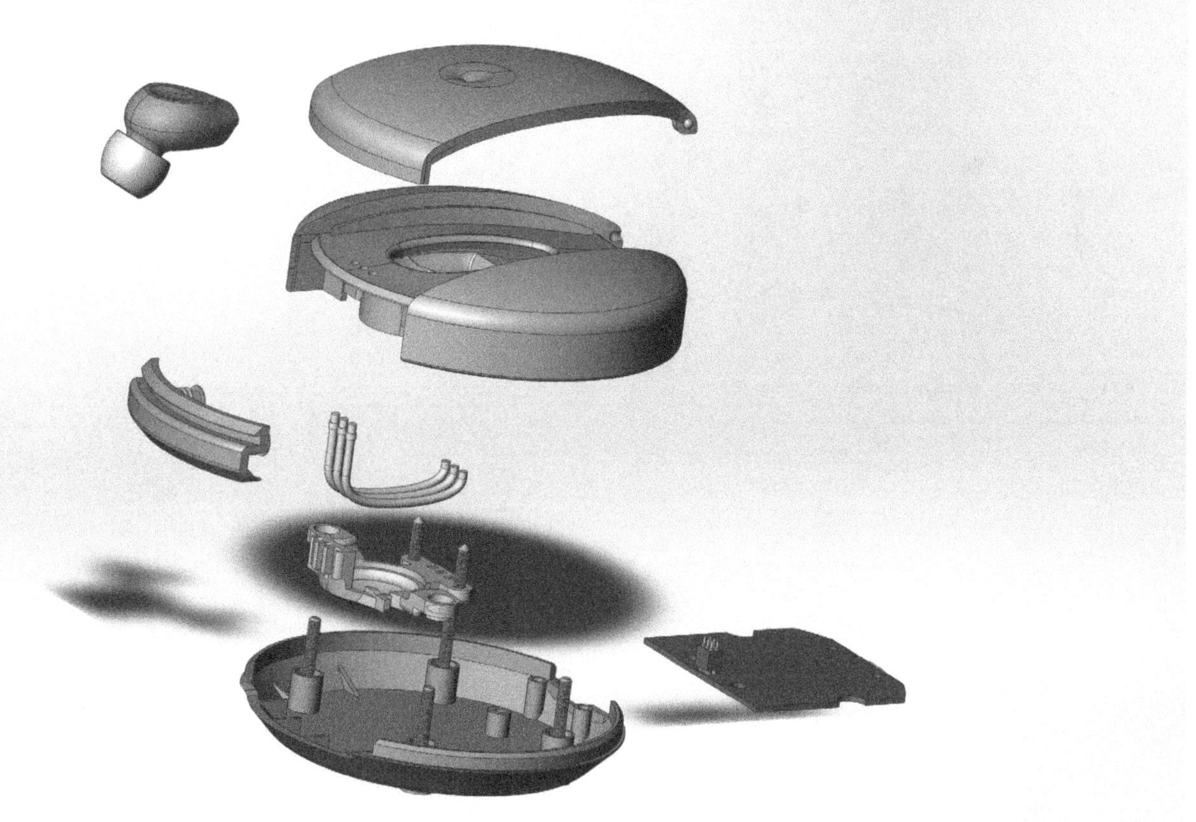

STONE 智能无线读卡器

设计：R&D Machina

Stone 项目旨在改善公众的健康水平。与普通的手写病历本不同，这款无线 NFC 读卡器内置芯片，可安全存储患者的全部医疗记录。这不仅为患者提供了便利，也让公众健康医疗系统访问并管理患者信息变得更加高效。

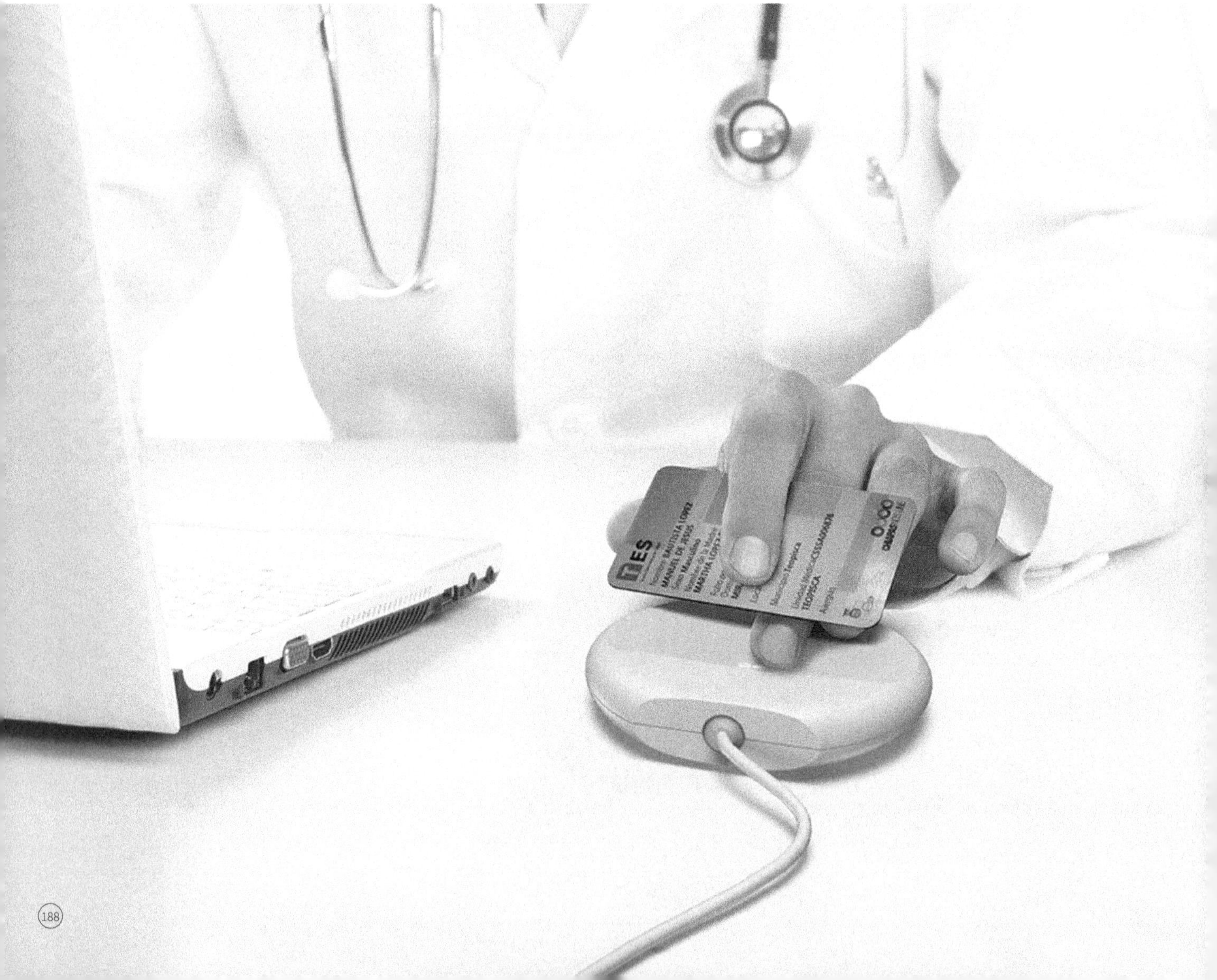

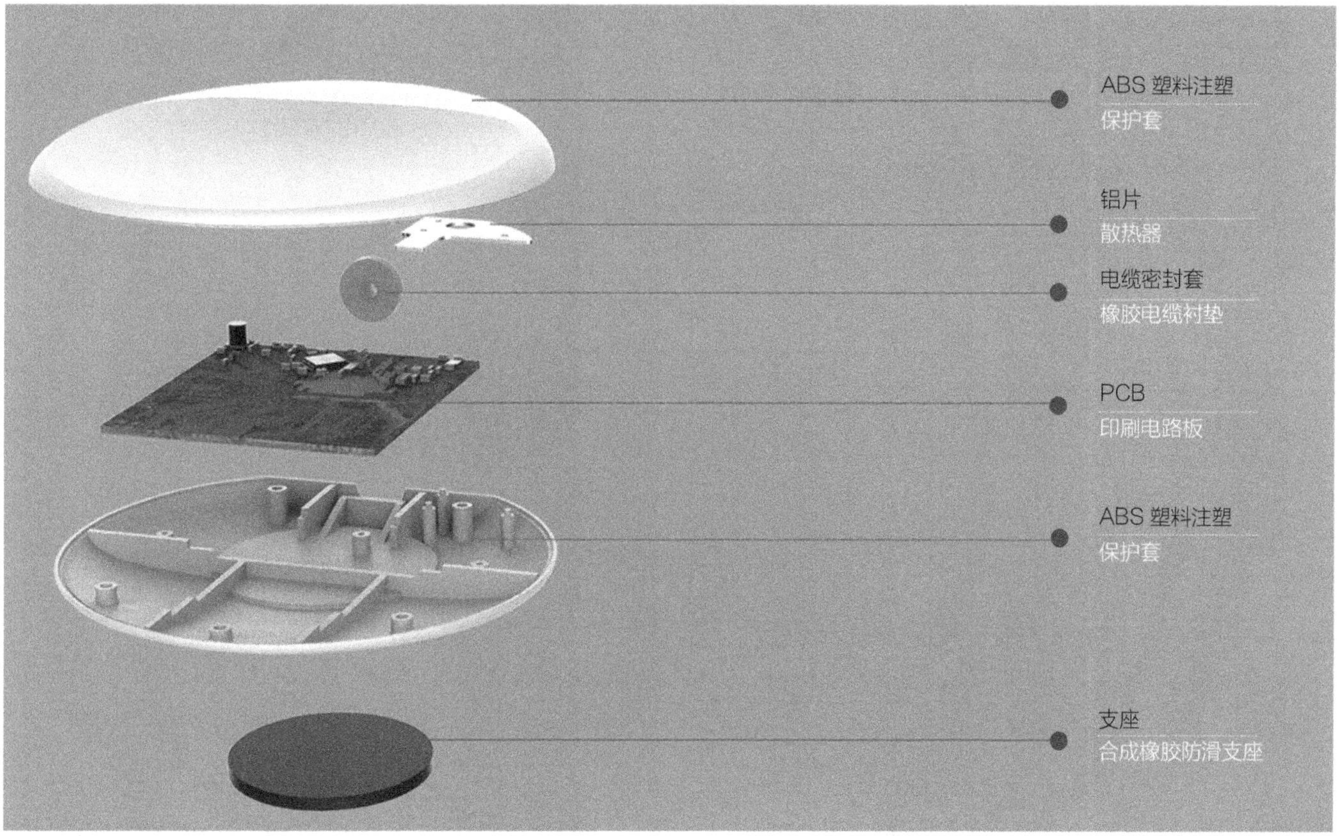

ABS 塑料注塑
保护套

铝片
散热器

电缆密封套
橡胶电缆衬垫

PCB
印刷电路板

ABS 塑料注塑
保护套

支座
合成橡胶防滑支座

运动与健身

SmartHalo 智能光环导航仪是专为城市骑行一族设计的智能自行车配件。它安装在你的自行车车把手上，在与你的智能手机配对后，会通过一圈直观的 LED 光束为你提供导航提示。它会记录你所有的自行车骑行数据，并在夜晚骑车的时候为你开灯照明。此外，它还具备警报系统，使你的自行车免遭窃贼偷窃。

让自行车变聪明的智能光环导航仪

设计：马克西姆·考图里尔 (Maxime Couturier)

在研发 SmartHalo 智能光环导航仪的过程中，你们面临的最大困难是什么？又是如何解决的？

我们所面临的最大困难之一是如何设计合适的锁定装置。我们希望这个配件牢牢地固定在自行车上，同时用户又可以毫不费力地将它取下来充电。我们本来想使用梅花螺丝来固定配件，但感觉如果用户要经常将螺丝拆拆卸卸的话有点奇怪。于是我们与本地合作伙伴一起研发了一种与磁性钥匙搭配使用的内锁，并对最后的成果感到很满意。

最开始你们有没有考虑市场需求？你们是如何在设计理念的表现和市场需求上找到平衡点的？

我们在有了初步的想法后便时刻向人们宣传以获得反馈。当我们胸有成竹的时候，便发布了登录页来收集电子邮件。我们在众筹网站 Kickstarter 开展众筹，在 30 天内迅速筹集了超过 500,000 加元的资金。

SmartHalo 智能光环导航仪是经常在室外使用的部件，你们的设计是否经久耐用呢？

SmartHalo 智能光环导航仪可以在任何天气下使用。我们生活在蒙特利尔，极寒和极热的天气都可能会遇到，因此在设计时也考虑到这些因素。它的外壳采用防水设计，无论是下雨天、下雪天和大热天，你都可以使用它骑行。

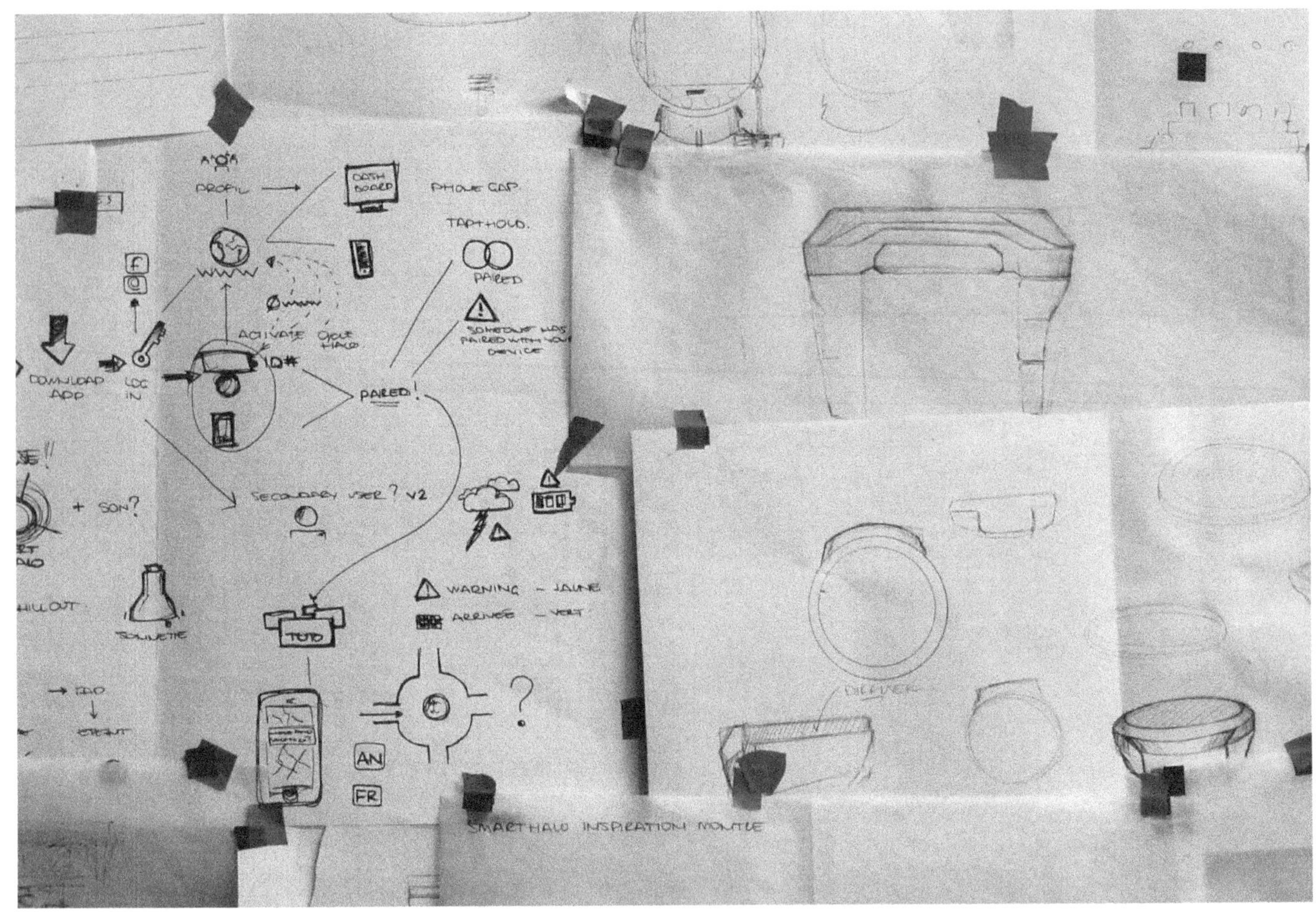

如今市场上有太多功能类似的健身设备，你们做了哪些努力来吸引顾客呢？

目前大多数健身产品所面临的问题是它们前期需要输入一些数据来“启动”和“停止”记录。而我们的设备一直装在自行车上，用户可以启动蓝牙连接来监测骑行状态。这样，所收集到的数据便总是可靠和相关的。

你们会如何向不熟悉该自行车配件的人士描述你们的设计方法呢？

我们专注于简约和极简主义，我们认为真正的完美不在于无从附加，而在于无可剔除。例如：SmartHalo 的设计力求简约。我们都知道在城市内骑自行车可以说是一种挑战，所以我们要确保我们的设备是使用简便但又是智能的。怎么实现呢？我们将界面设计得简单得不能再简单：一个圆圈。这种设计简约时尚，同时也方便安装在任何一个车把手上。

你们认为在未来 5 至 10 年你们所在技术领域的最大进步和风险会是什么？

传感器将会变得体积更小、价格更便宜且性能更卓越。下一个开发阶段是研发耗能少而续航时间长的技术，可以想象下能够无限距离使用的蓝牙技术。

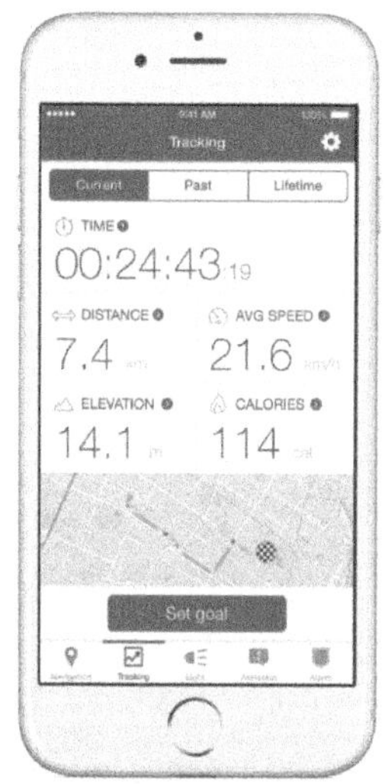

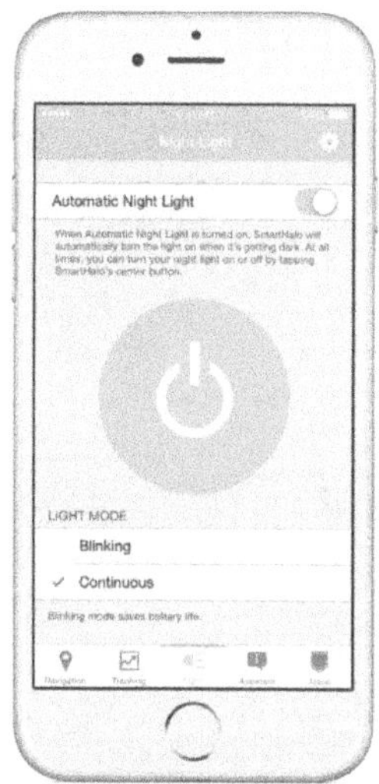

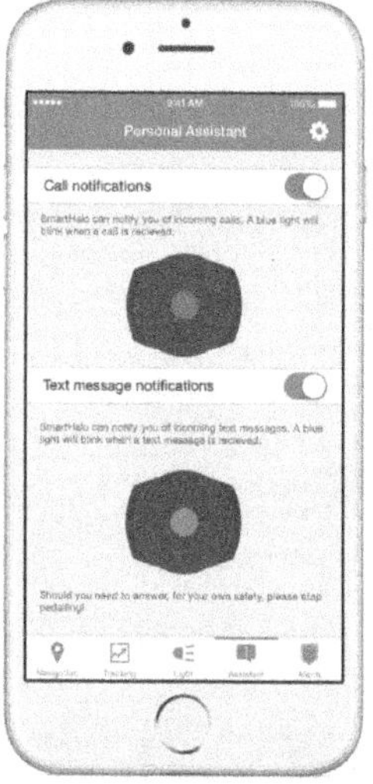

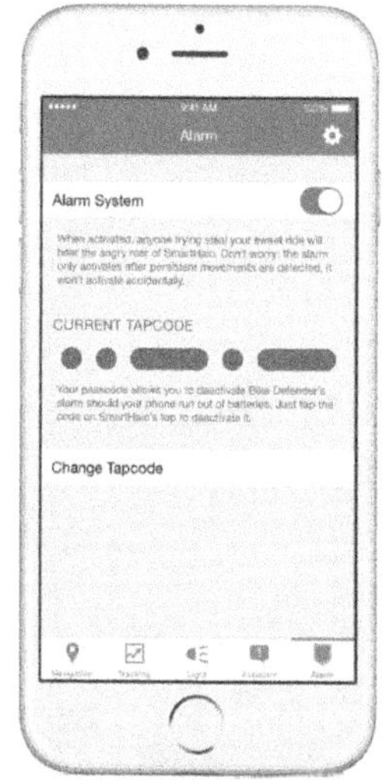

导航

自动追踪

智能夜间照明灯

来电通知

警报系统

给自行车装上智能车轮

研发与设计：MIT SENSEable 和 Superpedestrian, Inc.

卡洛·拉蒂 (Carlo Ratti)
MIT SENSEable 城市实验室负责人
哥本哈根智能车轮联合发明者

阿萨弗·彼得慢 (Assaf Bidrerman):
Superpedestrian 首席执行官

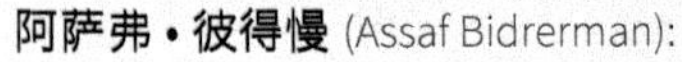

哥本哈根智能车轮可以装在任何自行车上，将普通自行车变身为电子自行车。该车轮具备车载计算机、电池、传感器及能够感应骑车者蹬踩脚踏板习惯的马达。它能够学习骑车人的骑车习惯，并与骑车者的运动无缝集成，极大地提升骑车动力，让骑车变得更加轻松。此外，该车轮还可与 App 搭配使用，帮助控制备用动力的程度，记录骑车者的骑车旅程并与其他用户分享。它时尚的外观设计、引人注目的红白色调令其魅力十足，是一款既美观又实用的智能产品。

1

2

3

4

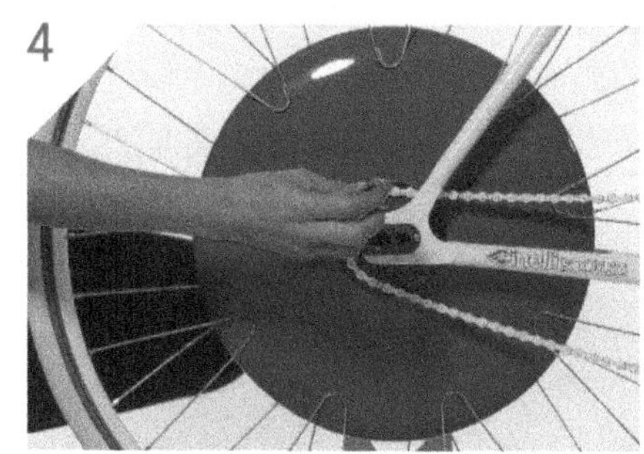

5

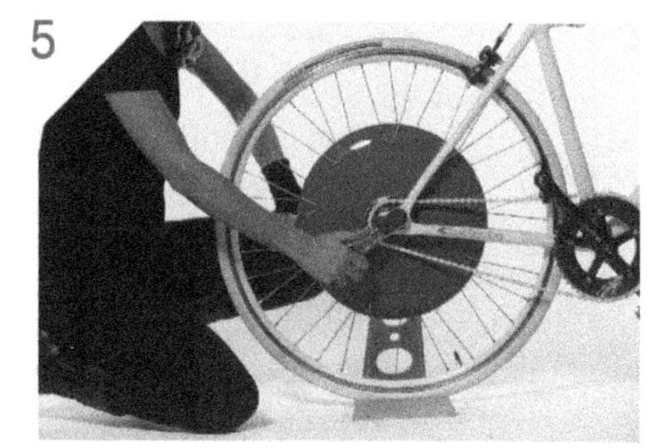

6

可以谈谈哥本哈根智能车轮背后的想法吗？它对你们来说意味着什么？

拉蒂 (Ratti)：该项目始于一项研究哥本哈根市内人力出行和空气质量检测的实验。我们最初的问题是：能否通过只更换自行车的后车轮，而将其变成一辆智能电子混合动力车？哥本哈根智能车轮还可以收集你的骑车活动（如骑车、你正在燃烧的卡路里）数据以及你周围环境的情况（如空气质量等）。它很好地诠释了将自行车引入“线上”的理念：提供反馈循环并告知城市变化。

彼得曼 (Biderman)：我们希望为人们提供一种可与汽车相媲美的交通出行工具：它既要外观时尚，使用起来有趣，而且价格又要实惠。除了满足人们日常的出行需求之外，我们还关注与出行体验有关的情感。为了增加它的竞争力，它必须足够吸引人。我们的想法是让用户通过更换后车轮，便能将自行车变身成可以联网的混合动力自行车。它让骑车者在上班途中或在山地骑行时不用担心会感到吃力。该智能车轮能够学习骑车者和自行车之间的互动方式，并在需要时为骑车者提供助力。它是一种学习型的机器人。我们并没有为自行车提供类似油门的设计，而是采用能与你的骑车方式有机整合的加速设计。最后你会感到车轮与你融为一体，它变成了你的骑行伙伴：智能且友好。

当智能车轮的理念首次提出之后，人们表现出非常浓厚的兴趣。你们认为是哪些元素让哥本哈根智能车轮别具一格且振奋人心呢？你们如何平衡市场需求（反馈）和设计理念的表现呢？

拉蒂 (Ratti)：我认为这里关键的理念是“人体机能增进”。智能手机增加了我们与其他人的互动，而哥本哈根智能车轮也希望在骑行上增加与他人的互动。因为，这体现了我们独一无二的个体性。电子假体在当今的数字化时代日益变得不可或缺，我们渐渐成了类似半机器人的生物：科技的进步推动了人体机能的增强。

而市场需求并不是我们的首要关注点。亨利·福特[1](Henry Ford) 曾说过：“如果我当年问顾客他们想要什么，他们肯定会告诉我想要一匹跑得更快的马……”实际上，自智能车轮发明以来，已经历了巨大的演变过程，但依然未改初衷。

彼得曼 (Biderman)：全世界都在寻找能够与汽车相媲美的新型交通方式。然而，目前市场上还没有具备竞争力的产品。而哥本哈根智能车轮的出现，优雅又高效地解决了这个问题，这是其他产品所难以超越的。

智能车轮的外观简约时尚；色调简单但让人印象深刻。在智能产品的设计过程中，如何在功能设计和外观上找到平衡点？

拉蒂 (Ratti)：美观也是一种功能！通常我们关注产品的用途，设计出既实用又美观的产品。

彼得曼 (Biderman)：简约是设计该智能轮胎的指导原则之一。它采用最简单的圆形设计。例如：车轮的辐条嵌在车轮的表面，因此无须安装会破坏车轮流畅线条的轮缘。它是一体式装置，因而安装过程十分简易。通过脚踩踏板便可控制车轮。剩下的交给机器人在后台自动无缝地完成。但这种技术对工程师和制造商来说是一项巨大的挑战，所幸最后还是达到了我们想要的效果。

作为发明者，你们参与了多个智能产品的设计，如智能车轮、互联式厨房及“lift-bit”沙发。能跟我们分享一下你们的设计理念吗？

拉蒂 (Ratti)：我们实际上只有一个焦点，但透过不同的镜头来发掘：如研究、项目及产品等。我们致力于忠实埃内斯托·罗杰 (Ernesto Roger)[2] 所说过的建筑学家设计的每一个元素应从“汤匙到城市”的观点，探索数字技术给我们带来的影响，这是激起我们好奇心的一部分。我尤其喜欢特吕弗 (Truffaut) 导演的一部电影《祖与占》(Jules et Jim) 中吉姆 (Jim) 和他的老师 艾伯特•索雷尔 (Albert Sorel) 中的一段对话：“老师，我将来要成为什么呢？”——“一个对凡事都有好奇心的人。”——“可是那并不是一种职业啊。”——“对，那并不是一种职业。去旅行，去写作，去翻译吧⋯⋯尝试着到处生活，开始行动吧。未来就是对于职业的一种好奇心。”

如今，人们非常热衷于设计智能互联产品。智能车轮也属于互联产品的范畴。在物联网时代下，你认为让物与物之间相互联系的最大阻碍是什么？

拉蒂 (Ratti)：1999 年，当凯文·艾仕顿 (Kevin Ashton) 首次提出物联网的概念时，出现很多技术层面的问题。如今，我们通过手机与世界各地保持联系，而我们仅需要研发一种合适的系统，让互联性给我们的生活带来一些意义。有些人对未来的冰箱和电视能够相互交谈而感到兴奋，然而我想问那样做的意义是什么？难道那不是全世界最无聊的对话吗？实际上，如果物联网能够帮助改变我们的生活，那它便是有意义的，比如物体之间的交谈能够帮助我们更好沟通。

注释：
①亨利·福特 (Henry Ford)：美国汽车工程师与企业家（1863–1947），福特汽车公司的建立者。
②埃内斯托·罗杰 (Ernesto Roger)：意大利设计史学家。
③马克·维瑟 (Mark Weiser)：施乐公司帕洛阿尔托研究中心的首席科学家（1952–1999），被公认为是普适计算之父。

你对智能世界有没有一种愿景？方法是什么？

拉蒂 (Ratti)：我喜欢技术“可能会消失”这个观点，然后我们便能将关注点再次放在事物的人性一面，施乐公司帕洛阿尔托研究中心已去世的计算机科学家马克·维瑟 (Mark Weiser)[3] 曾有先见之明地说过：“普适计算是计算机时代的第三次发展浪潮，现在正刚刚起步。第一次是大型主机时代，很多人共享一台大型机，现在是个人机计算时代，一个人盯着一个电脑屏幕。接下来便是普适计算的时代，即“平静技术”时代，技术已经退居到人们日常生活的幕后。”

你认为智能技术将如何影响我们的生活？

拉蒂 (Ratti)：如今，新技术正从根本上改变我们生活的方方面面。我对以下两方面尤其感兴趣：可持续性和社交性。它们立足于大多数物联网项目，同时在“共享经济”模式下也处于十分重要的位置。

随时随练的智能健身毯

设计：Lunar Europe

TERA 是一种交互式的产品理念，致力于生产设计精美的健身工具，让在家锻炼也能变成有趣的体验，为现代人打造健康的生活方式。这款智能健身毯将时尚与实用完美结合，它内置传感器，能够感应用户的动作模式并将其无缝转换，与 TERA App 搭配使用。

材料和形状

TERA 使用丹麦纺织品公司 Kvadrat 制造的优质环保羊毛织物制成，持久耐用、防滑耐磨。不用的时候看起来就是一块质感很好的地毯，放在家里也不会显得突兀。TERA 被设计成圆形，大小刚好适应人体动作的自然半径，使用户可以更自然地转换动作，从而更好地跟上锻炼的节奏。

硬件和软件之间如何交互

配套的 TERA App 界面直观，并能与智能地毯进行同步。不论是基础的拉伸运动，还是更加高阶的瑜伽、普拉提，甚至更为小众的泰拳等，TERA 都有配套的应用来为不同功底的用户，在没人带练的情况下提供各种难度的指导。当用户做运动时，其内置的传感器能够根据压力感应用户位置、姿势和中心的转变，同时利用表面的 LED 灯配合 App 为用户提示下一步的动作要领。所收集的训练数据可通过社交网络与私人教练共享。

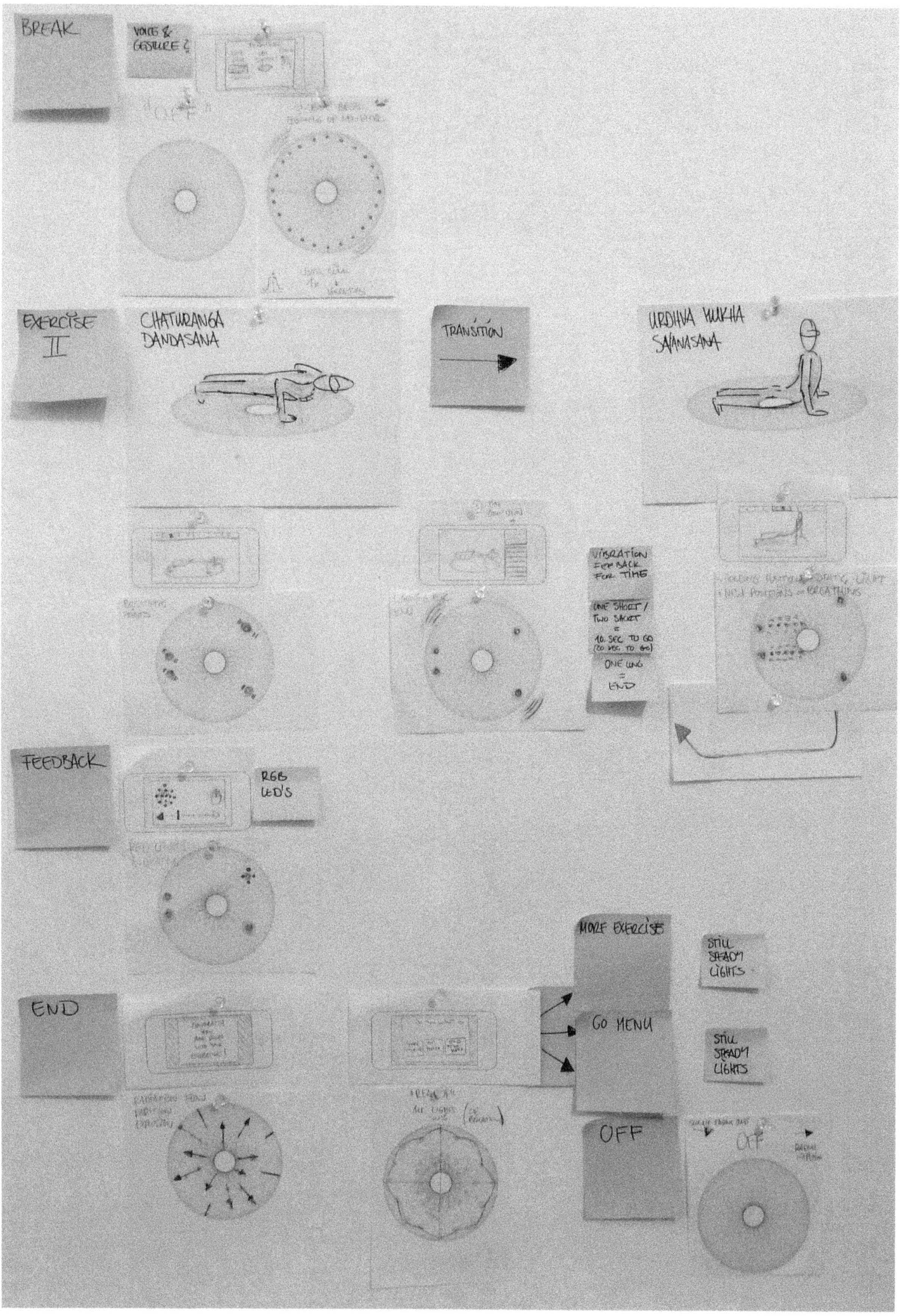

BREAK
VOICE & GESTURE ?
EXERCISE II
CHATURANGA DANDASANA
TRANSITION
URDHVA MUKHA SVANASANA
VIBRATION FEEDBACK FOR TIME
ONE SHORT / TWO SHORT = 10 SEC TO GO (20 SEC TO GO)
ONE LONG = END
FEEDBACK
RGB LED'S
MORE EXERCISE
STILL STEADY LIGHTS
END
GO MENU
STILL STEADY LIGHTS
OFF

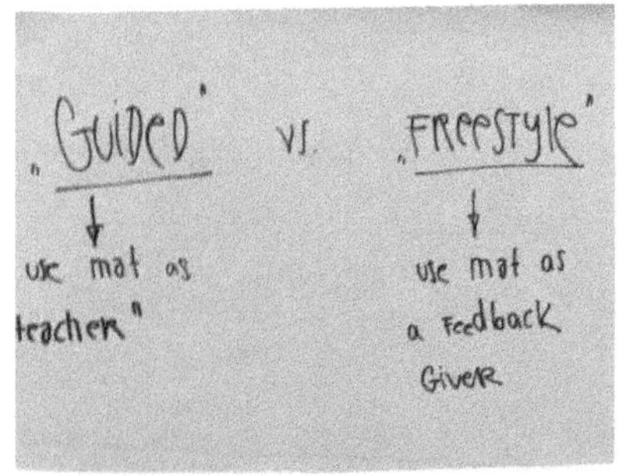
„Guided"
vs.
„Freestyle"
use mat as teacher"
use mat as a feedback giver

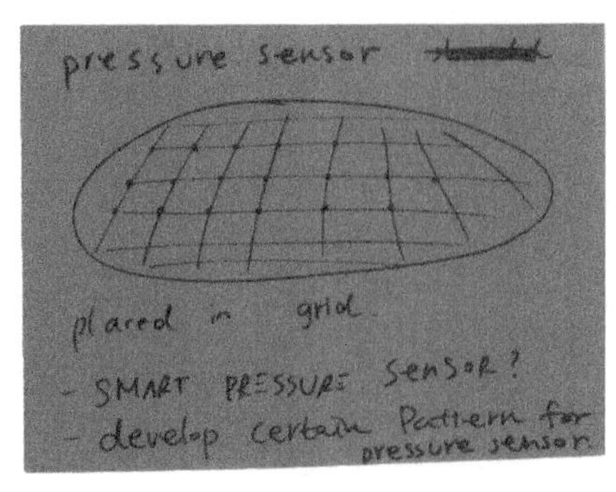
pressure sensor
placed in grid
- SMART PRESSURE SENSOR?
- develop certain Pattern for pressure sensor

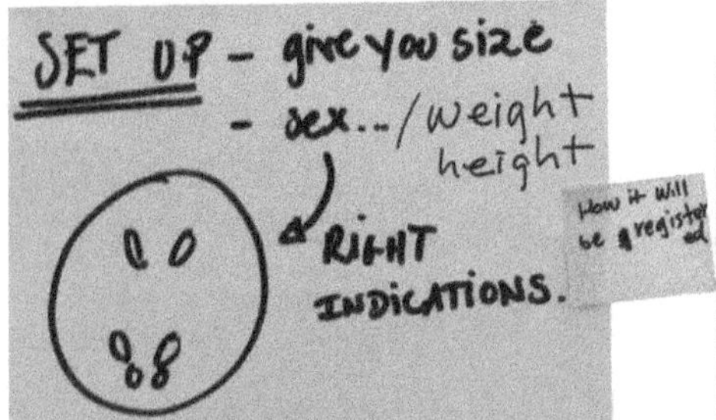
SET UP - give you size
- sex.../weight
height
RIGHT INDICATIONS.

"RECOGNISES" YOUR
BREATH + HEARTBEAT
APP

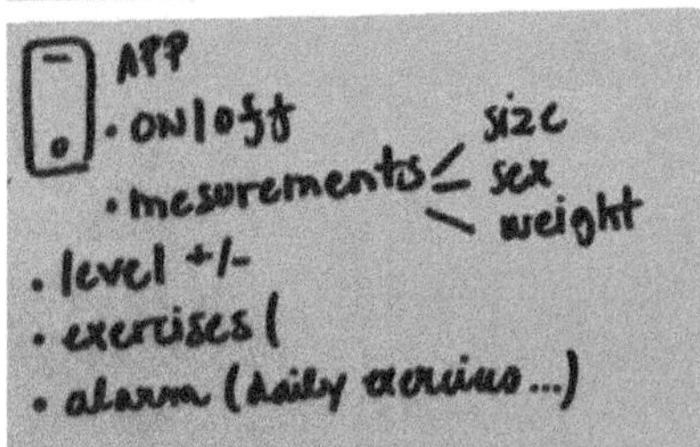
APP
· on/off
· mesurements
size
sex
weight
· level +/-
· exercises
· alarm (daily exercise...)

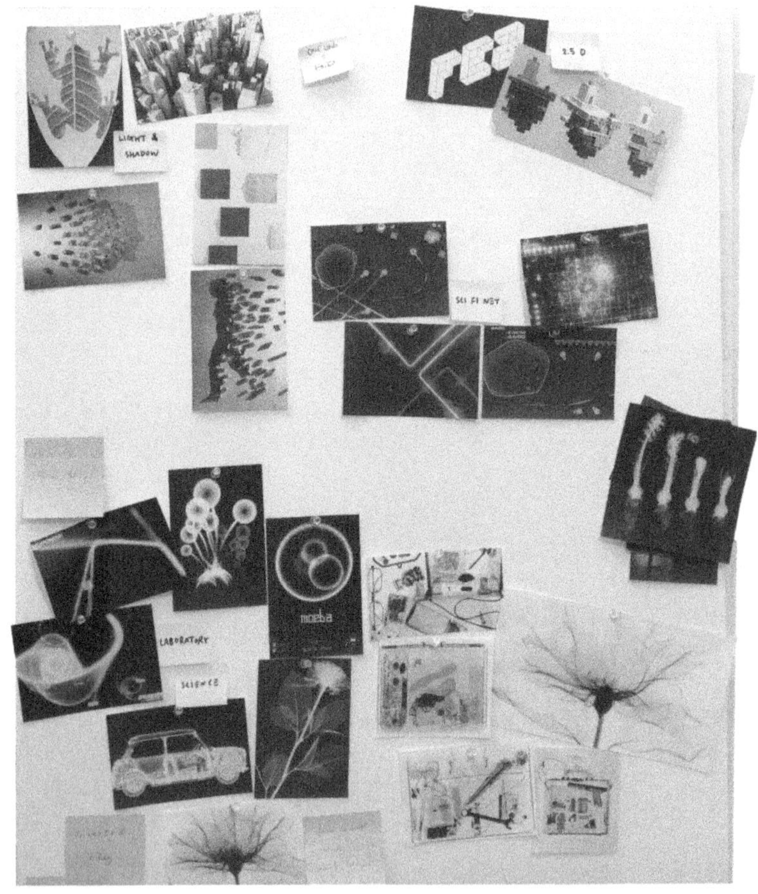
LIGHT & SHADOW
2.5 D
moeba
LABORATORY
SCIENCE

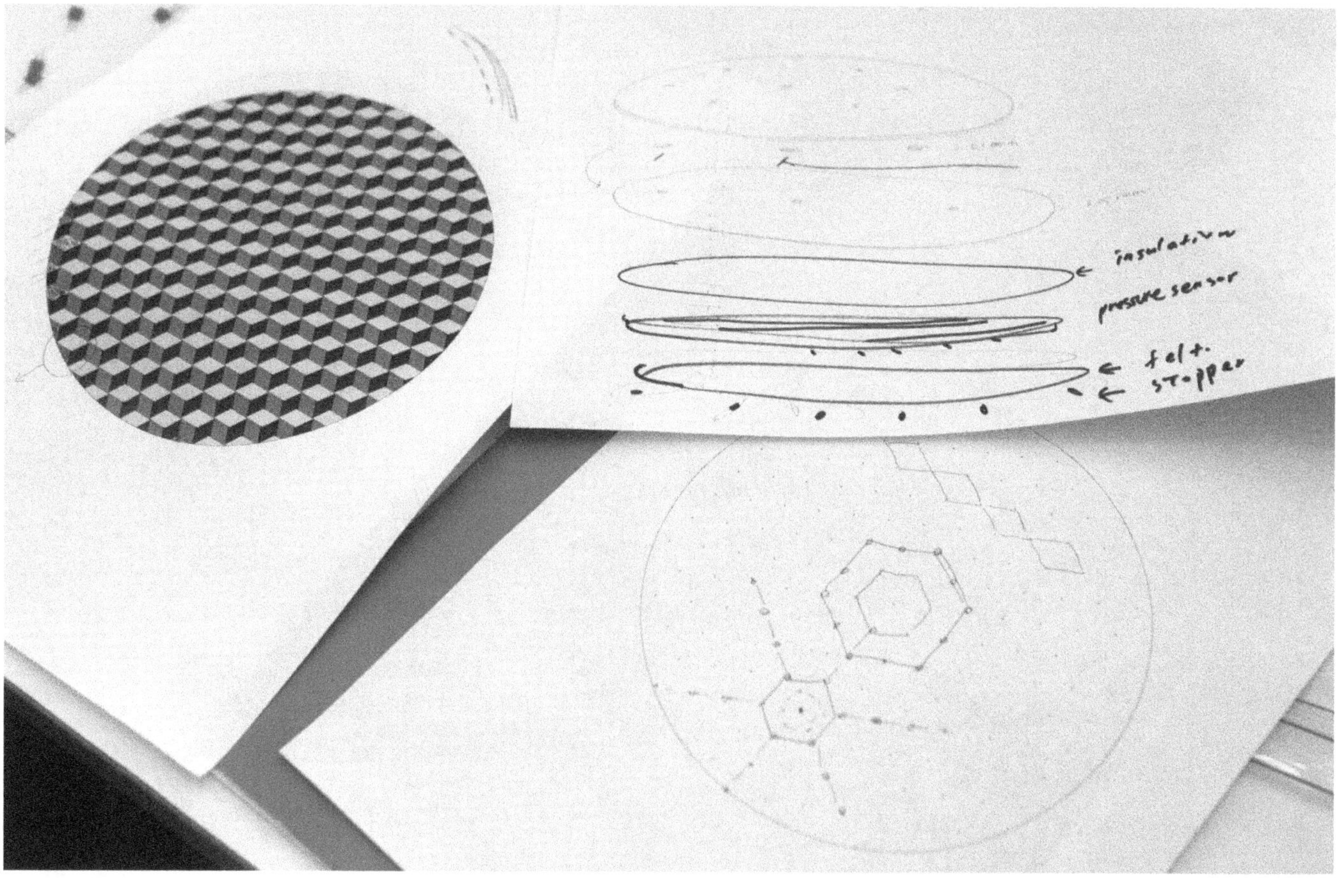
insulation
pressure sensor
felt.
stopper

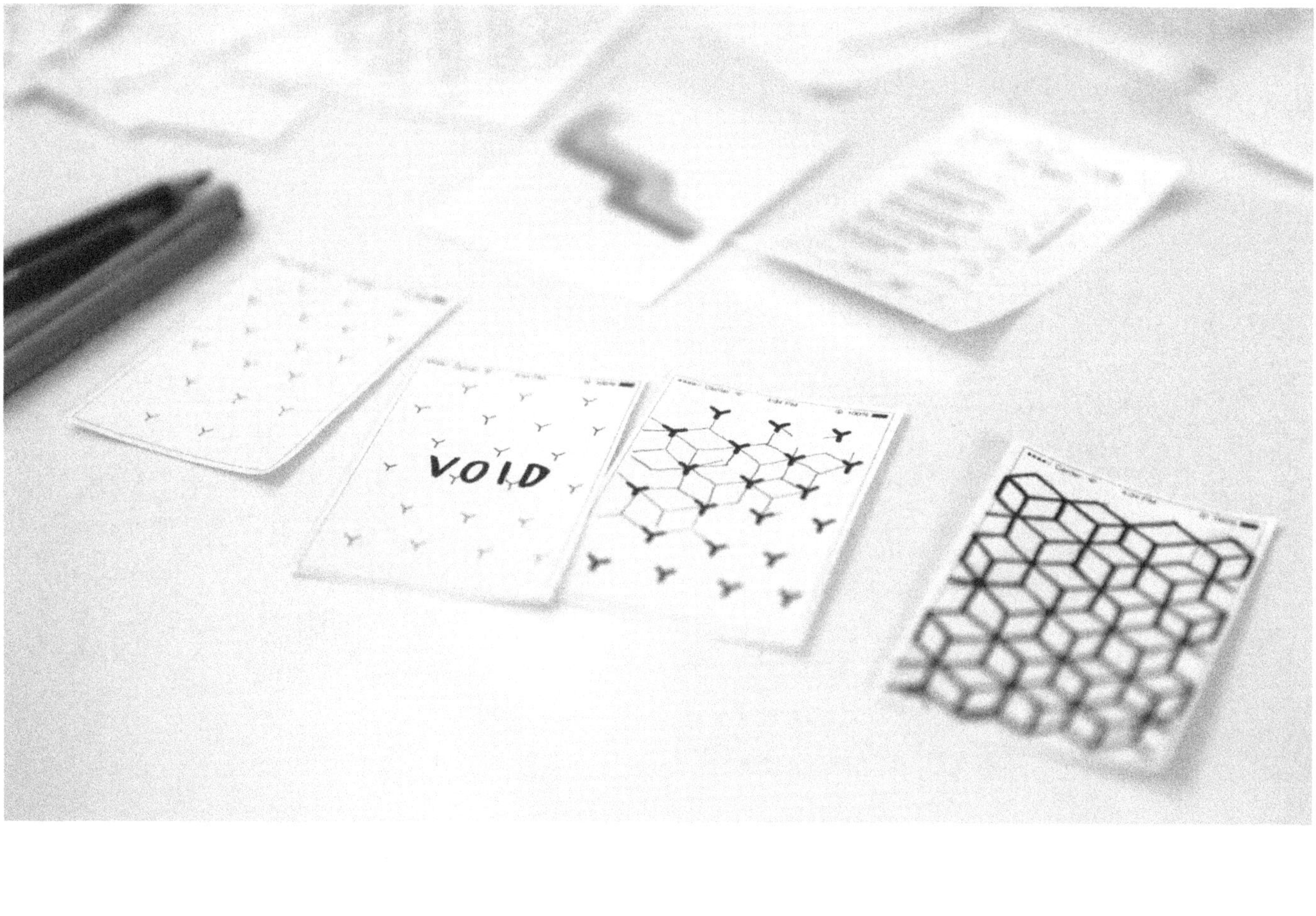
VOID

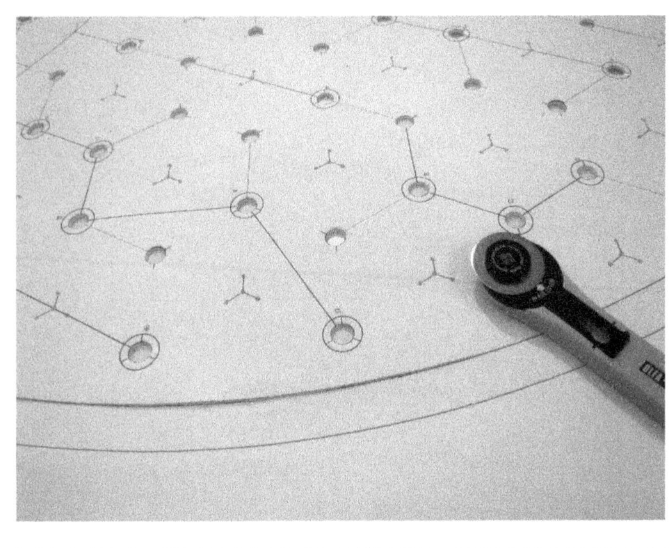

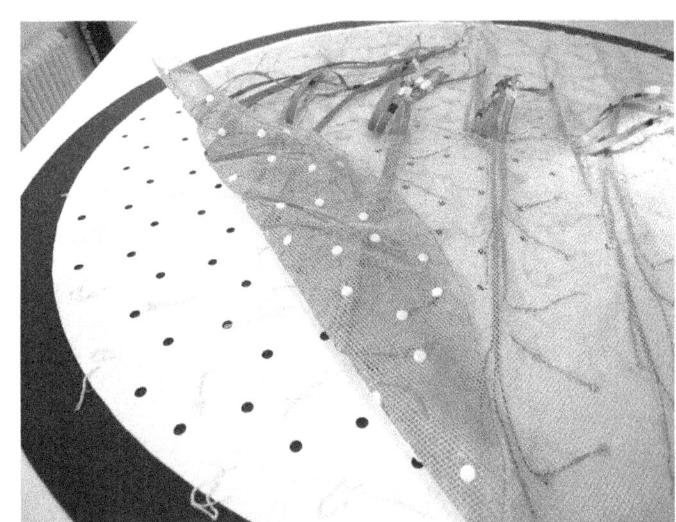

UNO

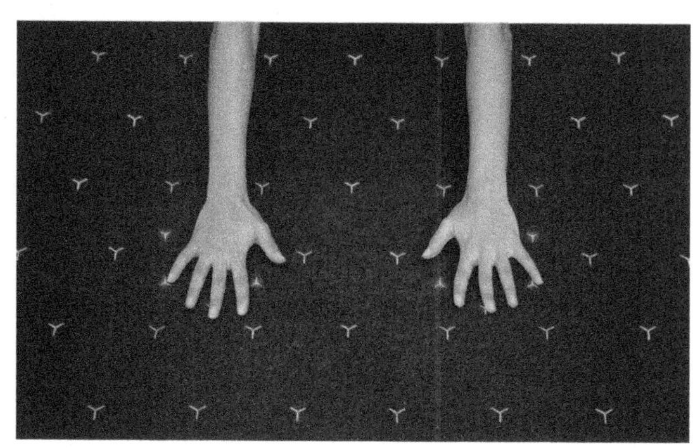

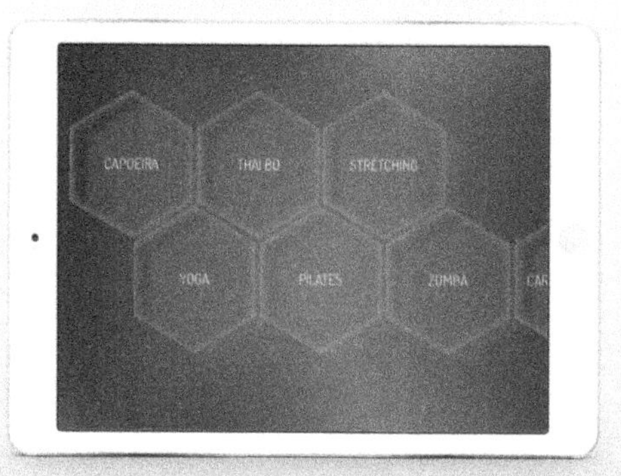
CAPOEIRA
THAI BO
STRETCHING
YOGA
PILATES
ZUMBA

Sensoria 智能运动袜

公司 : Sensoria Fitness Inc.

Sensoria 智能运动袜内置纺织物压力传感器，帮助改善你的跑步姿态。与之配合使用的 Sensoria 健康 App 将实时提供语音反馈，记录跑步时脚的着地状态、跑步节奏和脚与地面的接触时间。Sensoria 智能运动袜不仅告诉用户跑步的距离和速度，还告诉用户跑步的姿势是否正确。

灵感

这双智能运动袜的诞生可以追溯到 Sensoria 首席技术官马里奥·埃斯波西托 (Mario Esposito) 有次在当地星巴克的用餐经历，当时马里奥的妻子不小心将咖啡洒在他的脚上，瞬时热气传遍他全脚。这次经历让 Mario 灵光一闪：与其将技术植入到衣物中，不如将纺织物本身变成传感器。经过研究和测试之后，Sensoria 智能运动袜便诞生了。

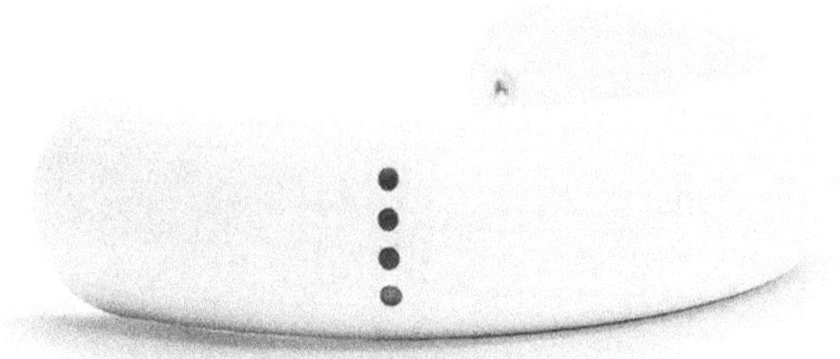

Sensoria 首席执行官戴维德·维加诺 (Davide Vigano) 说道“我们知道市场上已经有内置传感器的纺织物，但它们一经清洗便失效，而用于锻炼的衣物是需要经常清洗的！因此，我们必须自己研发可以清洗的纺织物传感器技术，但同时又保证它的轻薄和舒适。”

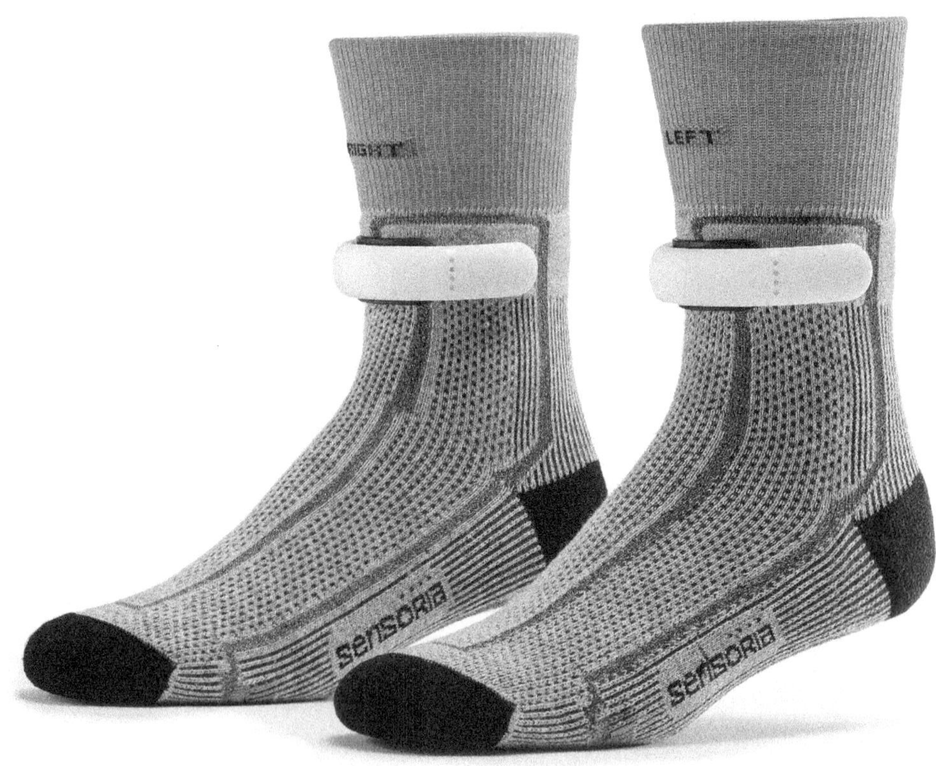

它的工作原理

每只运动袜的前脚掌和脚后跟处分别集成了传感器。这些传感器通过用户戴在脚踝的电子轻型脚环来传输数据。配套的 App 会告诉用户他们跑步时脚后跟是否着地，步幅是否过大及跑步的节奏是否正确等。所有收集的数据（包括跑步速度、距离及 GPS 定位）通过与袜子连通的蓝牙脚环传输到 Sensoria 健康手机 App 中。用户将获得跑步节奏和姿势等的实时反馈。

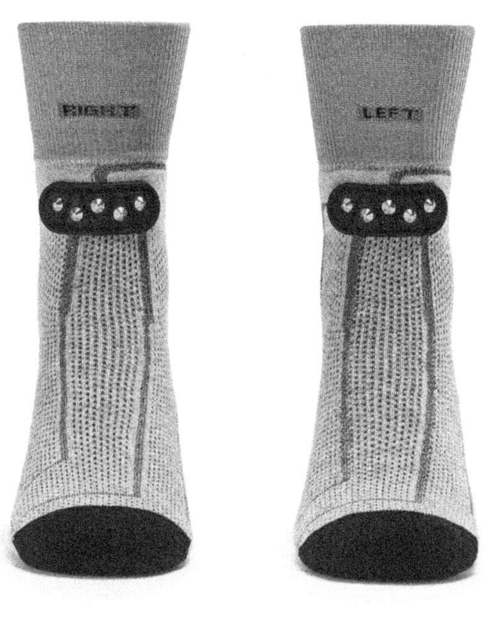

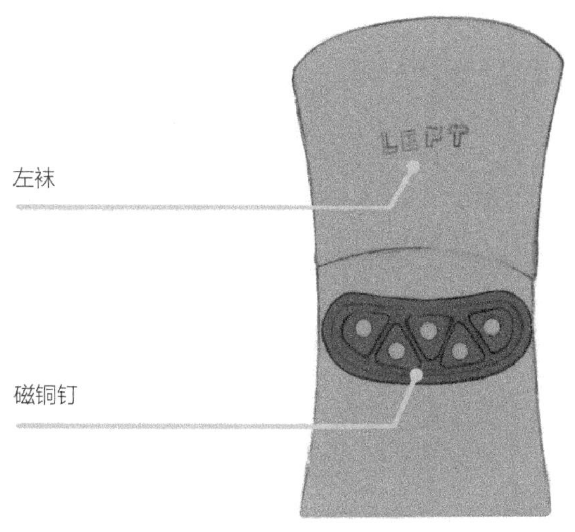

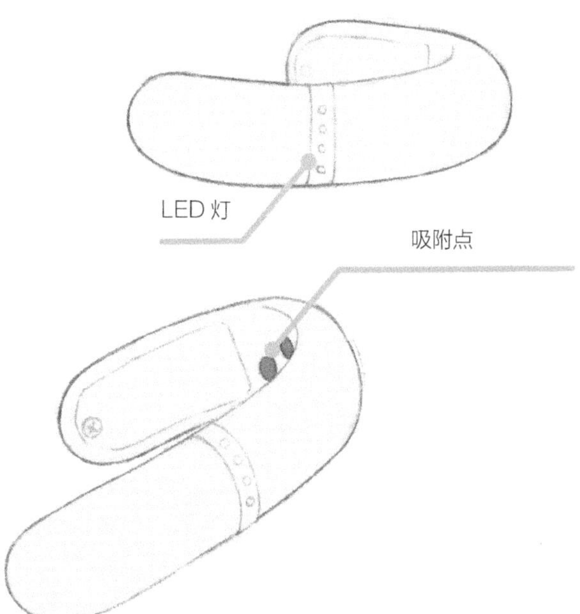

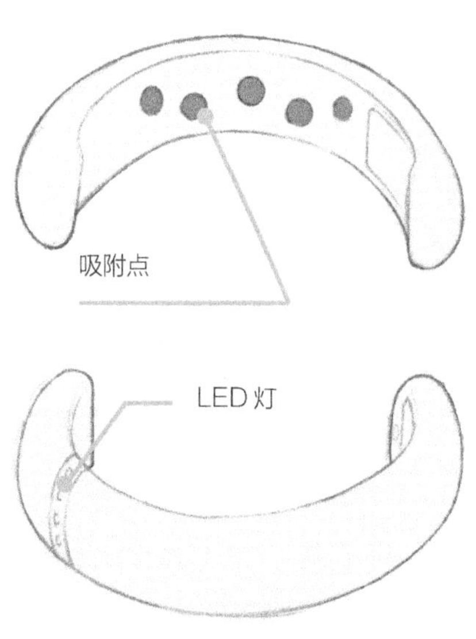

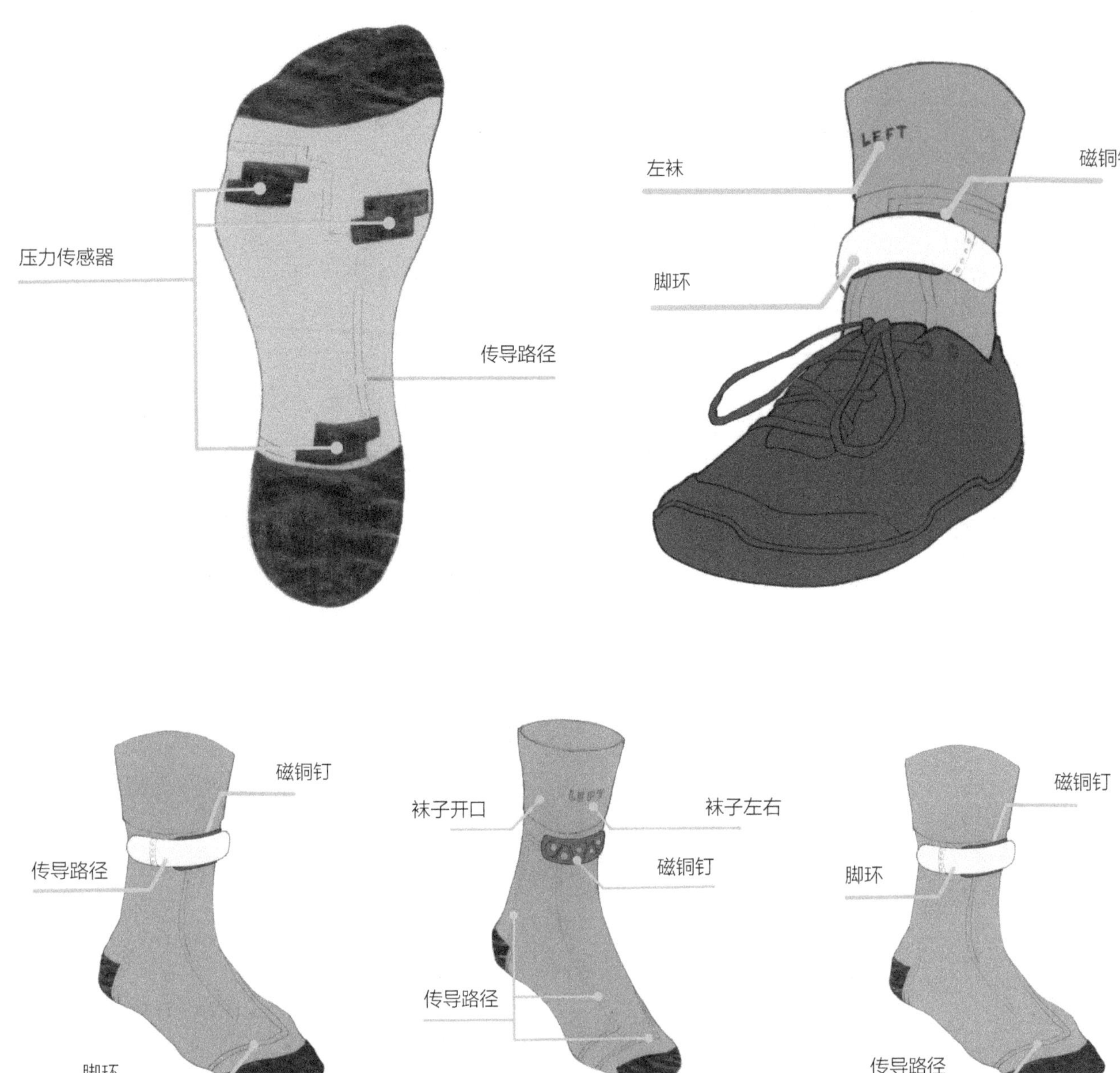

如何穿戴

该脚环内置操作灵活的 PCP 电子产品，可以自由弯曲和调整，使其贴合不同大小的脚踝。你可以将它搭扣在袜子的饰钉带上。在与袜子连通后就不要去触碰它，它会像磁铁一样吸附在袜子上。一旦将它连接，它自动开启。一旦断联，它就自动关闭。

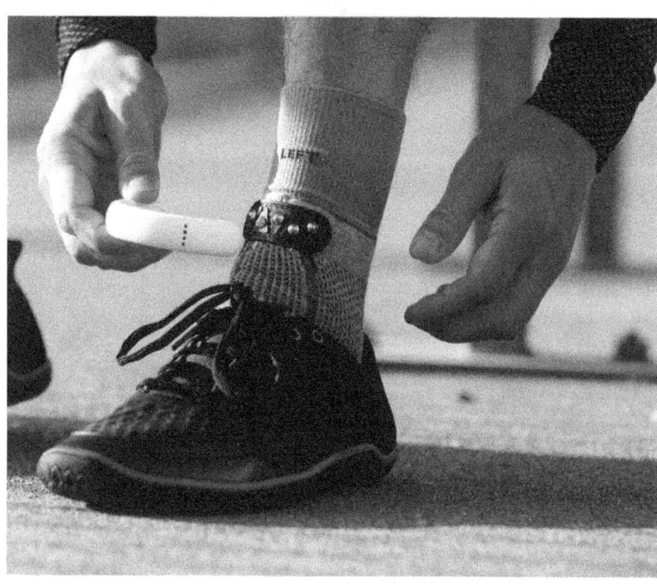
LEFT
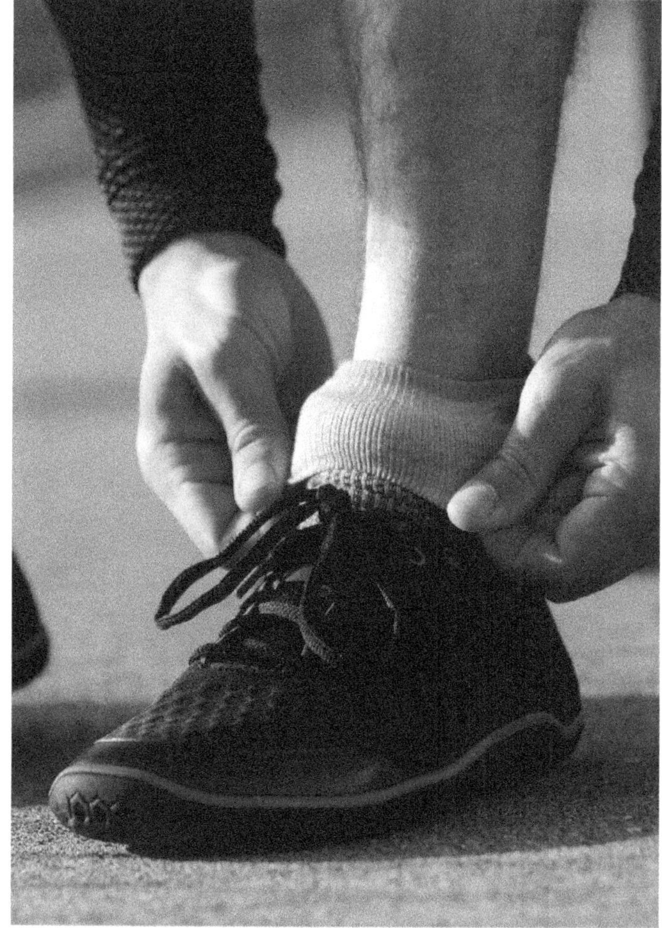

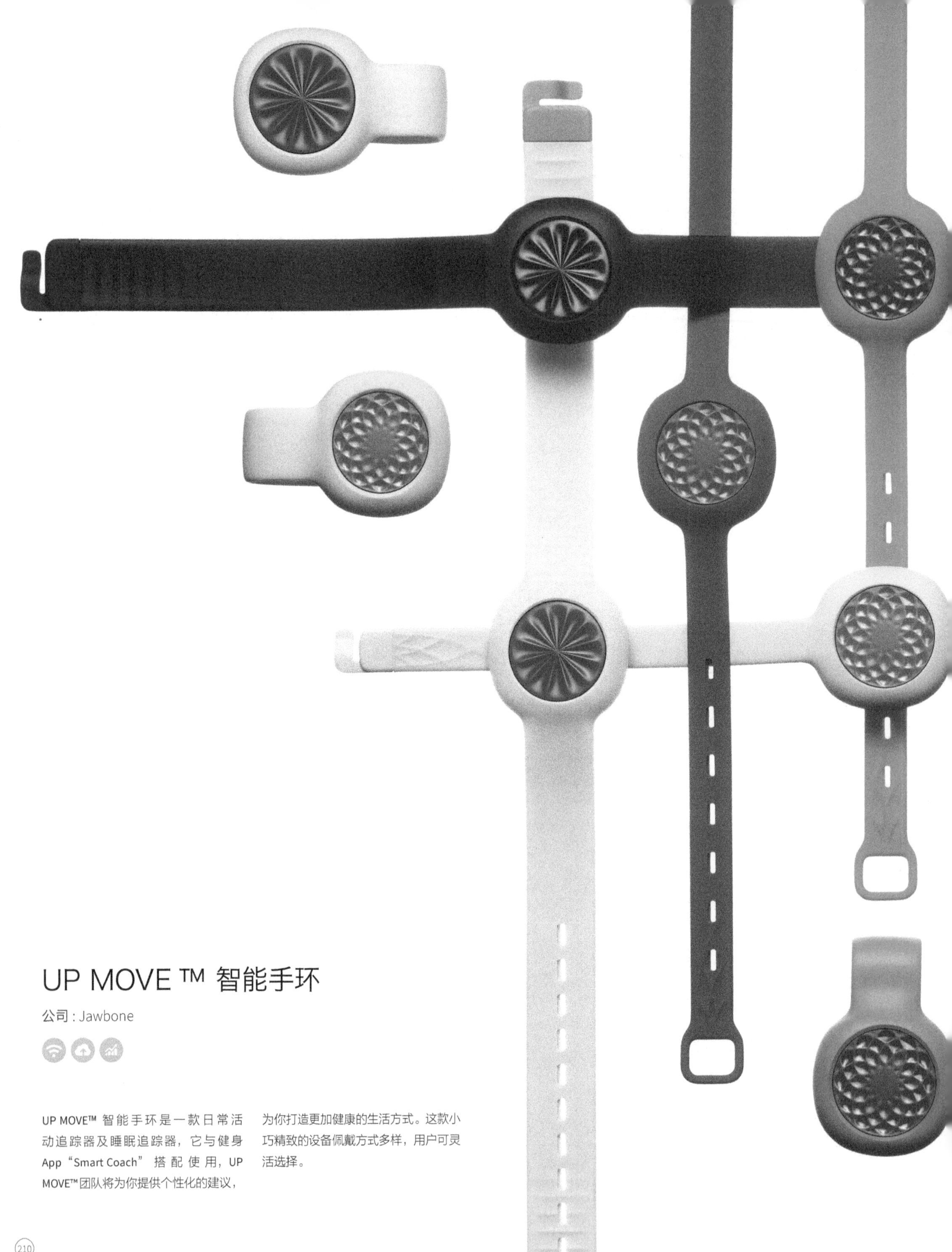

UP MOVE ™ 智能手环

公司 : Jawbone

UP MOVE™ 智能手环是一款日常活动追踪器及睡眠追踪器，它与健身 App“Smart Coach”搭配使用，UP MOVE™团队将为你提供个性化的建议，为你打造更加健康的生活方式。这款小巧精致的设备佩戴方式多样，用户可灵活选择。

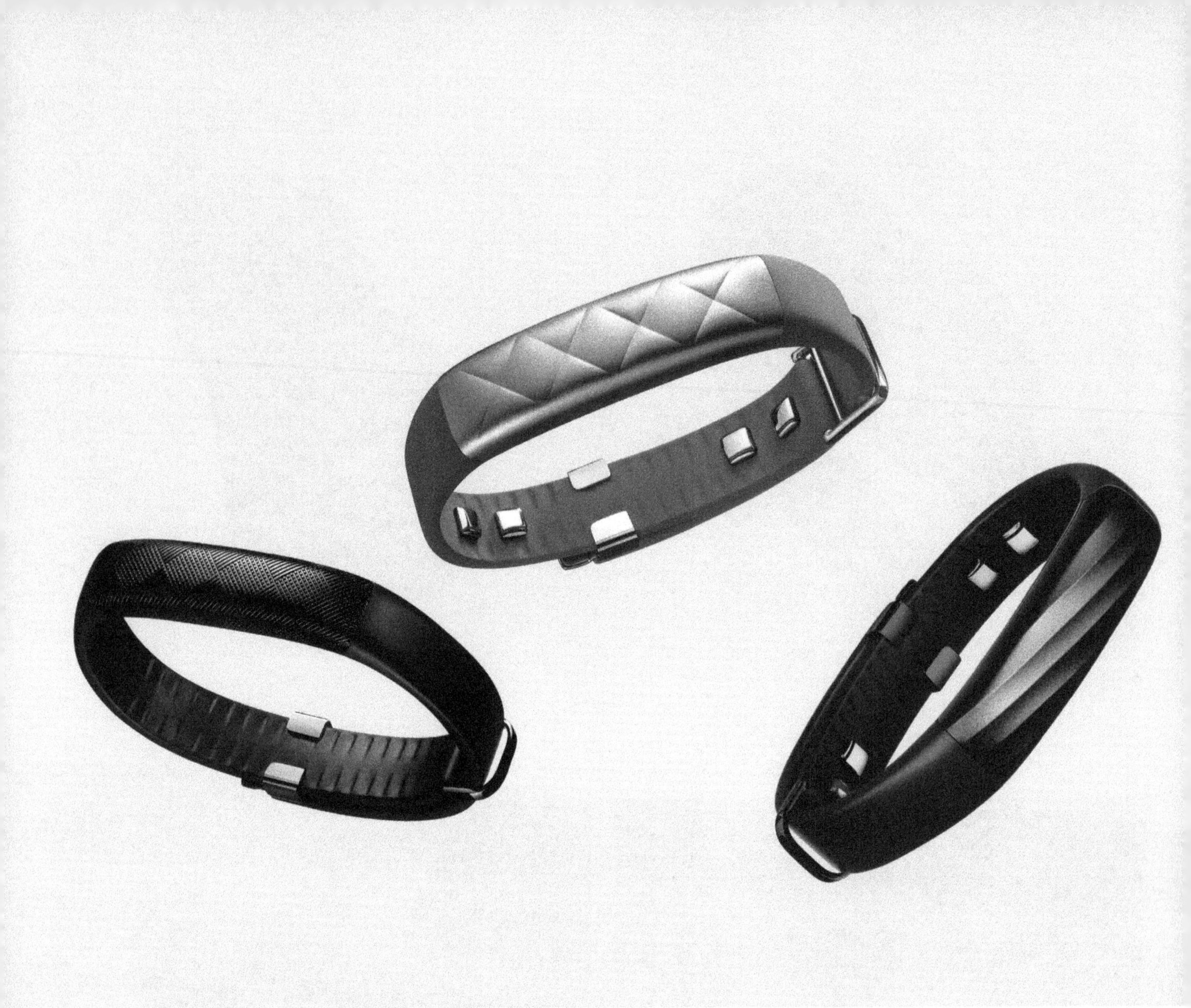

UP4 ™ 智能手环

公司：Jawbone

UP4™ 智能手环是一款性价比高的日常活动追踪设备。它会持续追踪你的运动和健康情况，为你的生活提供便利。试想一下，当你跑完步放松想买瓶奶昔时，你只需停下来，下单，轻触 UP4™ 智能手环便完成支付。你再也无须在口袋里翻来覆去地掏钱，仅需将你的 UP4™ 与美国运通卡绑定便大功告成。

NOVA 攀岩墙

设计 : Lunar Europe

NOVA 是一款非常时尚的攀岩墙，让你在家里也可以进行攀岩活动。设计的理念在于打破传统的攀岩方式，以全新的室内设计和智能的用户界面带给用户不一样的体验。与传统室内攀岩墙上五颜六色、像鹅卵石似的岩点不同，NOVA 采用挖空的方式，呈现出恰似波纹的不规则缝隙，而每一道缝隙都是攀登时手脚的着力点。为了提供多样的攀爬路线和不同的难度等级，NOVA 使用蓝光来指示路线。用户使用他们的手机来选择一条攀爬路线开始量身定制的训练。在不用的时候，还可以运用一些小程序以不同的方式照亮房间。NOVA 是创意十足的家用训练墙壁，帮助改善人们的生活方式。

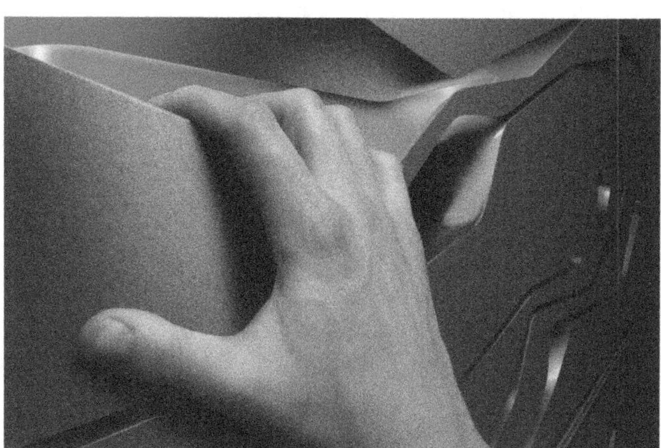

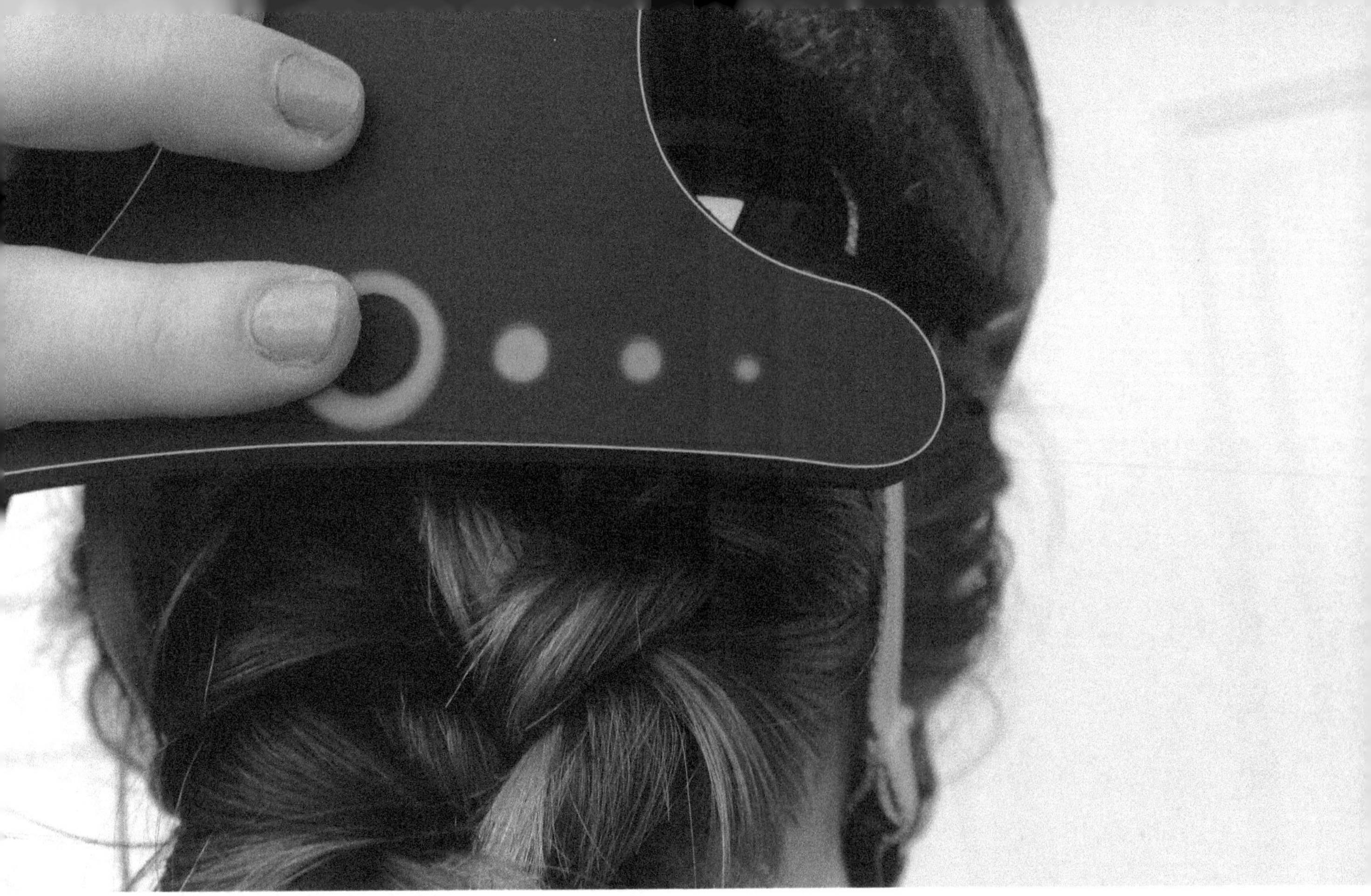

CURV 智能骑行伴侣

设计 : 萨曼莎 • 乔 • 弗洛斯可 (Samantha Jo Floersch)

CURV 是一款创意十足的产品，可以让你在山地骑行时无须佩戴耳机。用户可通过蓝牙将 CURV 与他们的个人设备相连接，记录天气、心律、地点和速度等信息。CURV 智能骑行伴侣安装在用户头盔的背部，安全可靠。

DISPLAY SCREEN
LED LIGHTS
CONTROLS
CAMERA
LED LIGHT
CLIPS TO HELMET
BLUETOOTH SPEAKERS
CLIPS
TOP VIEW
HEART RATE MONITOR
DISPLAY
CLIPS TO HELMET
LED LIGHT IF BIKING ON ROAD
BLUETOOTH SPEAKERS
POWER BUTTON
BLUETOOTH SPEAKER
LED LIGHT
CONTOURS NECK FOR EXTRA STABILITY

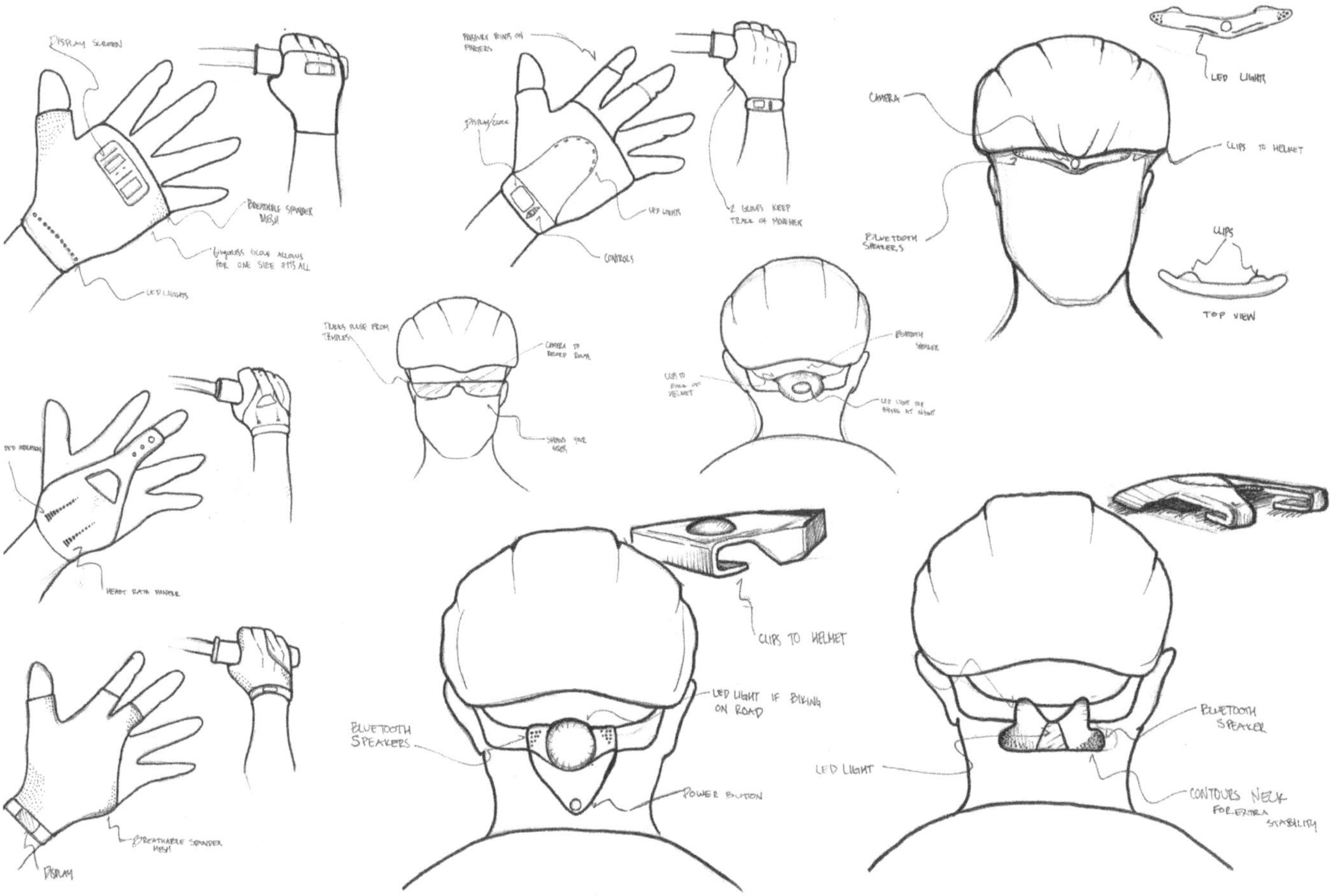

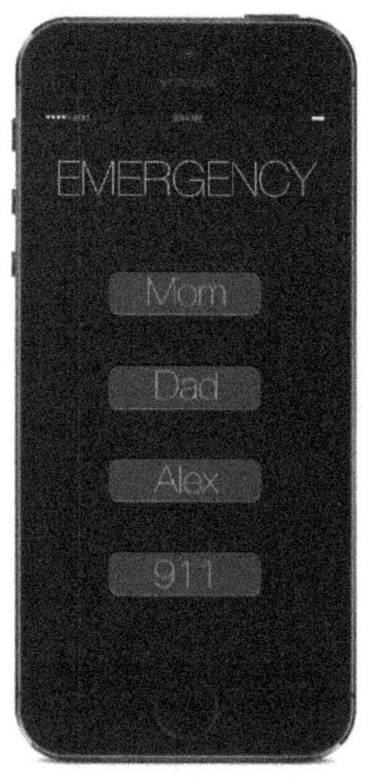

EMERGENCY
Mom
Dad
Alex
911
911
calling mom
00:21.07
VIEW ROUTE
72°
98 bpm
0 mph
7.1 miles
Route
distance: 7.09 miles
average mph: 20.25 mph
elevation climbed: 127 m
average heart rate: 152 bpm
Route

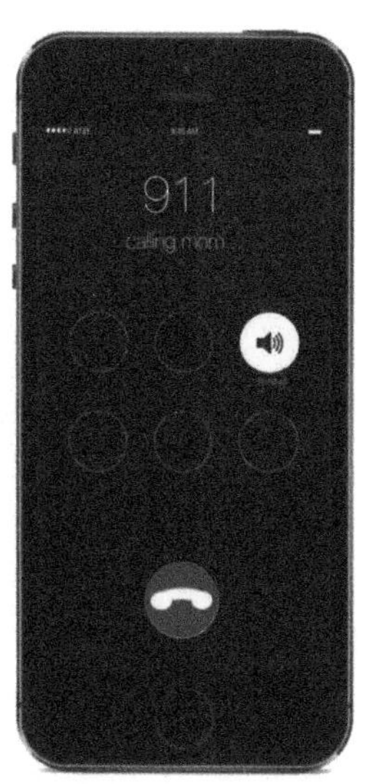

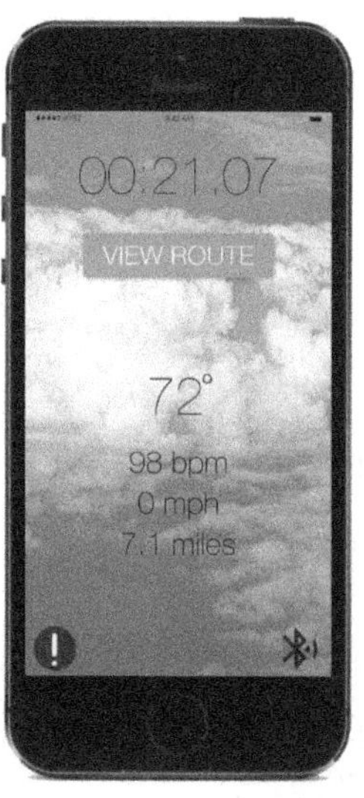

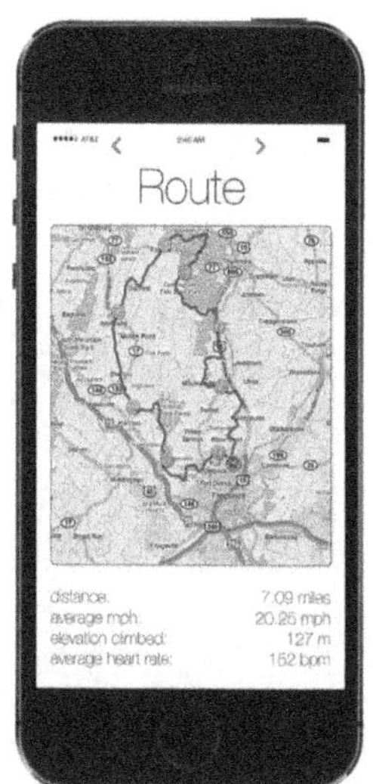

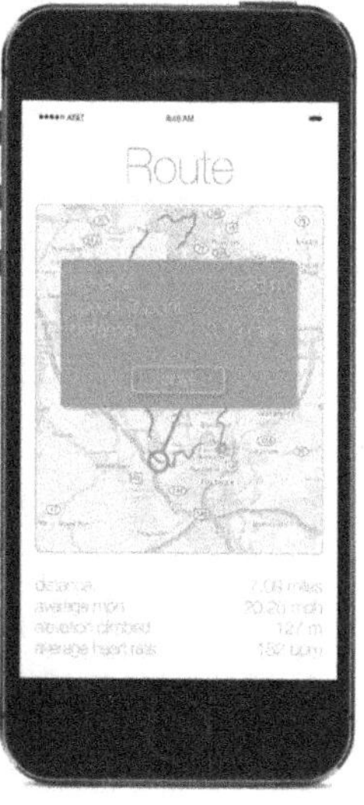

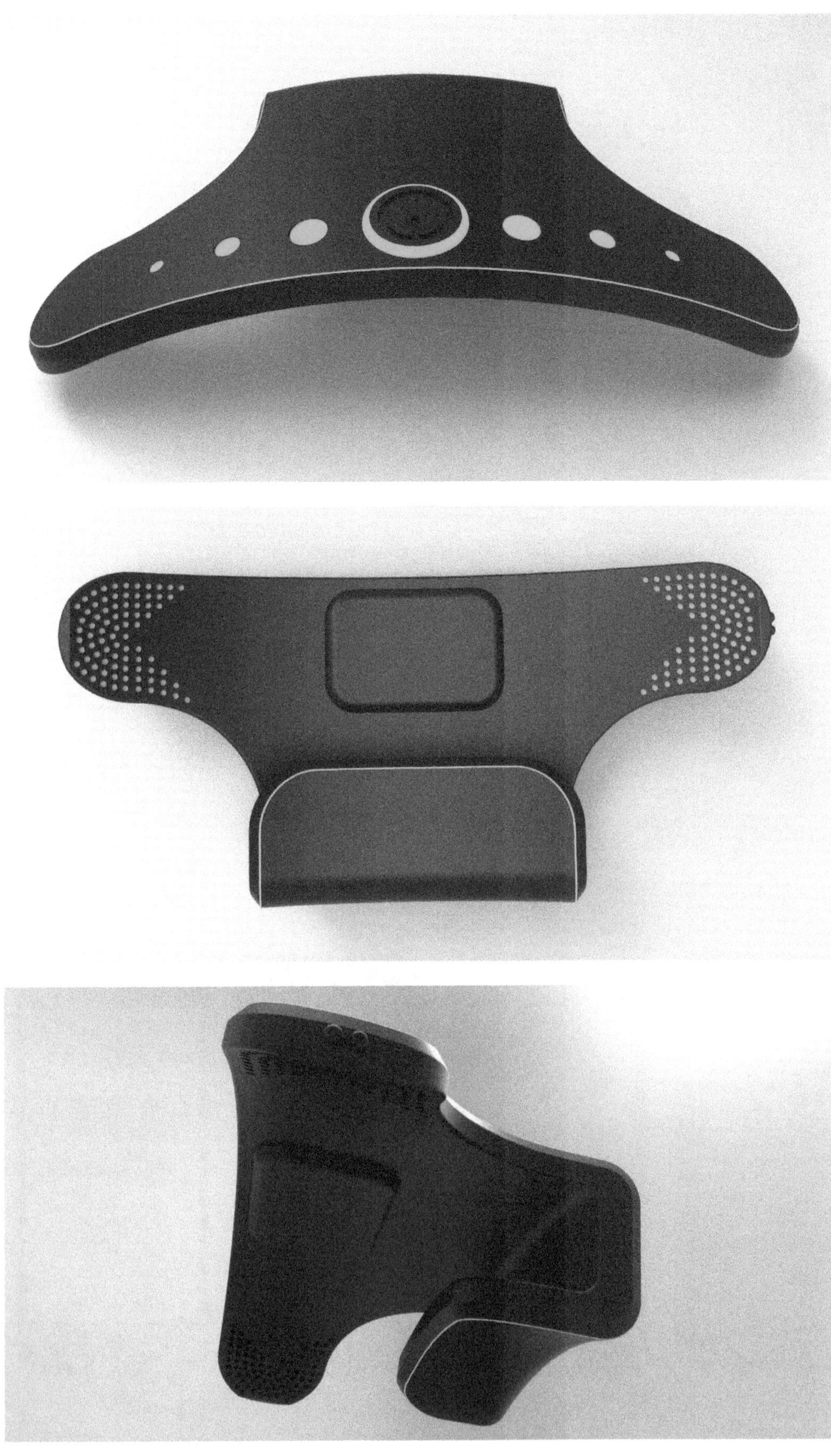

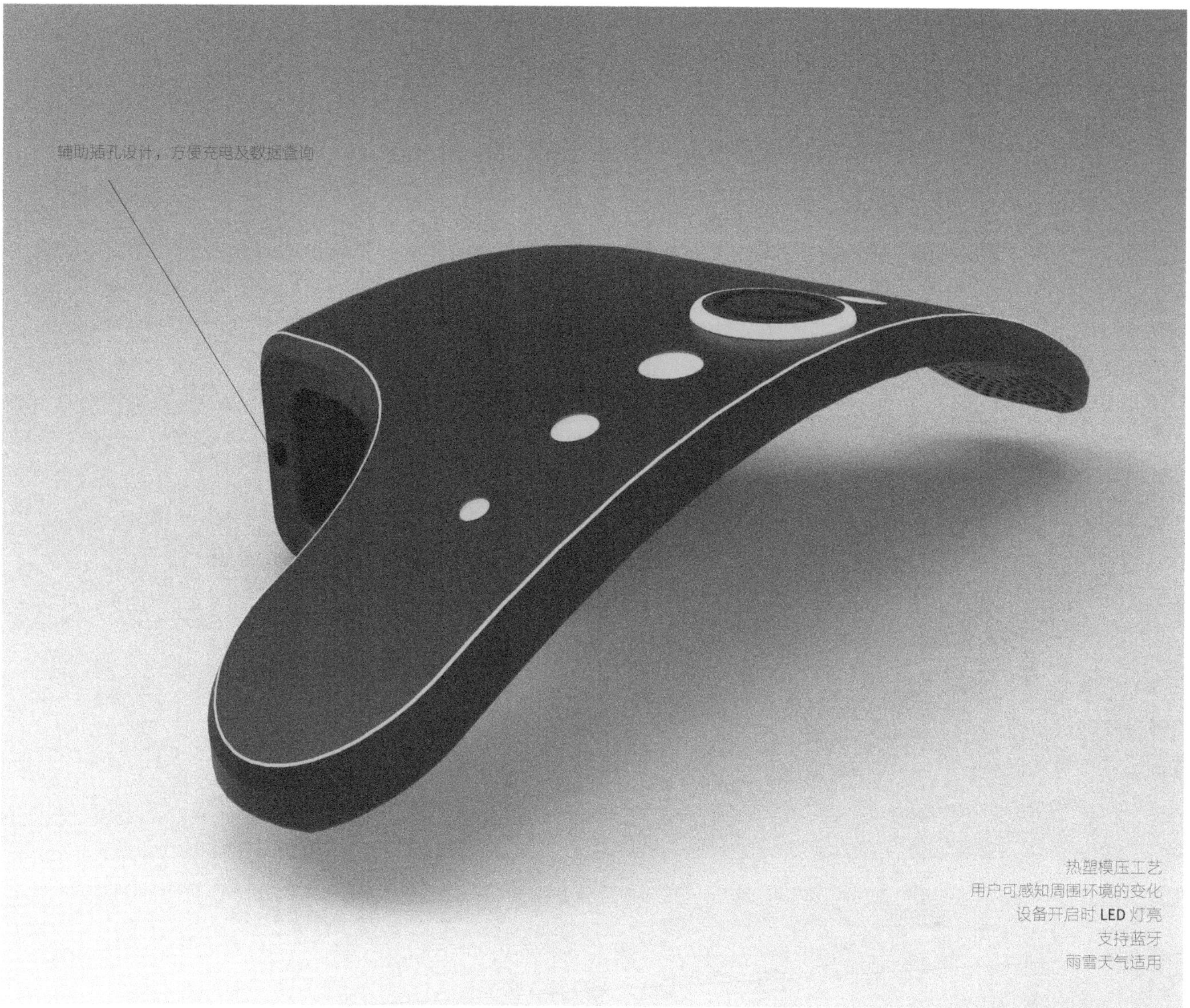

辅助插孔设计，方便充电及数据查询

热塑模压工艺
用户可感知周围环境的变化
设备开启时 LED 灯亮
支持蓝牙
雨雪天气适用

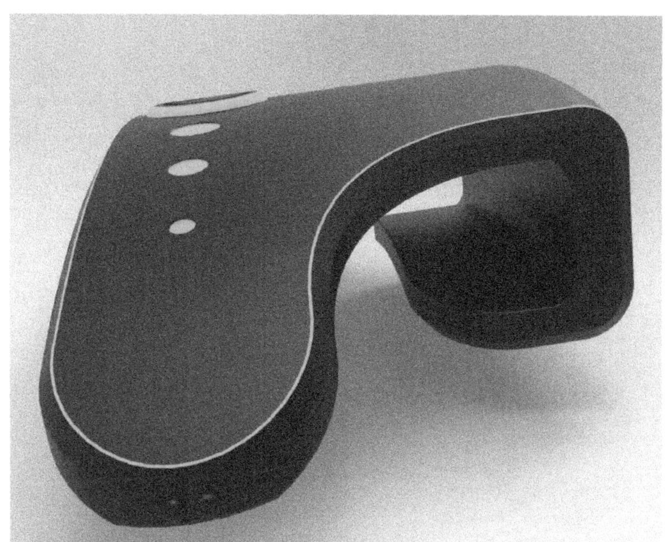

用户可方便地进行音量调节

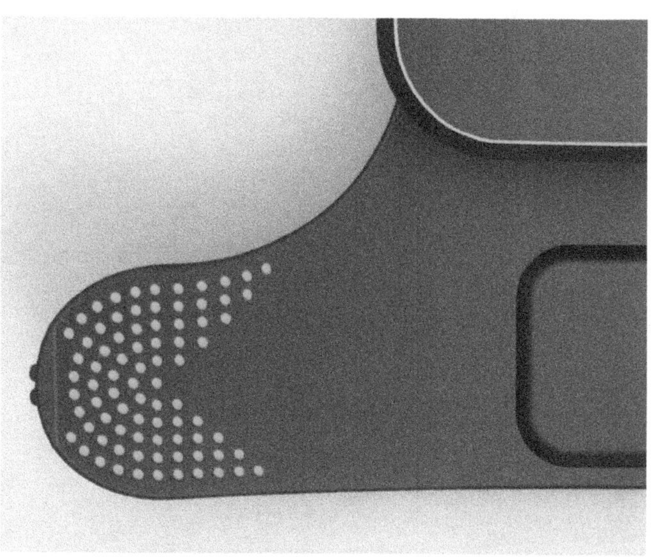

心率监控器位于脖子后面

野兽骑行智能把立

设计：深圳市上善工业设计有限公司

野兽骑行智能把立会显示你在骑行时的所有数据，包括速度、距离及脉搏等身体数据。它还可以与手机连接，通过配套的 App 应用你可以同朋友分享运动信息及制订你的运动计划等。

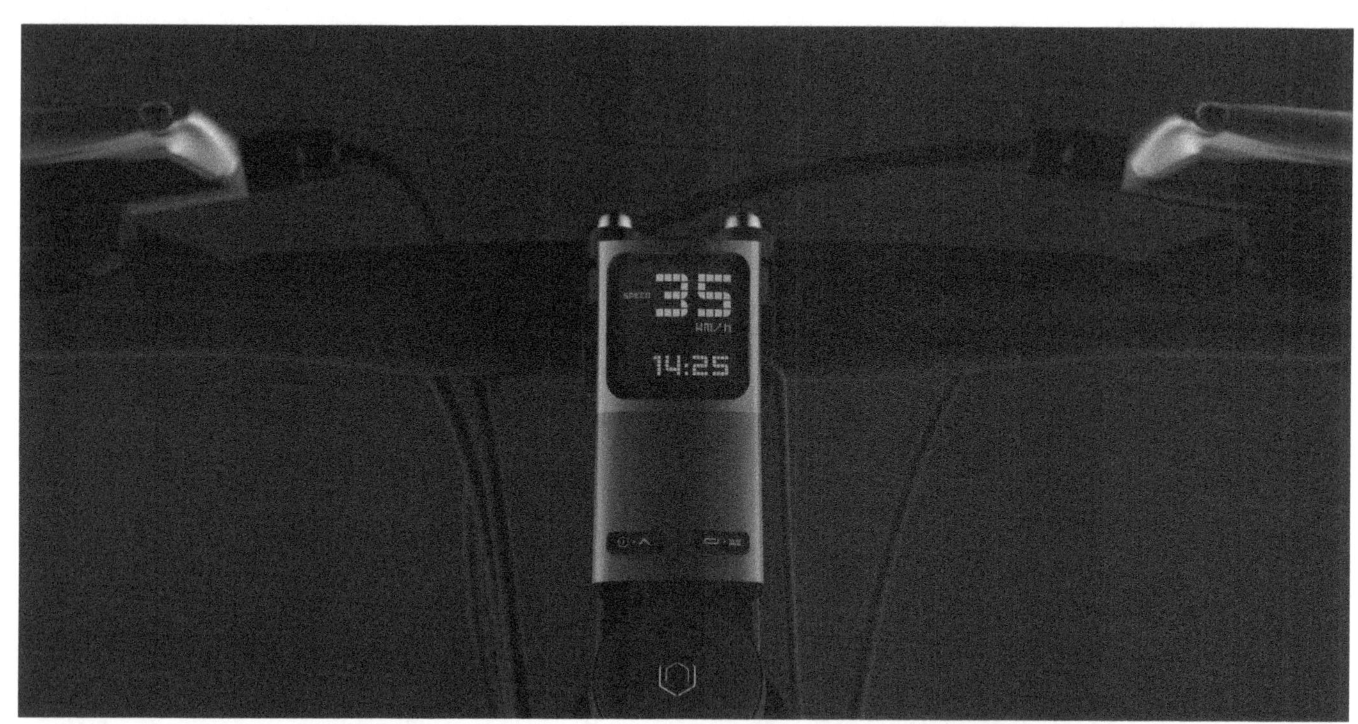

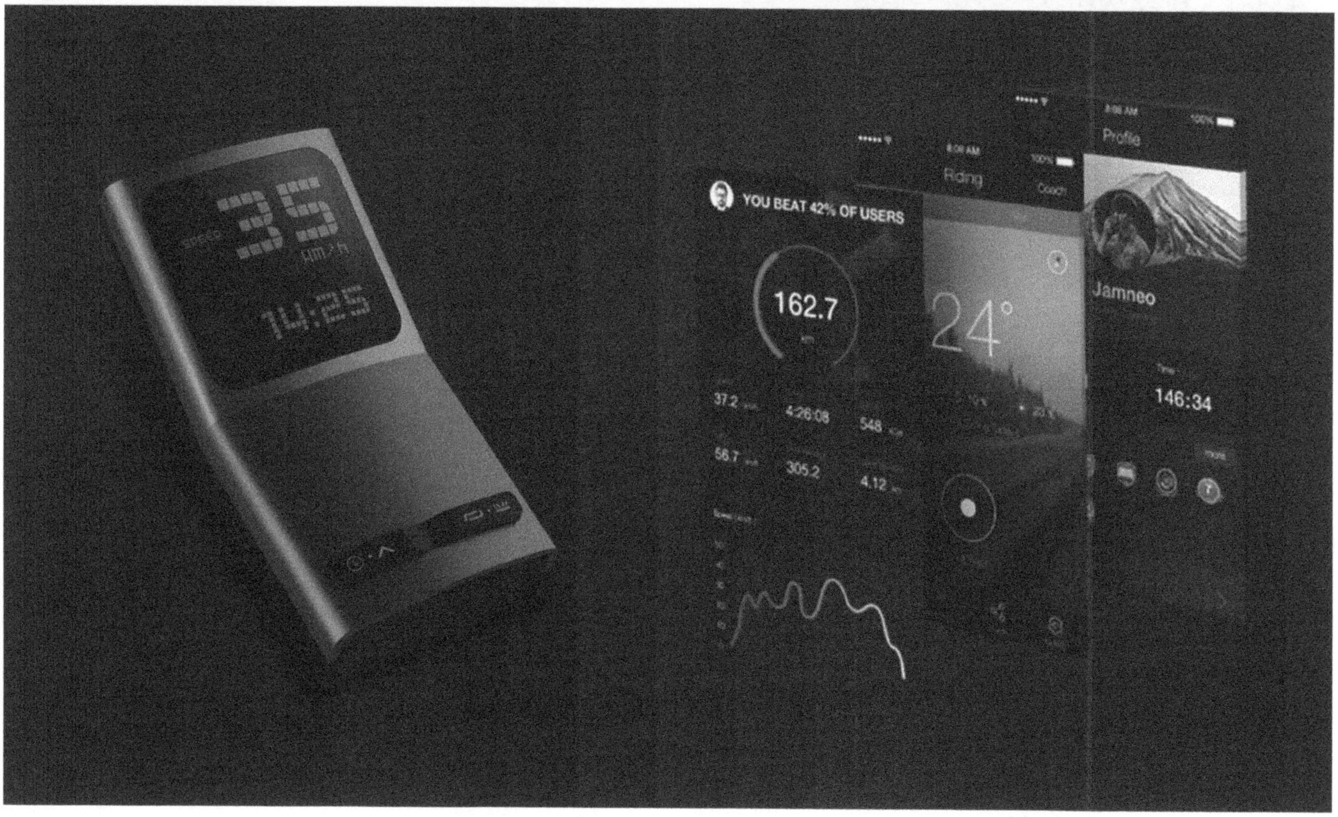
35
14:25
YOU BEAT 42% OF USERS
162.7
37.2
4:26:08
548
56.7
305.2
4.12
Riding
Coach
24°
Profile
Jamneo
146:34

Sensoria
健身运动文胸和 T 恤

公司 : Sensoria Fitness Inc.

Sensoria 健身运动文胸和 T 恤集成纺织品心率传感器，准确并持续地提供心率监测，用户可以获得步数、节奏、距离、GPS 定位等信息，并根据搭配使用的 App 估算燃烧的卡路里。它选用特制纺织面料（文胸：74% 的聚酰胺，18% 的聚酯纤维和 8% 的弹力；T 恤：95% 的聚酰胺和 5% 的弹力）制成，质地轻盈，穿着舒适。此外，Sensoria 健身文胸和 T 恤的智能排汗技术能够让用户时刻保持清爽。

sensoria

1. 将心率传感器打湿

2. 将心率监视器扣在搭扣上

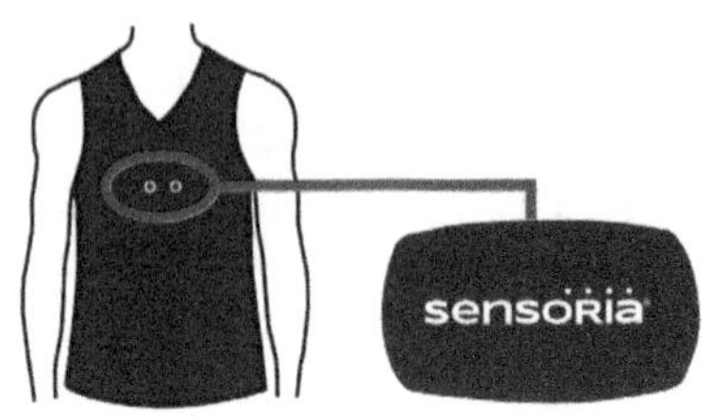

3. 确保传感器与你的皮肤直接接触

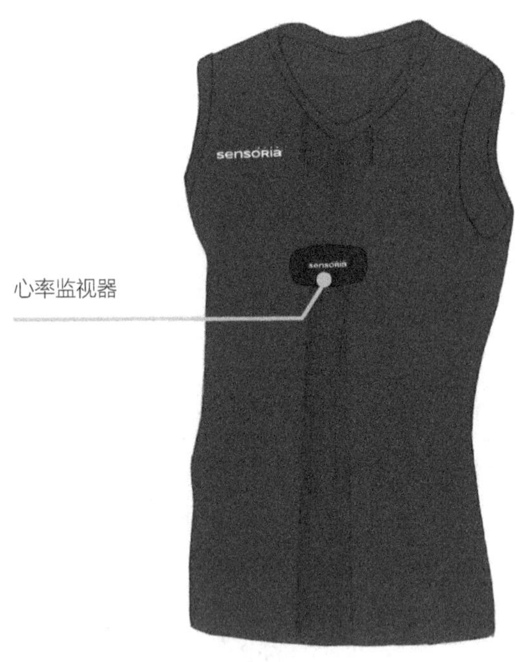

152 BPM
HEART RATE
Sensoria Fitness T-shirt
62% BALL
FOOT LANDING
180 steps/min
CADENCE
Sensoria Fitness Socks
AT&T
2:04 PM
100%
Statistics
Splits
Map
8/4/15, 3:53 PM
29:10
153
HEART RATE
377
CALORIES
3.3
DISTANCE
768
ALTITUDE
90% BALL
FOOT LANDING
378
FOOT CONTACT
170
CADENCE
8:50
PACE

shift
alt
option
command
M
N
B
V
PANTONE
P 92-1 U
P 92-2 U
P 149-1 U
CRONZY
Back

其他

远程会议利器：Smart Kapp 智能白板

公司：SMART Technologies Inc.

Smart Kapp 白板是一款可让员工实时分享会议内容及协同工作的新型设备。在 Smart Kapp 白板上书写和绘图，就像在普通白板上操作一样。员工还可随时保存图片，并将其转化成 PDF 格式，发送给不在现场的员工。这款设备能够极大地提升商业效率和协同性。它由白板和搭配使用的 App 组成。

为什么想到研发智能白板？

SMART Technologies 的领导层看到了新型白板的市场需求，这种白板应当简便易用，用户无须参加任何培训便可上手使用。领导团队随后完善了设计理念并致力于研发出成品。

他们列出了理想白板应具备的特点：

（1）价格实惠；

（2）像普通白板一样简便易用；

（3）可以用手机操作。

在这样目标清晰的设计理念的引导下，研发团队付出的努力没有白费，最终设计出广受用户欢迎，并可与移动设备兼容的用户友好型白板。

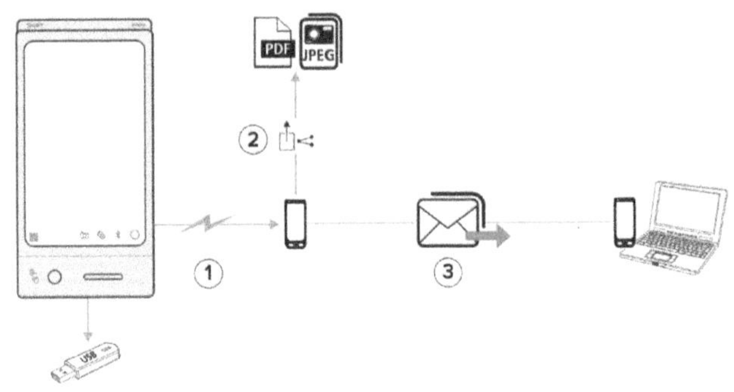

它的工作原理是什么？

SMART Kapp 白板运用 SMART 独有的 DViT®（数字图像触控）技术：它配备的四个特制微型数字相机和白板表面的反光材料会识别亮带。当有暗影突然出现在屏幕表面时，每台相机会对暗影做三角测量，以分辨它究竟是手指、笔还是橡皮擦。之后 SMART Kapp 会“画出”这些暗影（也就是白板的书写内容），并将其复制到移动设备上。

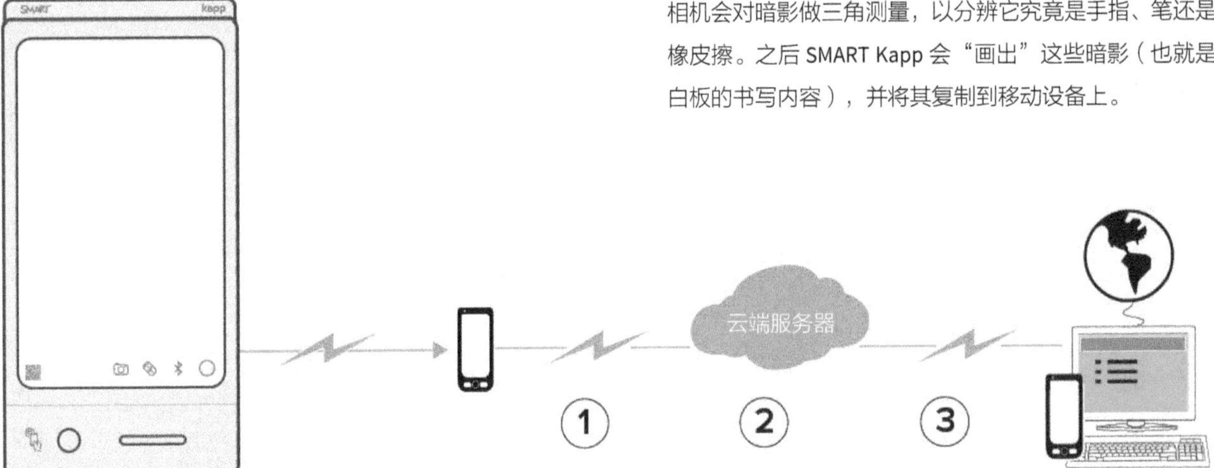

Project K
Start
CTA
V1
V2

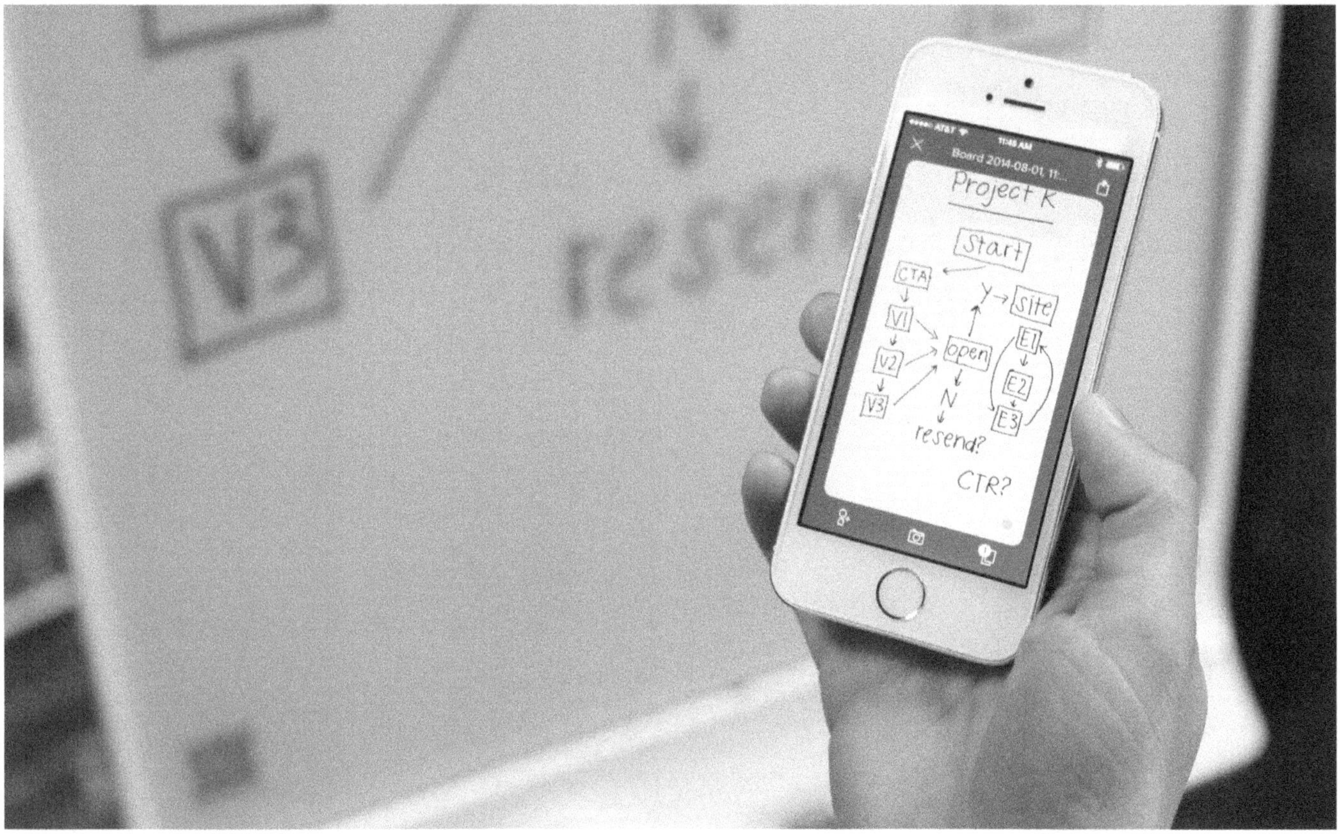
V3
Board 2014-08-01, 11...
Project K
Start
CTA
Y
site
V1
open
E1
V2
N
E2
V3
E3
resend?
CTR?

简便易用

Smart Kapp 白板的使用过程非常简单，用户只需将其插入电源，从 App Store 下载 Smart Kapp 应用，然后扫描二维码（或轻击 NFC 标签）与 App 连接，然后 Smart Kapp 上的内容也将实时同步至用户的移动设备并可与其他人同步分享。用户还可以截图保存图片，图片将以 JPEG 或 PDF 格式保存在云端或 USB 中。

“我想 SMART Kapp 之所以大受欢迎的原因在于它的简便易用，并且与我们的工作生活息息相关。我们经常需要参加各种会议，碰到有成员没到现场时总是让人感到头疼。有了 SMART Kapp，你只需将它挂在墙上，然后用手机扫描二维码便完成了全部设置。用户无须参加任何培训便可轻松上手。这是它最强的产品竞争力。

外观设计

在最早的白板模型中，白板表面用一层光滑的玻璃制成，这种设计打破传统，当时 SMART 还没有此类设计的产品。

“产品的硬件实现了真正意义上的创新，它可以融入任何工作环境中。我们的工业设计师为设计产品外观竭尽全力，以确保它能融入任何工作场所。目前该白板有 42 英寸和 84 英寸两个版本：42 英寸是玻璃白板，84 英寸是钢制白板。两者的工业设计风格相似。

SMART
kapp

SMART
kapp

eHat 智能安全帽

公司 : Katapult Design Pty Ltd

eHat 智能安全帽让产业工人随时随地进行远程在职培训成为可能，它搭配智能手机使用，用户可通过它的视频和语音功能随时与专业培训人员保持联系。eHat 既是一款安全帽，同时又具备通信功能。

请简单介绍下 eHat 运用的技术。

- 内置高清摄像机拍摄工作区域；

- 内置高亮度 LED 灯实现工作区域照明；

- 安全帽两侧配备 LED 通信指示灯；

- 内置耳麦（耳机和麦克风）；

-Wi-Fi、蓝牙和射频通信技术；

- 获得安全认证的头盔（安全帽）；

- 智能手机 App。

在研发 eHat 的过程中，你们有没有遇到任何挑战？

安全：我们遇到的一个主要挑战是要把 eHat 设计成一款具备通信功能的安全帽。它既需要满足所有工业安全帽的主要设计要求，同时又要安装一系列电子设备。

平衡：eHat 内部组件的设计和布局需要精心编排，从而保证 eHat 长期佩戴的舒适性。

通信：让 eHat 具备实时通信功能确实是一项大挑战。我们的电子产品团队坚持不懈地与服务供应商展开合作，确保系统不会出现任何通信延迟。

你们如何在市场反馈和设计理念的传达上找到平衡点？

我们针对 eHat 设计了不同的产品原型，包括一个外观模型和功能齐全的产品模型。这些模型既供内部查看，也在业界进行展示，这使我们有机会获得设计上的大量反馈，同时激发了人们对产品的兴趣。

我们不遗余力地付出许多心血，以确保产品的原型和最后的成品相差无几。

你们团队已经完成大量优秀产品的设计。你们认为设计工作最重要的是哪一方面？

我们认为最关键的一点是坚持以用户为本的设计。我们一直将用户放在决策的首位，致力于满足他们的需求。即便如此，我们仍要在绝对的设计自由和实际的商业及生产需求之间追求微妙平衡。

我们十分注重细节，不断怀疑现状，致力于研发出能给客户的工作和生活带来积极影响的产品。

为了实现此目的，设计师们需要跳出常规模式来思考问题，并从不同的角度来解决问题。还有一点至关重要的是我们需要具备团队精神，这种精神不仅体现在 Katapult 内部，也面向客户及业内合作伙伴。运用创造性思维来解决难题总是能给我们带来意想不到的惊喜。

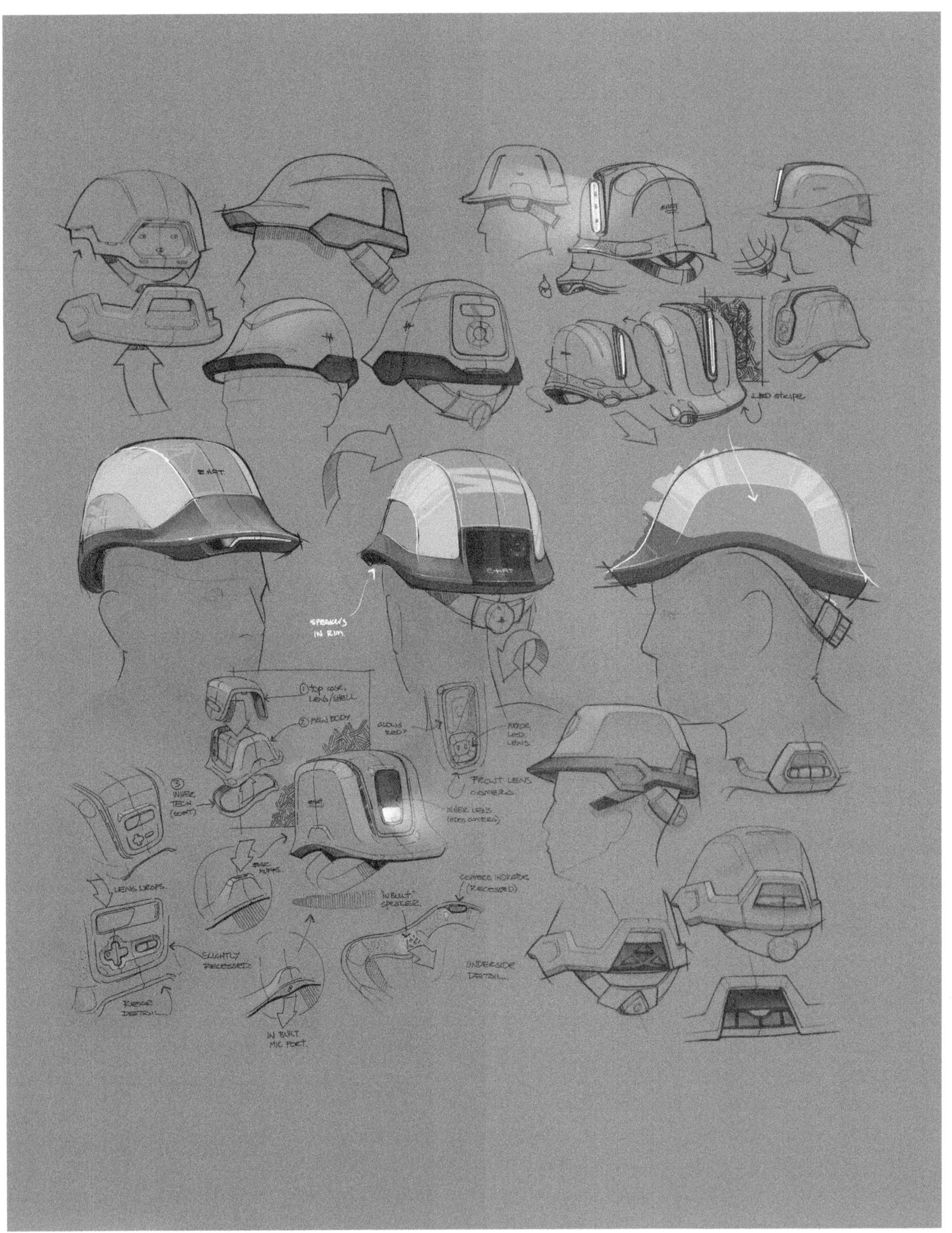
LED stripe
E-HAT
SPEAKERS IN RIM.
E-HAT
① TOP CASE. LENS/SHELL
② MAIN BODY
③ INNER TECH
GLOWS RED?
MIRROR LED. LENS.
FRONT LENS CAMERA.
INNER LENS (HIDES CAMERA)
EAR MUFFS.
LENS DROPS.
SLIGHTLY RECESSED.
REAR DETAIL.
IN BUILT MIC PORT.
CAMERA INDICATOR (RECESSED)
"IN BUILT" SPEAKER
UNDERSIDE DETAIL.

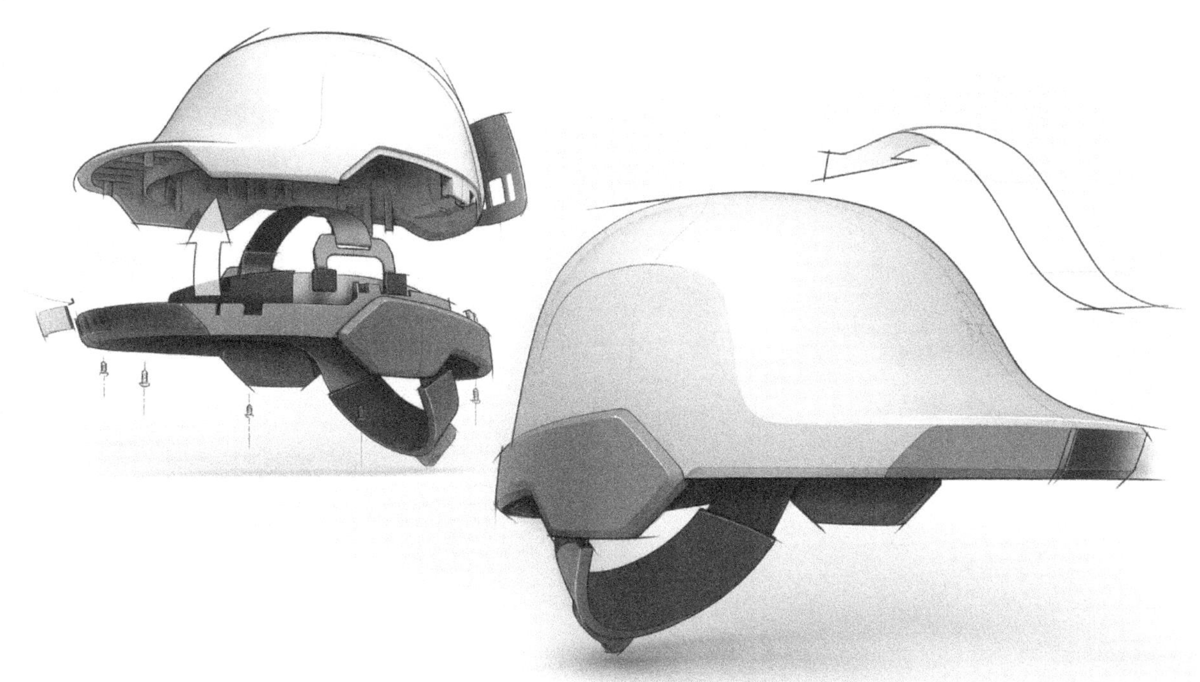

Cronzy 神奇画笔

公司：Cronzy Inc.

Cronzy 神奇画笔能够合成多达 1600 万种颜色，并可扫描及存储任何物体的颜色。这是一款能够让你用钟爱的任何色彩书写作画的高科技便携艺术工具。Cronzy 神奇画笔及配套的 App 能够帮助艺术家捕捉及再现各种色彩。它提供五种不同尺寸的笔尖，用户可在帆布、皮肤等不同的材质上作画。

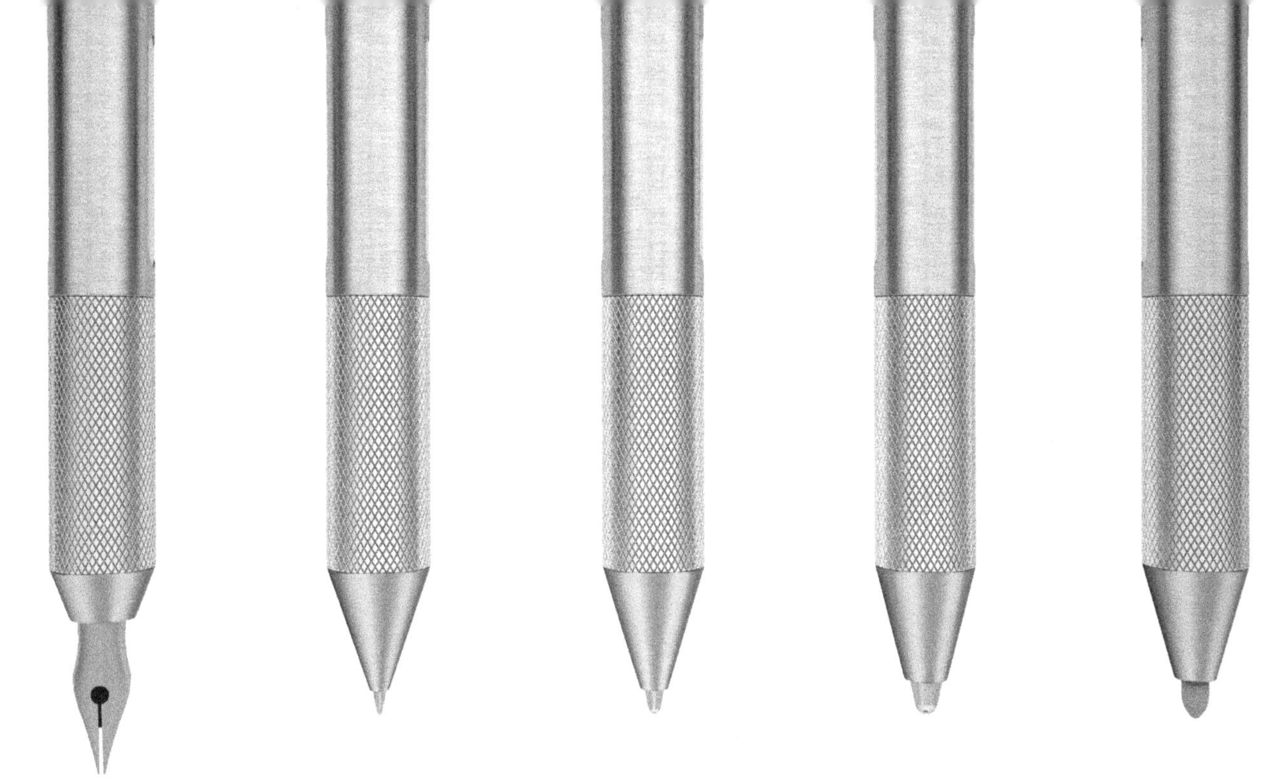

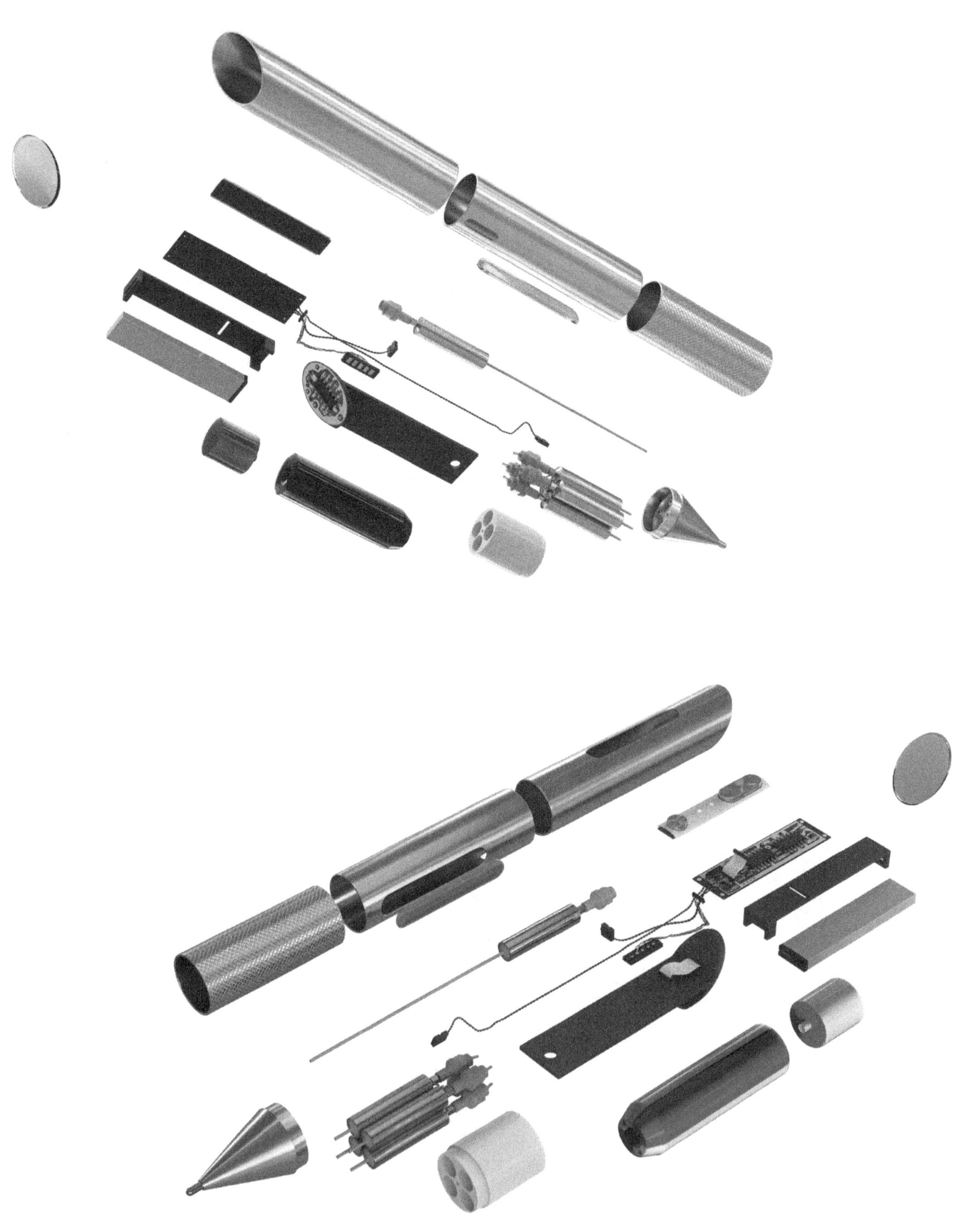

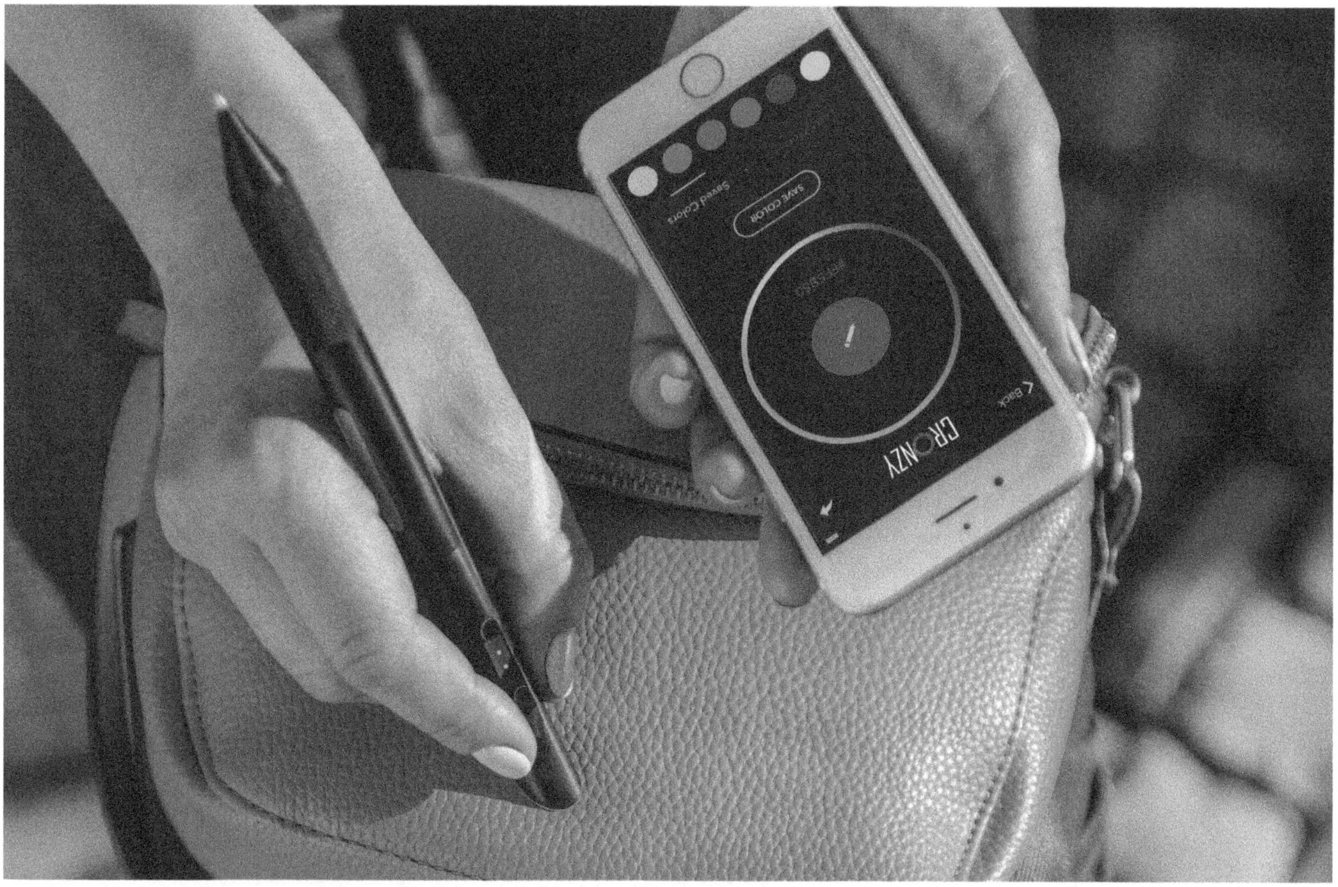
CRONZY
Back
SAVE COLOR
Saved Colors

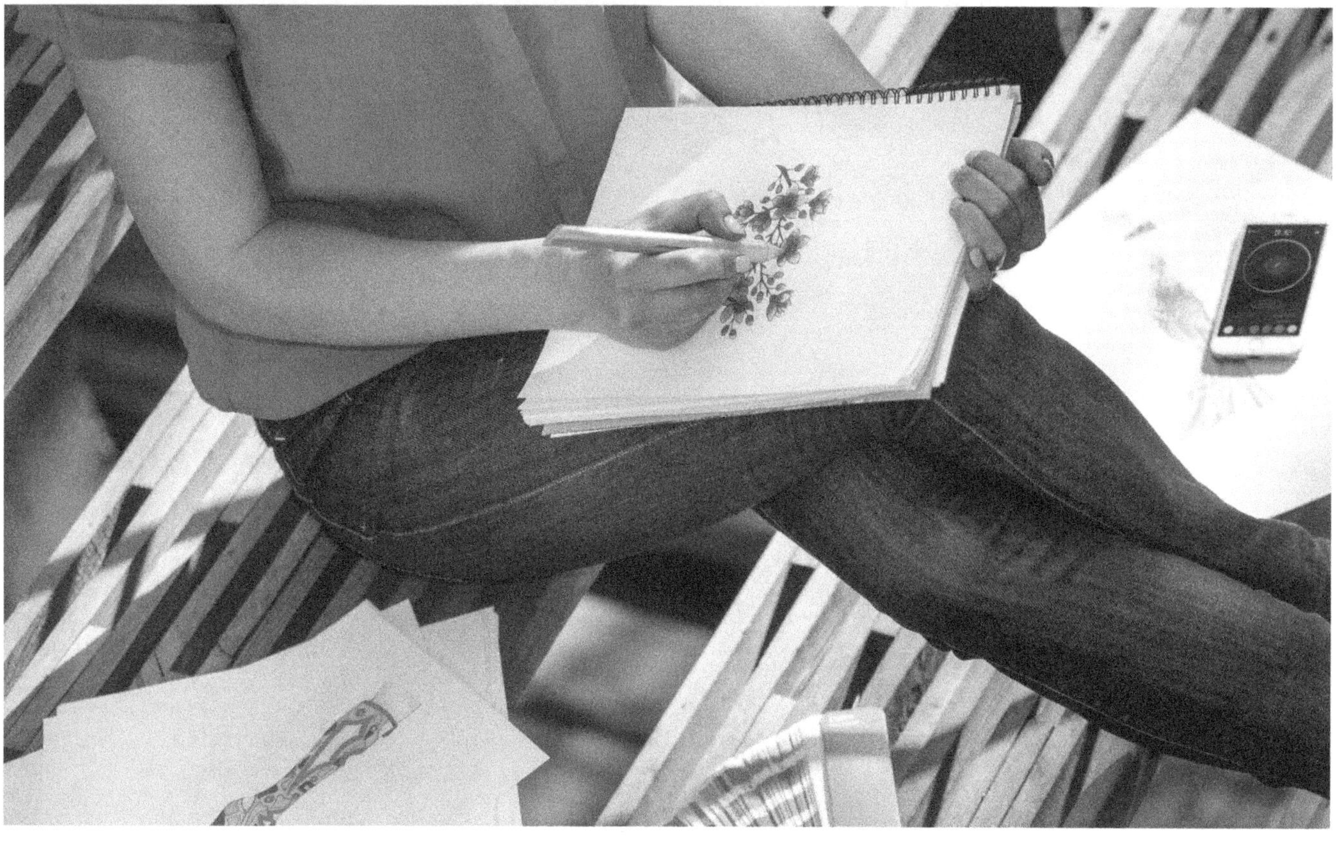

Slate 智能记事本

公司 : iskn

Slate 智能记事本是面向所有创意人士的智能书写板。它带给用户无与伦比的纸质书写体验，同时提供数字的无限可能。当用户使用自己的钢笔或铅笔在真实的纸张上书写绘画时，Slate 将利用磁感应定位技术，将书写内容实时复制到用户的电子设备屏幕上。

用户使用配备磁环的钢笔或铅笔在 Slate 上书写。
1
2
Slate 记事本内置的 32 个传感器将检测磁环的位置，以此推断笔的位置。
3
Slate 记事本会生成图形渲染器，你的书写内容将实时复制到 iPad 上。
32 个磁感应计会在三维空间精准地追踪磁环的位置、方向和倾斜角度。

Oombrella 智能雨伞

公司 : Wezzoo

Oombrella 智能交互雨伞会在下雨之前给你发送提醒，让你省去大量纠结到底要不要带伞的时间。它的独特之处在于其伞柄，这里配备了四个传感器，分别监测温度、压强、湿度和光照。它使用蓝牙低功耗技术将数据传输至智能手机。此外，用户还可通过社交和实时天气服务平台 Wezzoo 来了解各个地区的天气情况，他们可将亲身经历的天气状况共享至 Wezzoo 社区，让本地天气数据更加准确。

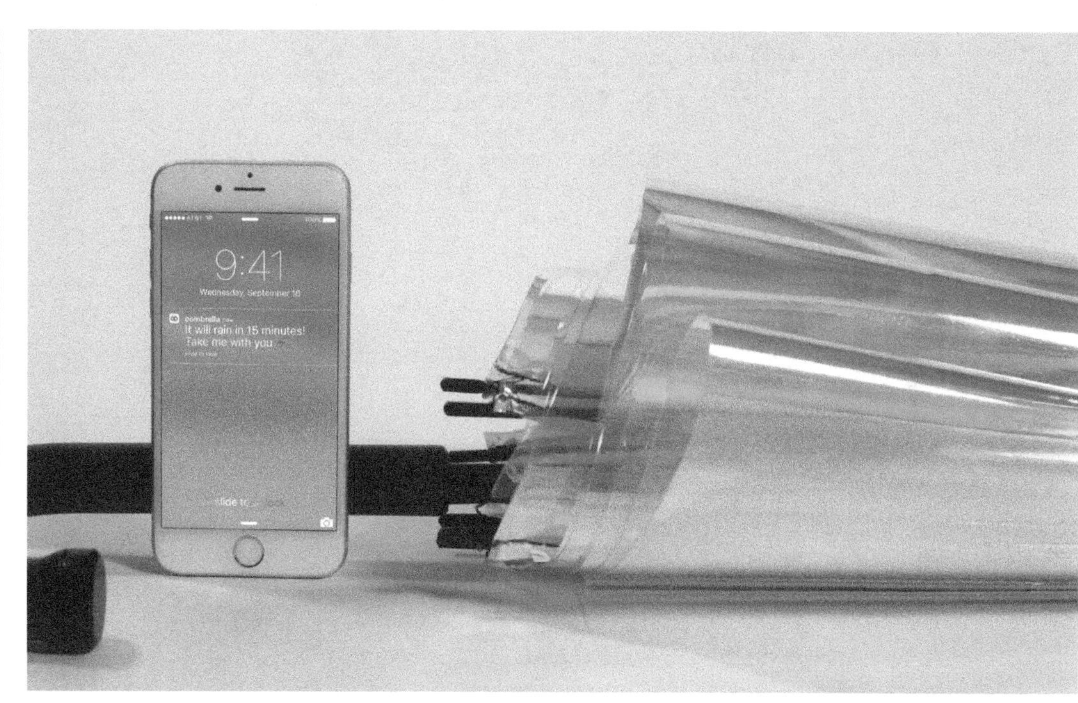

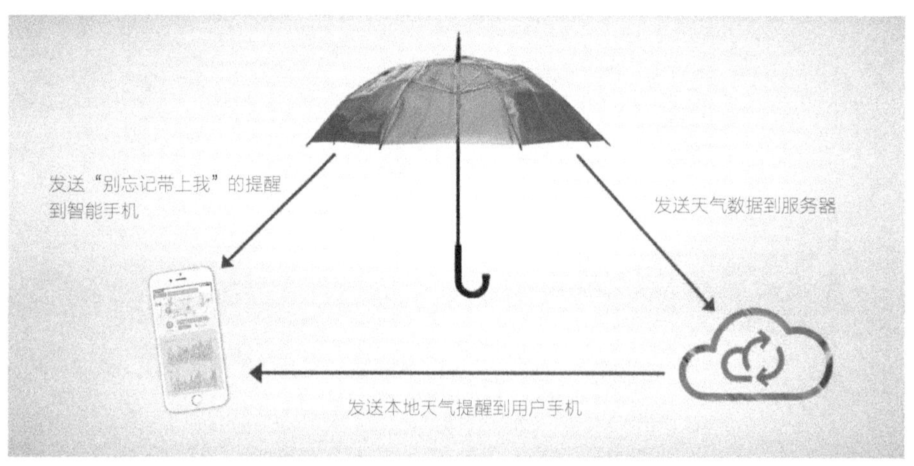
发送“别忘记带上我”的提醒
到智能手机
发送天气数据到服务器
发送本地天气提醒到用户手机

My rides
Light rain
Light rain
Heavy rain
Heavy rain
Showers
Storm
Showers

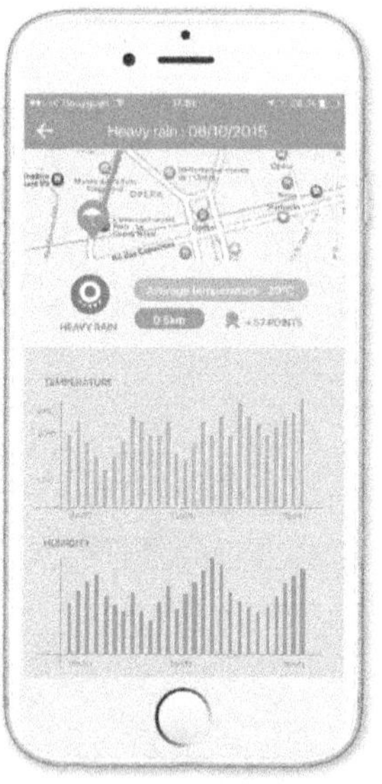

Kiddo 智能手环

设计：Razy2 Design Group, Blast Lab, Many Colors

Kiddo 智能手环可以帮助看护你的小孩，它由定位装置、弹力十足的可替换腕带和充电器组成。当你和你的孩子都戴上 Kiddo 时，手环之间将会进行数据通信，无须手机就可使用。一旦孩子超出了你设定的安全距离，手环将会发出提醒。

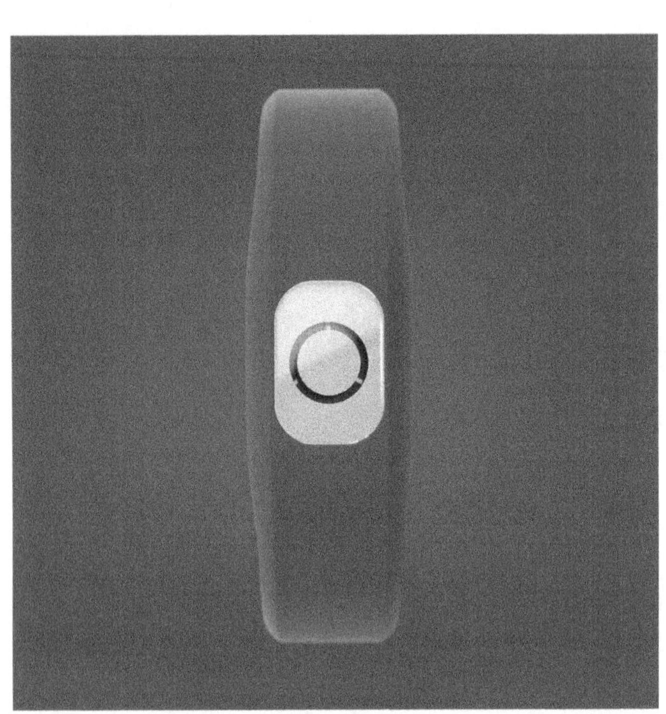

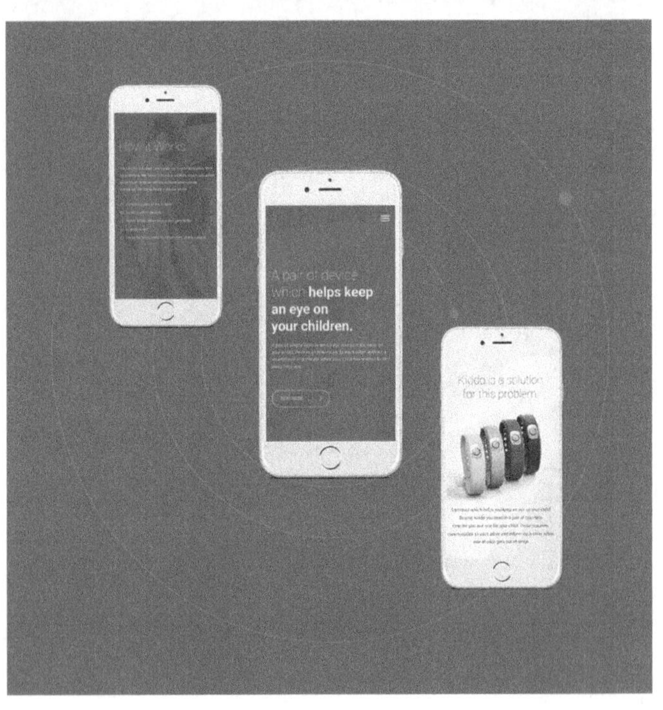

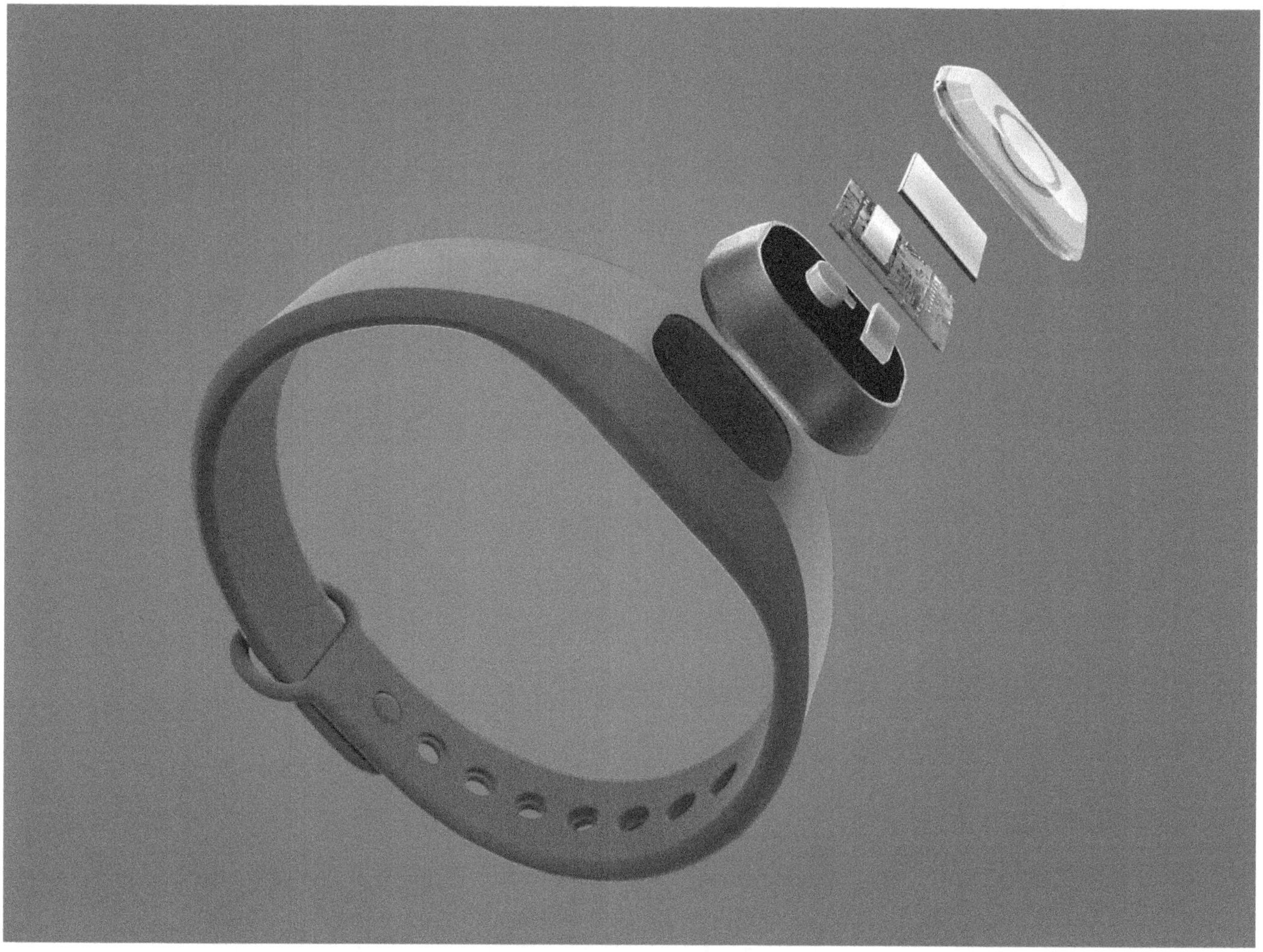

手环设计成儿童不易摘取下来的样式，外观的设计深得男女老少喜爱。它采用极简主义的设计风格，毫无冗余的配件。

Myo 体感臂环控制器

公司：Thalmic Labs

Myo 让你能够通过各种手势和动作来操控你的手机、电脑等。Myo 能够感应你的手势和动作，并将处理之后的信息通过蓝牙发送到你钟爱的数码设备上。你的动作和手势可通过两种方式追踪：

（1）九轴的惯性测量器感应动作。

（2）肌电图传感器感应手势或姿势。

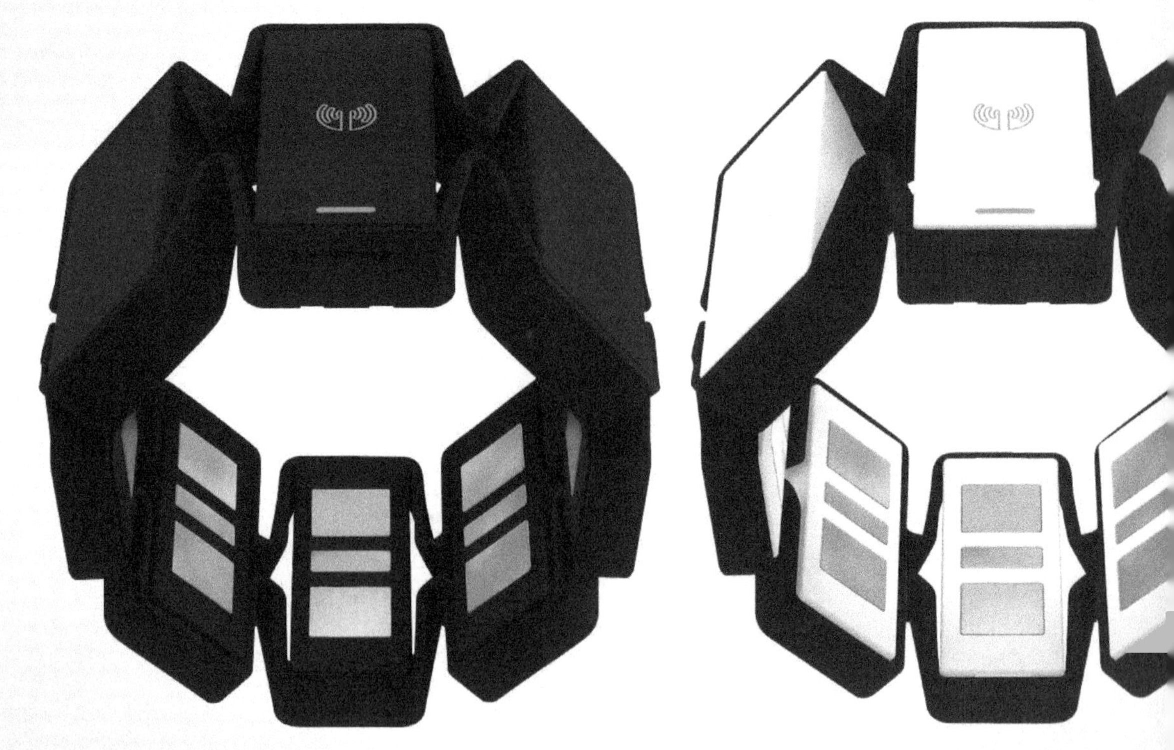

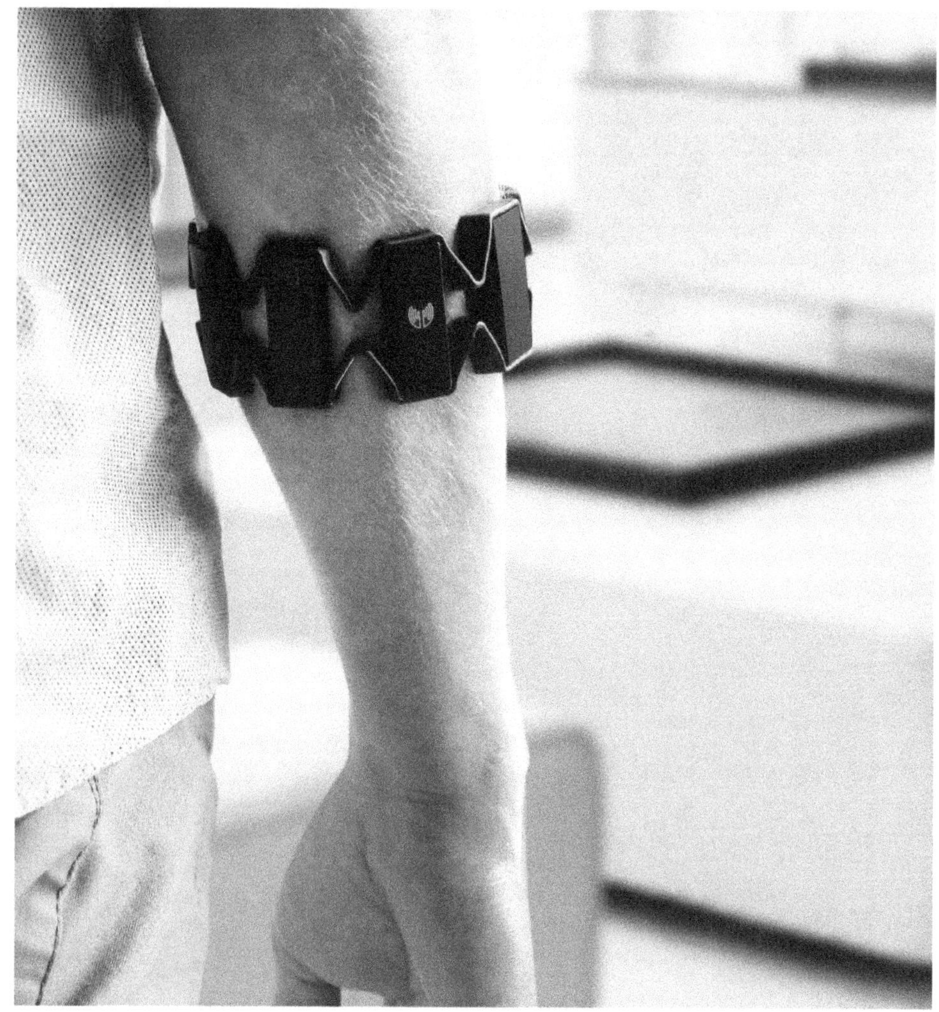

BLŌCKS

BLOCKS 模块化智能手表

公司 : BLOCKS Wearables Inc

目前市场上提供的微型智能手表有固定的功能和局限。而 BLOCKS 智能模块化手表提供模块化表带，与它们有显著区别。BLOCKS 智能手表的每个模块都具备不同的传感器和功能，因此用户可以打造一个独一无二的设备。目前已经实现的功能包括：心率监测、GPS 定位、LED 照明、环境传感器和备用电池模块。未来，BLOCKS 还将推出 Sim 卡模块、指纹识别、NFC 非接触式芯片、照相机等功能，用户可自由选择想要的功能，将 BLOCKS 轻松打造成最适合他们的智能设备。

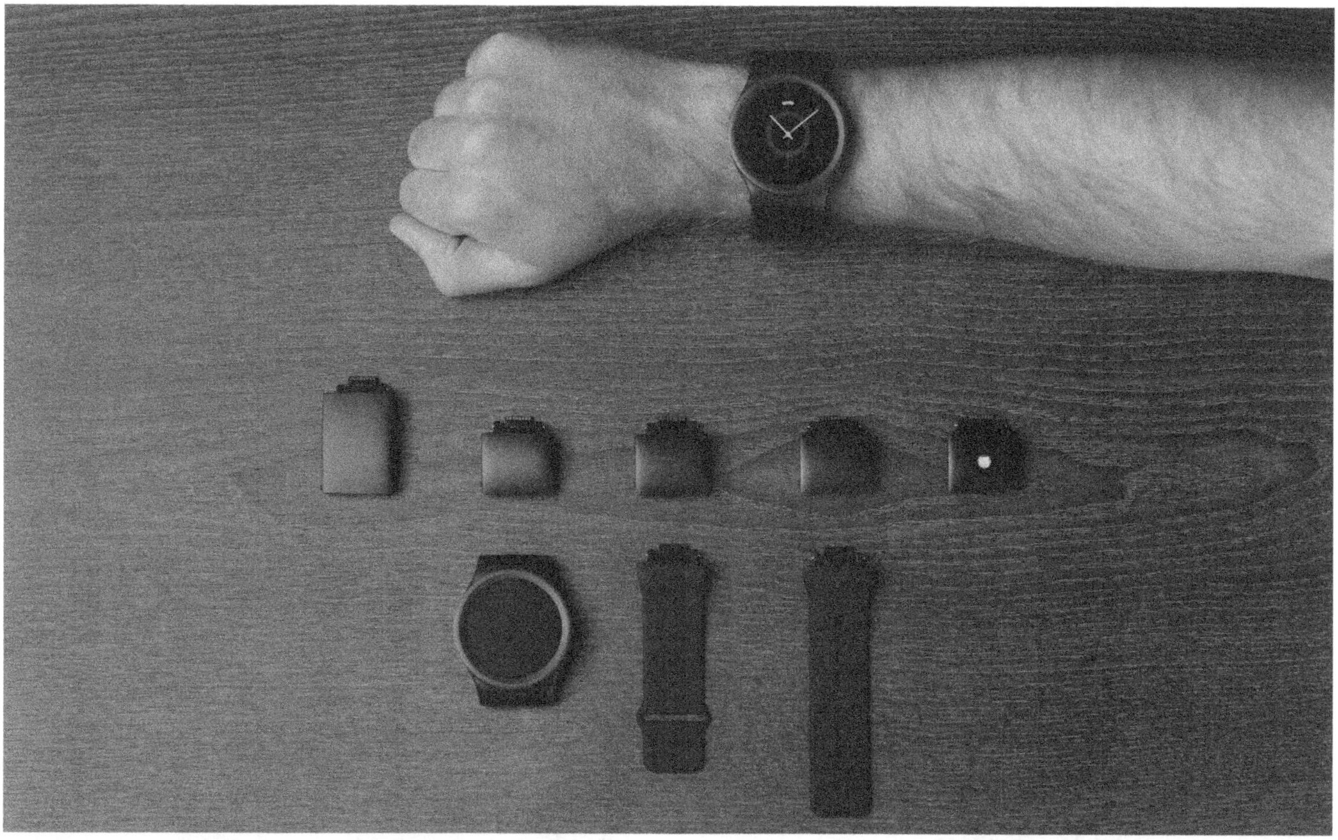

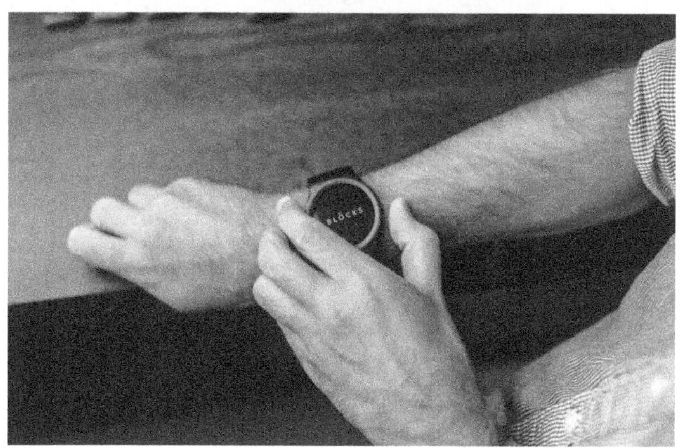

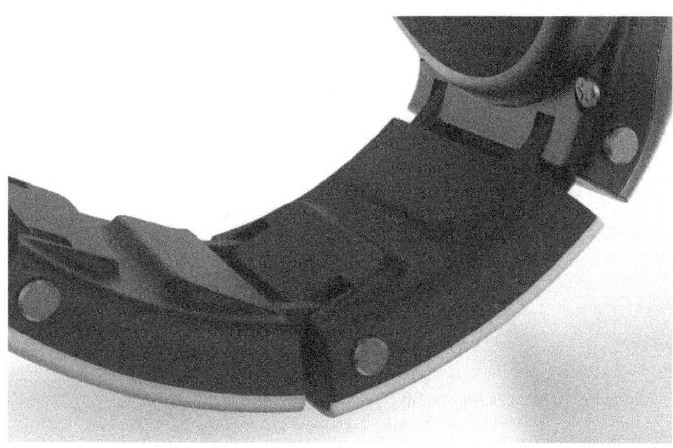

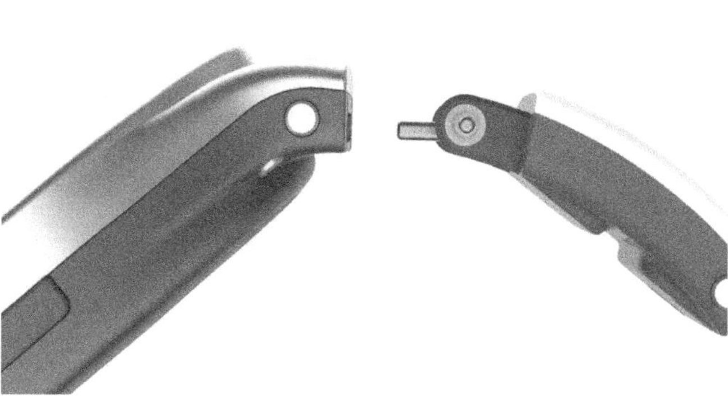

Mobispot 多功能 NFC 腕带

设计：卡捷琳娜 • 科狄娜 (Katerina Kopytina)

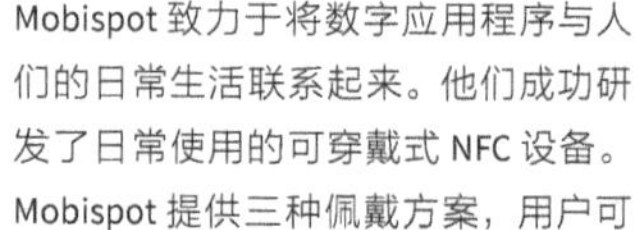

Mobispot 致力于将数字应用程序与人们的日常生活联系起来。他们成功研发了日常使用的可穿戴式 NFC 设备。Mobispot 提供三种佩戴方案，用户可以使用它实现车票功能、支付功能、校园功能、安全标识功能等，带着它可以代替很多常用的产品，既方便，又时尚。

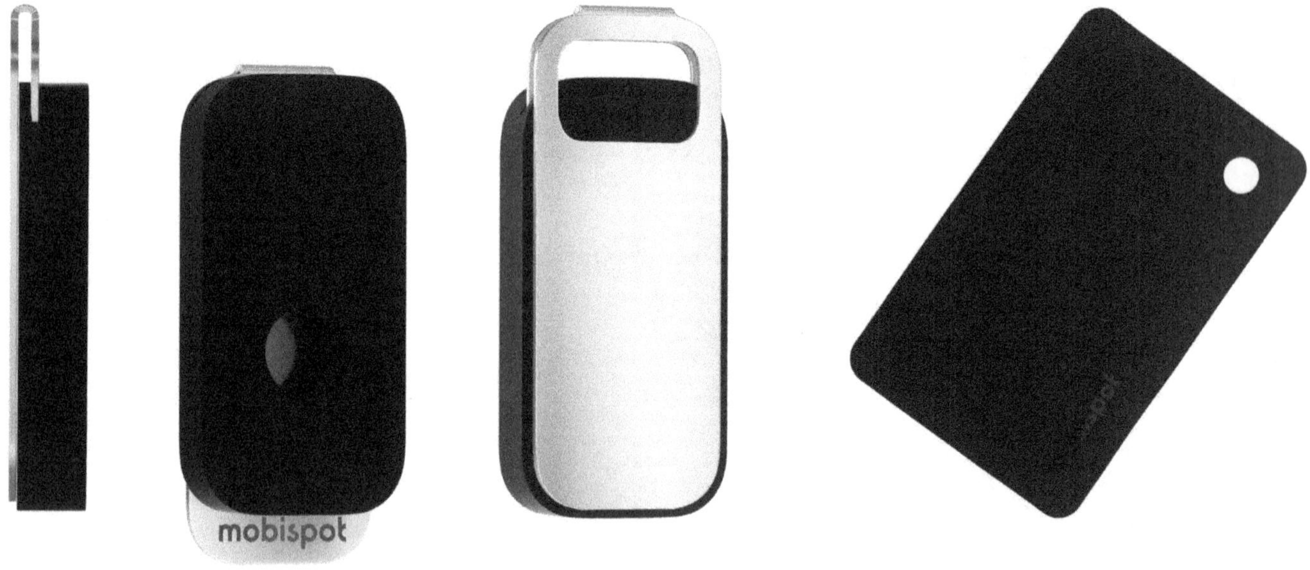

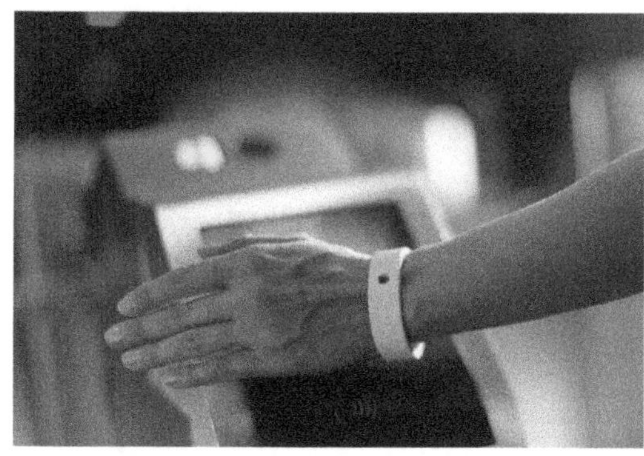

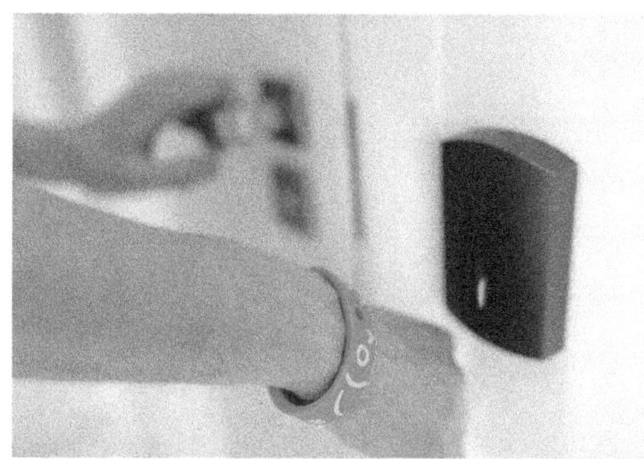

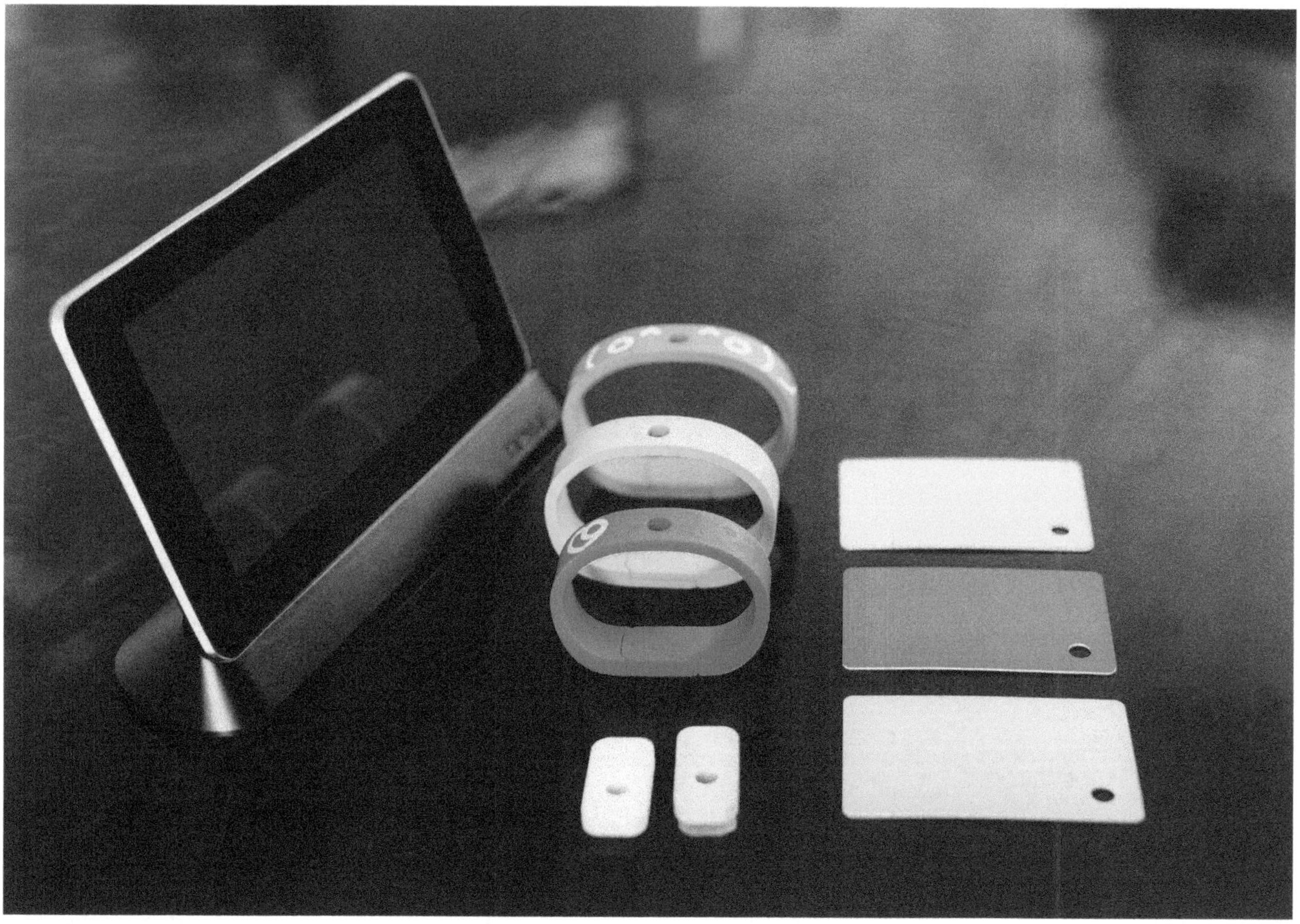

ARVI-E 智慧机器人

设计：法兰嘉 • 伊莎贝拉 • 贝琳达 (Franka Isabella Bellinda)

ARVI-E（全称是面向自闭症的视觉智能教育型机器人助手）是专为帮助自闭症儿童面向社会设计的交互式设备，帮助培养他们的生活自理技能。它的功能包括：激发感知能力；培养运动技能；融入社交互动；以及充当父母在家里教育孩子的助手。为实现上述功能，ARVI-E 配备人工智能、授权指纹激活按钮、情绪识别、人脸识别和 Bump 传感器（超声波）、全息投影仪、LED 像素显示屏。打个比方：当孩子需要父母出现时，全息投影仪会显现出父母的图像。而情绪识别功能可以检测孩子的情绪，并通过不同的颜色和面部表情来表现，让自闭症儿童学会模仿表情。

草图

缩略图和思维启示图　　　　最终设计图

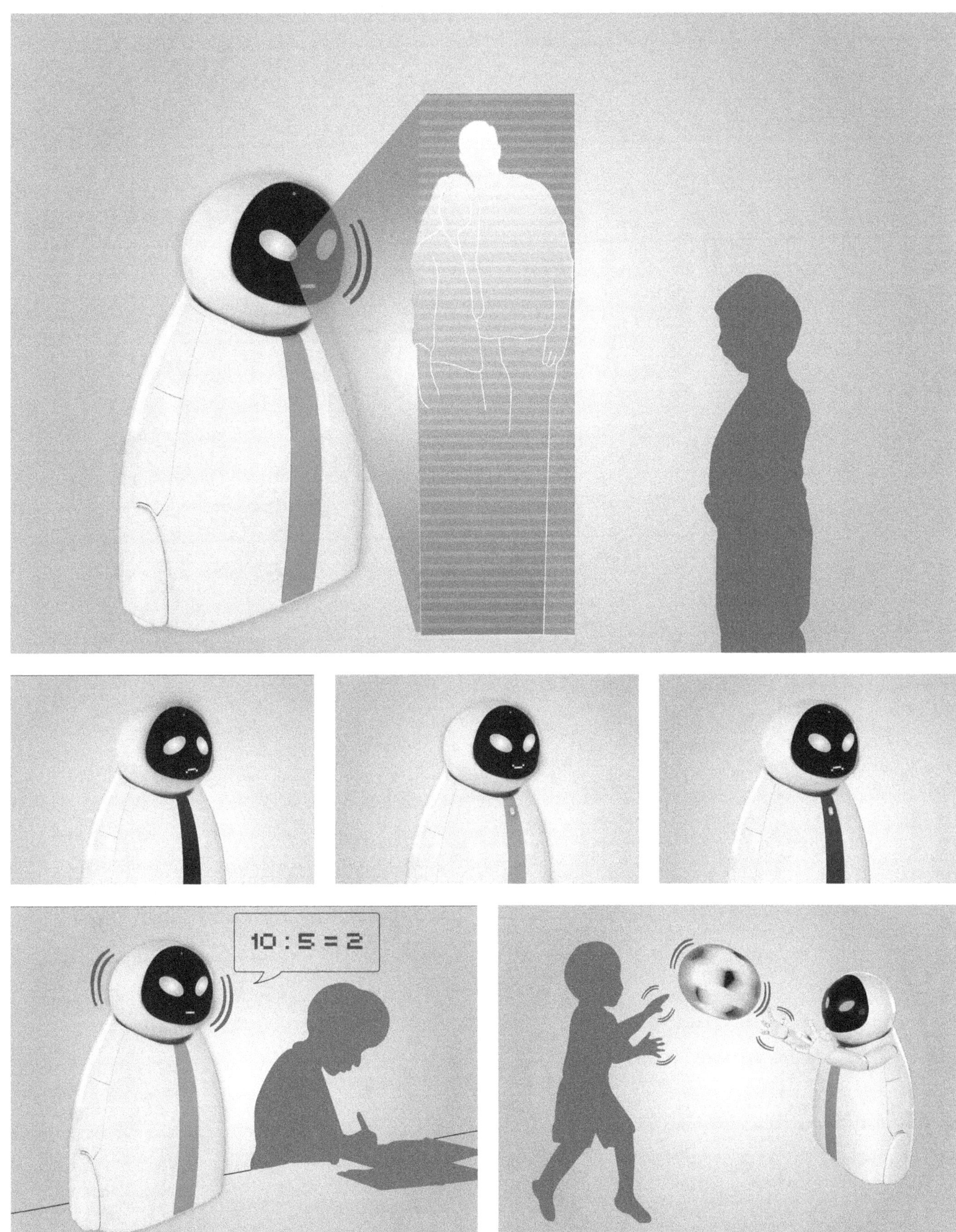
10 : 5 = 2

Musio 智能机器人伴侣

公司：AKA Intelligence

Musio 是基于人工智能引擎“MUSE”开发的智能机器人，它能理解人类的文本语言、口头语言、身体语言和面部表情等。Musio 可以学习人类的沟通语言和语境，与人类进行沟通。Musio 有两条产品线，其中一条致力于为非英语国家（如中国、日本和韩国等）的儿童提供电子英语辅导助手。

Charge

Bluesmart One 智能旅行箱

公司：Bluesmart

Bluesmart One 是智能的交互式便携旅行箱。用户可从智能手机上查看旅行箱的地点以及给他们的设备充电。当你不在它身边时，它会自己锁定。用户还可直接在手机上检查行李箱的重量，避免超重产生的费用。

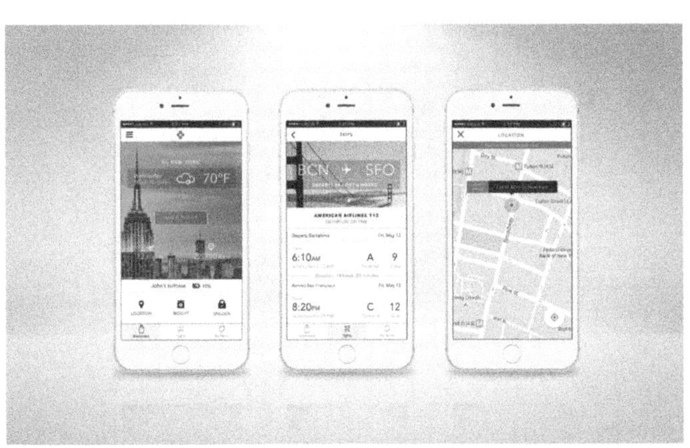
70°F
BCN → SFO
6:10AM
A
9
8:20PM
C
12

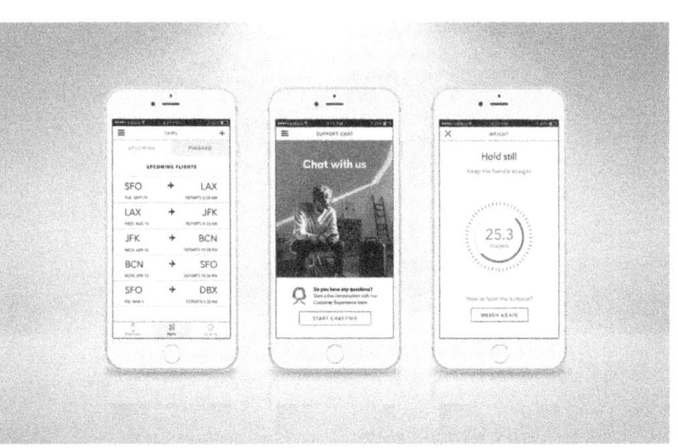
UPCOMING FLIGHTS
SFO → LAX
LAX → JFK
JFK → BCN
BCN → SFO
SFO → DBX
Chat with us
START CHATTING
Hold still
25.3

HiSmart——全球首款时尚智能背包

公司 : Lepow

HiSmart 智能背包内置 HiRemote 蓝牙模块，旨在为都市人士打造更加高效和有趣的生活。经特别设计的 HiRemote 可与 HiSmart App 同步。背包的背带上搭载了二合一定制芯片，可实现一键定位、找寻 HiSmart 或手机、接听电话、聆听音乐、轻松录音和远程自拍等功能。HiSmart 外观简洁流畅，没有冗余的配件，适用于不同场合。HiSmart 采用特殊的德国 Fidlock 纽扣设计，根据不同场合，可轻松实现从单背到双背的转变，扩容一倍，轻松收纳更多物品。

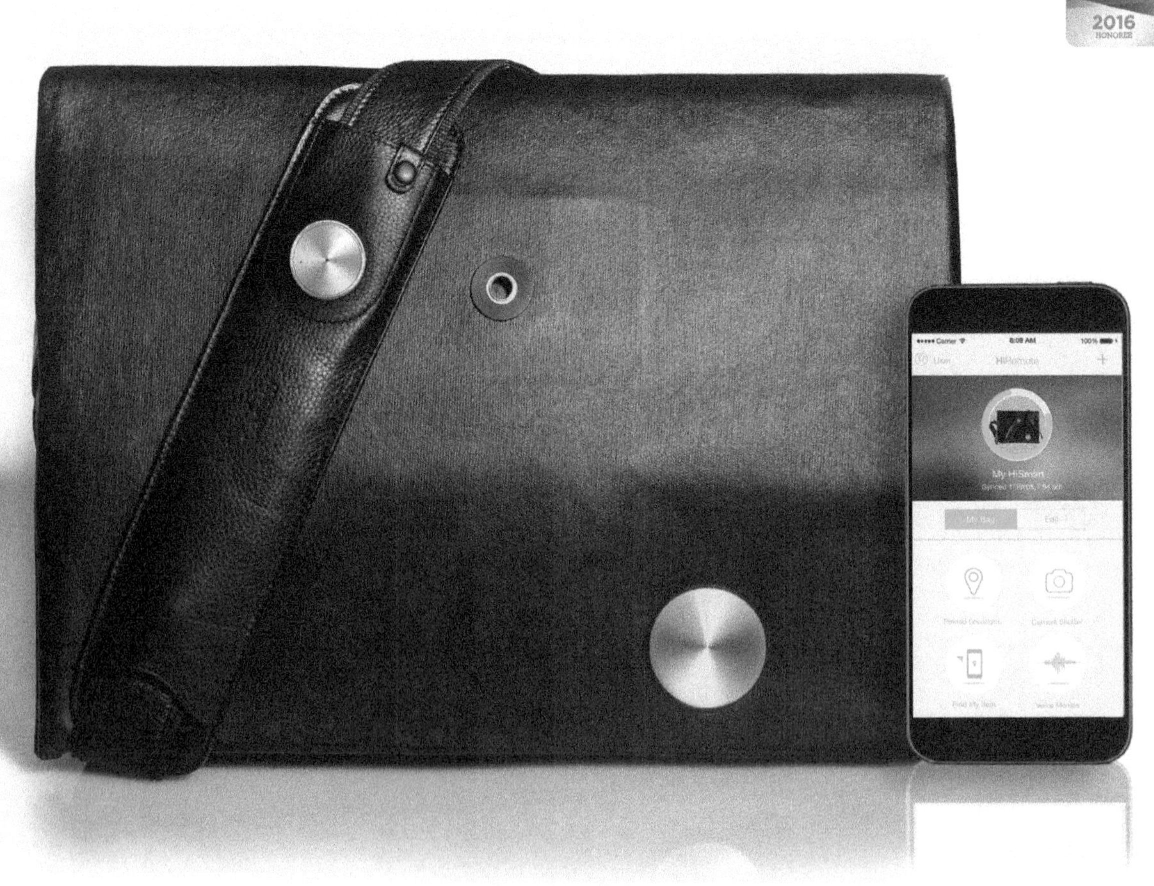

荣获 2016 年美国消费性电子展 (CES) 创新奖

SELFIES
ARE SIMPLE
遥控自拍
捕捉美好瞬间

聆听音乐 随意切换
PLAY MUSIC
ANYWHERE

轻松录音
记录动听时刻
PUSH ONCE
TO RECORD

一秒接通 及时通话
NEVER MISS
ANOTHER CALL

双向防丢 轻松寻物
BUDDY SYSTEM
HiSmart finds smartphone.
Smartphone finds HiSmart.

精准定位 一键分享
ONE SECOND
TO PIN YOUR LOCATION

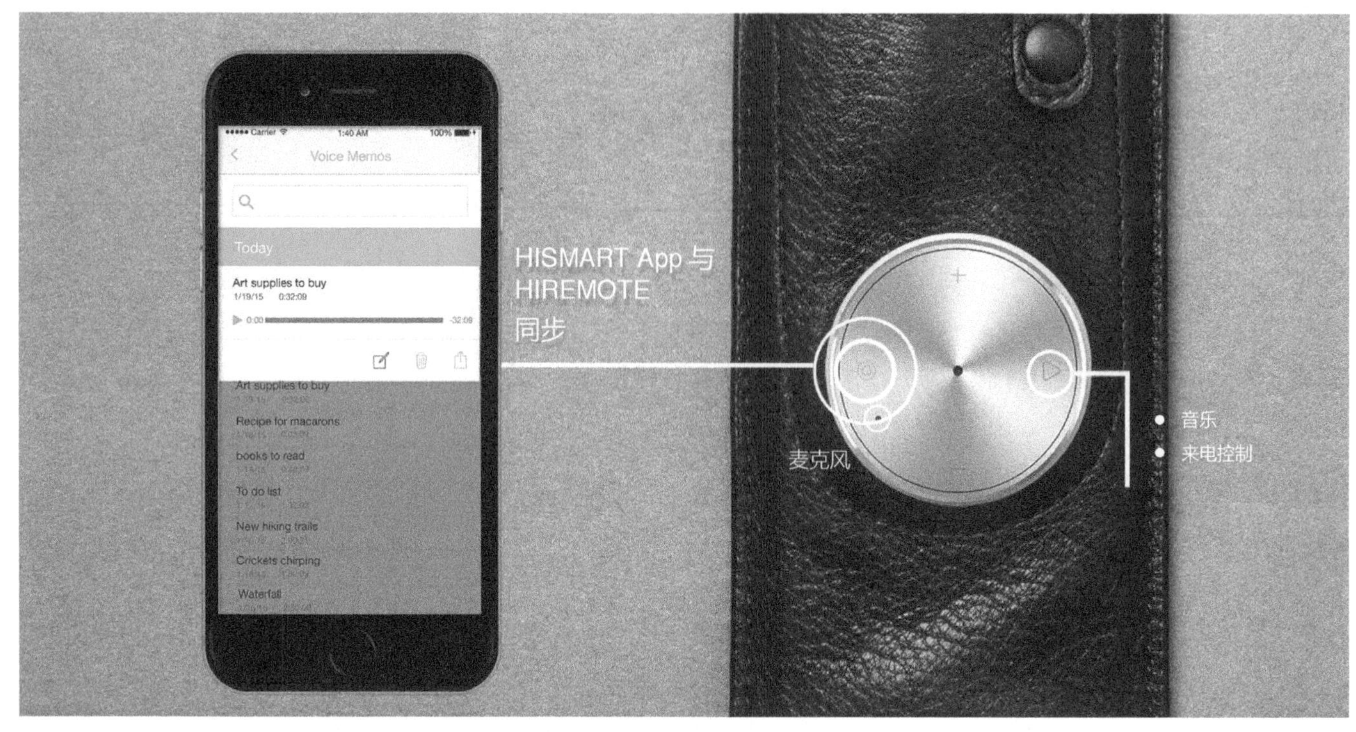
Voice Memos
Today
Art supplies to buy
Art supplies to buy
Recipe for macarons
books to read
To do list
New hiking trails
Crickets chirping
Waterfall
HISMART App 与
HIREMOTE
同步
麦克风
音乐
来电控制

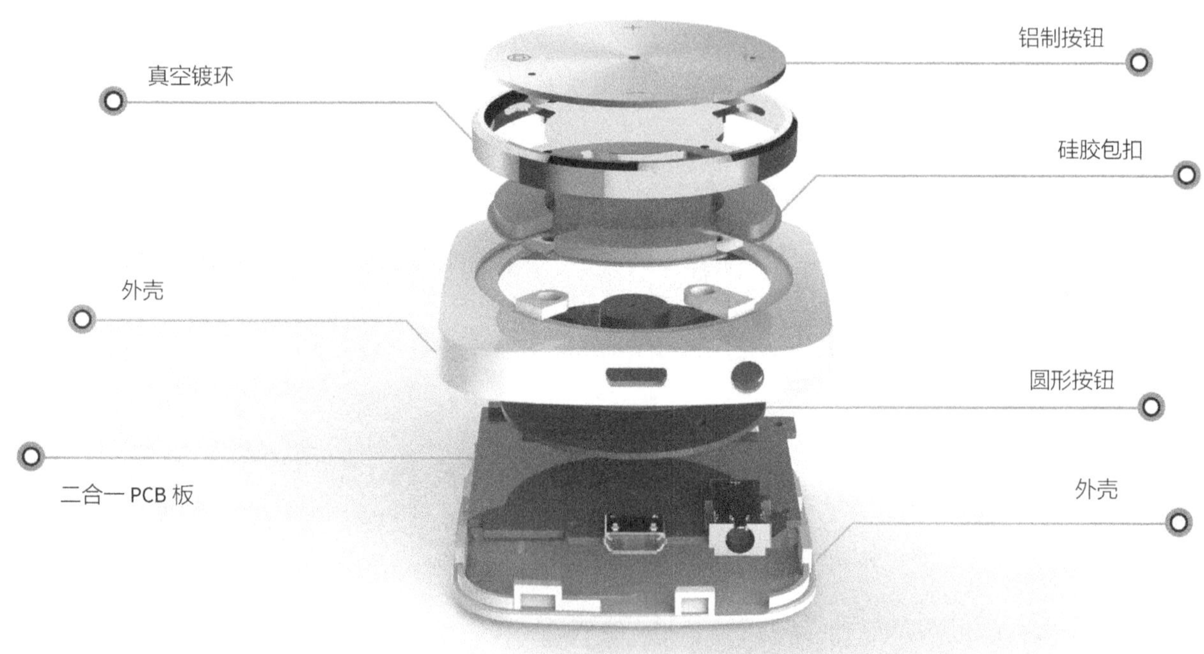
铝制按钮
真空镀环
硅胶包扣
外壳
圆形按钮
二合一 PCB 板
外壳

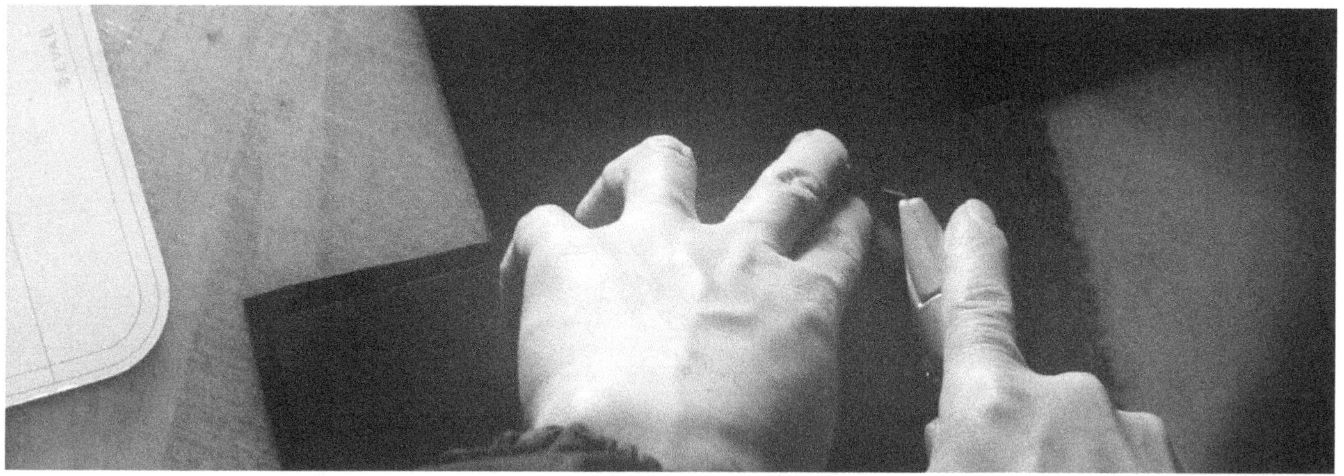

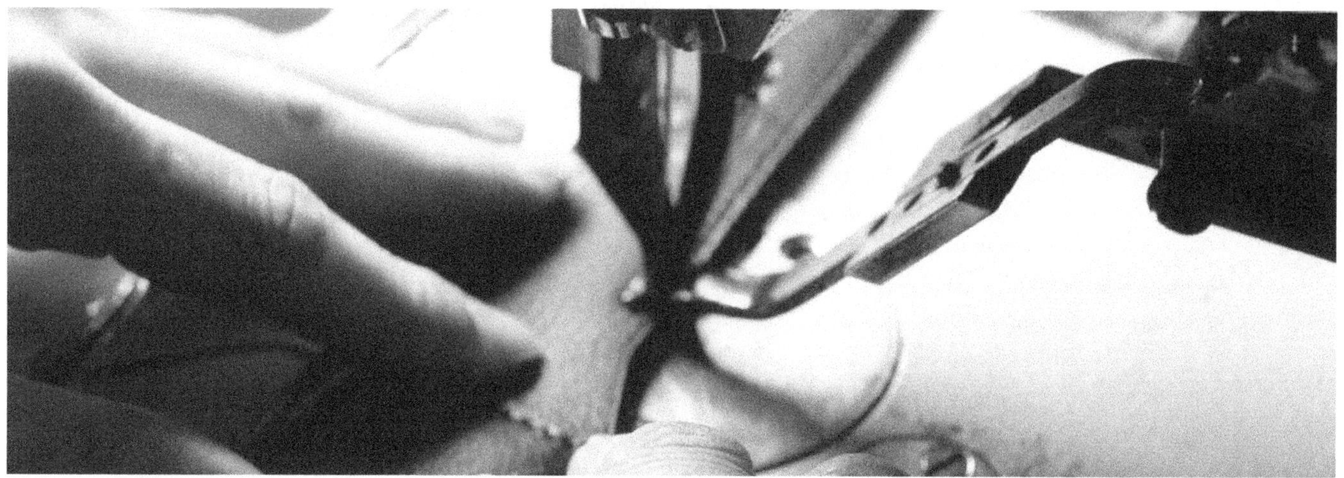

Pechat 纽扣型说话音箱

公司 : Hakuhodo Inc.

Pechat 是一款纽扣型说话音箱，可以把它缝到任何一个你喜欢的长毛绒玩具上，利用专用的智能手机 App 进行操作，就可以赋予长毛绒玩具一种会说话的感觉。在手机上安装配套的 App 后，Pechat 智能纽扣有以下 4 种方法能使长毛绒玩具说话。

（1）用语音说话（Voice Chat）：可以将使用者的声音变为可爱的声音来进行说话；

（2）用文字说话（Text Chat）：可以将输入的文本用高品质的声音合成引擎以可爱的声音进行朗读；

（3）选择说话（Tap Chat）：使用者可以自行录制话语和歌曲、故事，然后进行选择播放；

（4）自动说话（Auto Chat）：可以对孩子的话语进行反应，进行自动随声附和重复话语。通过 Pechat，父母可以和孩子分享秘密，一起唱歌，促使他们午睡及讲故事等。

Pechat 是一款为了亲子而开发的新型沟通工具及能提升育儿兴趣的次世代玩具。

Solo 智能情感收音机

公司 : Uniform

Solo 基于人工智能开发而成，它可以识别用户的面部表情，并播放与用户心情相匹配的歌曲。当用户走近时，Solo 会拍摄他们的照片。随后将该照片发送至微软 API 进行分析，微软 API 会分析照片的特点并对其进行情绪分类（如“快乐”、“悲伤”和“生气”）。Solo 随后将数据转化成与 Spotify 曲库歌曲相一致的评级。之后 Solo 会根据评级播放它认为的用户最想听到的歌曲。Solo 有点像是一位拥有高雅品位的朋友为你混合录制的 CD。

Voice Bridge 语音桥梁

公司 : invoxia

Voice Bridge 是一款智能工具，它在家庭座机与手机之间建立联系，用户可在室外接到来自座机的电话。所有的座机来电会同时在用户的座机和手机上响起，这样用户在室外也可以接到座机的电话。在会议中使用时，该设备允许最多连接五个移动设备。

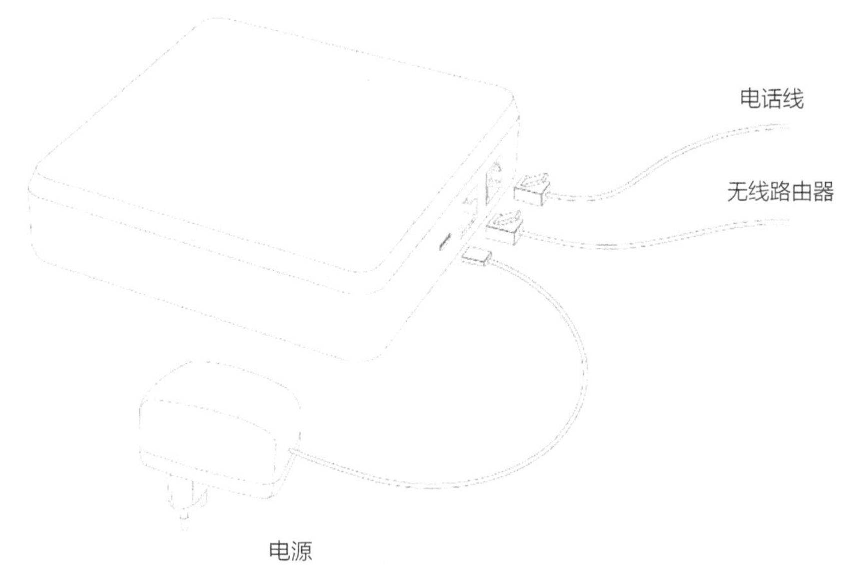
电话线
无线路由器
电源

索引

致谢辞

感谢所有参与本书的国内外设计师，他们为本书的编写贡献了
极为重要的素材与文章。同时感谢所有参与创作的工作人员，
他们的辛勤工作使得本书得以顺利完成。

Acknowledgements

We owe our heartfelt gratitude to the designers at home and abroad who have been involved in the production of this book. Their contributions have been indispensable for the compilation. Also our thanks go to those who have made this volume possible by giving either editing or any **supporting help**.

卷尾语

亲爱的读者，我们是善本旗下的壹本工作室。感谢你购买
《智能产品设计》，
如果你对本书的编辑与设计有任何建议，欢迎你提供宝贵的意见。

邮箱地址 :editor03@sendpoints.cn
投稿邮箱 :editor09@sendpoints.cn

如果你对设计与艺术类的图书感兴趣，请关注善本出版的网站 www.sendpoints.cn www.spbooks.cn

更多优惠活动信息，
请浏览天猫善本图书专营店 shanbents.tmall.com